生命科技
投資啟示錄
捕捉下一隻獨角獸

柳達

等著

商務印書館

生命科技投資啟示錄 —— 捕捉下一隻獨角獸

作　　者	柳　達	高媛瑋	陳偉傑	呂欣怡	周礪寒
	趙奕寧	成森平	林向前	史家海	周弋邦
	侯緒超	劉立鶴	周致聰	劉欲曉	蔡志君
	王　迎	李宇韜	孫　萌		

責任編輯　甄梓祺

裝幀設計　趙穎珊

出　　版　商務印書館 (香港) 有限公司

　　　　　　香港筲箕灣耀興道 3 號東滙廣場 8 樓

　　　　　　http://www.commercialpress.com.hk

發　　行　香港聯合書刊物流有限公司

　　　　　　香港新界荃灣德士古道 220-248 號荃灣工業中心 16 樓

印　　刷：美雅印刷製本有限公司

　　　　　　九龍觀塘榮業街 6 號海濱工業大廈 4 樓 A 室

版　　次：2022 年 2 月第 1 版第 2 次印刷

　　　　　　© 2021 商務印書館 (香港) 有限公司

　　　　　　ISBN 978 962 07 6674 9

　　　　　　Printed in Hong Kong

作者簡歷

柳達先生

　　柳達先生現為華潤正大生命科學基金董事總經理，成功投資了傳奇生物（LEGN.US）、諾輝健康（06606.HK）、藥明巨諾（02126.HK）、Sirnaomics、MiRXES、嘉和生物（06998.HK）、創勝集團（06628.HK）、長風藥業等優秀生命科技企業。他是美國、以色列、新加坡五家生命科技公司董事。

　　在此之前，柳先生任中國華潤集團戰略管理部業務總監，負責生命科技領域的戰略研究及項目投資；在華潤醫藥集團有限公司（03320.HK）擔任高級總監，負責業務拓展及國際合作；在北京醫藥股份有限公司擔任副總經理。2004 年以前，柳先生在美國 CVS 集團擔任藥房經理、紐約市健康保健集團任臨床藥劑師。柳先生是美國紐約州註冊藥劑師。

　　柳先生畢業於美國紐約聖約翰大學藥學院、美國雷鳥商學院 MBA。

　　柳先生熱衷回饋社會，為香港及大灣區的生命科技貢獻力量：他兼任香港科技園生命科技顧問。

　　柳先生為本書「化學藥範式」章節、「生命科技範式」章節、「天時地利人和」章節、「投資邏輯」章節、「項目複局」章節、「優秀案例」章節、「持續學習 永無止境」章節的「罕見病與孤兒藥」部分、「病毒與疫苗」部分、「光明使者」部分、「癌症精準醫療」部分的作者。

高媛瑋博士

　　高媛瑋博士，本科畢業於中國清華大學，之後赴美深造。先在美國山姆休士頓大學取得法醫學碩士學位，後進入美國東北大學攻讀博士學位，並榮獲 Levangie 與 Esmond 全額獎學金。其師從分析化學領域分離技術的先驅和奠基人、美國化學學會最高獎得主、東北大學講席教授 Barry Karger，專注於利用液相色譜—質譜聯用技

術研究蛋白組學及藥用蛋白的生產過程。獲得分析化學博士學位後，進入美國 Merck 公司作為資深科學家從事藥物早期發現的研究。歸國後居於香港，擔任香港科技園公司醫藥與治療群組經理。現任 DEFTA Partners 投資研究總監。

高博士為本書「生物製藥範式」章節、「天時地利人和」章節、「持續學習 永無止境」章節的「溶瘤病毒」部分、「未來可期」章節中「對人工智能在創新藥物研發上應用的思考」部分、「潮起香江」章節中「醫藥研發的相關基本概念及統計數據」部分的作者。

陳偉傑先生

陳偉傑先生（Danny Chen）憑藉金融背景和創業精神，在加拿大溫哥華大學時創立了他的第一家公司。他通過企業家的眼光積累了豐富的風險投資知識。陳先生投資的項目包括：Mesa Biotech、Sirnaomics、Transcenta、禮邦醫藥、MiRXES、Setpoint Medical、EyeYon 等。陳先生目前擔任香港生物協會副主席、Milken Institute 主席會成員。

呂欣怡女士

呂欣怡女士（Christine Lu）出生於香港，曾就讀於香港聖保祿中學，後於倫敦大學學院（University College London）攻讀藥劑學本科及碩士學位。畢業後，進入英國國民保健局（NHS）醫院工作，並取得英國臨床藥劑師執照。隨後進入生命科學及醫藥投資領域，分別在紐約和香港工作，現任職於華潤資本管理有限公司。

呂女士為本書「潮起香江」章節中「香港科創發展概覽」部分、附錄「生命科技領域的華裔之光」部分及「藥品及醫療器械目錄」部分的作者。

周礪寒博士

周礪寒博士於 2014 年連同兩位聯合創始人一同創辦生物科技公司 MiRXES，並任首席執行官至今。MiRXES 總部位於新加坡，致力於通過可干預、個人化的 RNA 癌症早期診斷技術，實現改善並拯救生命的企業使命。周博士負責 MiRXES 集團全球研發及商業運營管理。創業七年，MiRXES 集團在新加坡、美國、中國及日本人員規模已達 200 人。

周博士畢業於新加坡國立大學醫學院。攻讀博士學位期間同時在新加坡 - 麻省理工科技聯盟（Singapore-MIT Alliance）化學和醫藥工程系任職研究員，在五年期間共發表 16 篇 SCI 文章，產生多項專利。

於 2015 年被《麻省理工科技評論》（MIT Technology Review）評選為「35 歲以下年度創新者」之一。在他的領導下，MiRXES 曾於 2016 年榮膺新加坡「年度最具潛力創業企業」稱號。在 2018 年至 2020 年，連續三年獲得「新加坡成長最快企業」榮譽稱號。

2020 年 2 月新冠疫情影響全球之際，周博士領導 MiRXES 團隊與新加坡科技研發局及陳杜生醫院合作完成新加坡第一款新冠 PCR 試劑盒 Fortitude® COVID-19 PCR Test 的報證及大規模生產。至今，Fortitude® Test 已用於全球 45 個國家及地區。

周博士為本書「未來可期」章節中「微小核酸（MicroRNA）引領新型疾病診斷」部分的作者。

趙奕寧博士

趙奕寧博士現為創勝集團（Transcenta Holding）聯合創始人和董事長。2017 年，他創立了奕景生物科技（Intuition Biosciences Inc.），這是中國最早的微生物治療公司之一。在創業之前，趙奕寧博士在 2015 年至 2018 年，擔任禮來亞洲基金（Lilly Asia Ventures）投資合夥人；2015 年以前，分別在安進公司（Amgen）、輝瑞製藥公司（Pfizer）從事了近 18 年的研發、戰略管理及商務開發工作。

趙奕寧博士畢業於中國上海復旦大學藥學院，擁有比利時根特大學（Ghent University）分析化學博士學位和美國麻省理工學院（MIT）MBA 學位。

他自 2017 年起擔任麻省理工學院斯隆管理學院執行董事會成員。

趙博士為本書「未來可期」章節中的「微生物在生物製藥領域的應用」部分的作者。

成森平博士

成森平博士擁有逾 10 年中美兩國創業經歷，於 2015 年創立三迭紀並擔任 CEO。

三迭紀是中國唯一的 3D 打印藥物專業公司，在全球首創了 MED 3D 打印藥物技術，用全新的方法進行固體製劑產品的開發和生產。公司擁有全球專利申請 124 項，專利授權 32 項，全面覆蓋劑型設計、開發方法和生產設備。公司產品管線為全球市場產品，通過美國 FDA 505(b)(2) 路徑申報，第一個產品 T19 已獲得 FDA IND 批准。

在三迭紀之前，成博士分別於 2010 年在美國三藩市和 2014 年在中國南京創立過兩家公司。

成博士在中國南京醫科大學獲得臨床醫學學士，美國肯塔基大學獲得毒理學博士，擔任美國太平洋大學的兼職教授，發表了 20 篇學術論文，擁有 15 項專利授權和 83 項專利申請。

成博士為本書「未來可期」章節中的「藥物 3D 打印」部分的作者。

林向前先生

林向前先生為 EVX Ventures 及 Carmine Therapeutics 的創始人兼董事長，以及新加坡 Esco Lifesciences 的董事長兼 CEO。他立志構建全球生命科學生態系統，個人主持超過 10 億美元的交易，開發的產品累計收益超過 10 億美元。林先生畢業於美國沃頓商學院，現在美國、中國和新加坡生活和工作。

林先生為本書「未來可期」章節中「合成紅細胞藥物」部分的作者。

史家海博士

　　史家海博士師從中國廈門大學夏寧邵教授，後為新加坡國立大學的博士和美國麻省理工大學的博士後，師從 Harvey Lodish 教授，開發工程化紅細胞治療平台。利用此技術，Rubius Therapeutic 於 2018 在納斯達克上市，市值近 20 億美元。史博士現為香港城市大學副教授，專注開發紅細胞基因治療；他是 Carmine Therapeutics 的科學創始人，在香港工作。

　　史博士為本書「未來可期」章節中「合成紅細胞藥物」部分的作者。

周弋邦先生

　　周弋邦先生（Paul Chau）曾連續六年出任香港聯交所上市委員會委員，積極參與制定香港生物科技板上市機制。他也是香港科學園旗下香港生物醫學科技發展顧問委員會主席。現任中國平安資本（香港）有限公司投資銀行部總經理。

　　周先生為本書「潮起香江」章節中「香港資本市場概況與政策支援」部分的作者。

侯緒超先生

　　侯緒超先生（Glenn Hou）是 CIC 灼識諮詢的創始合夥人，在醫療健康行業深耕近 20 年，提供戰略諮詢、投融資商業盡職調查和上市行業顧問服務。侯緒超先生服務的客戶包括康希諾生物、康寧傑瑞、燃石醫學、嘉和生物、心瑋醫療、時代天使、兆科眼科、前沿生物、康基醫療等醫療公司。

　　侯先生為本書「潮起香江」章節中「生命科技項目估值相關問題」部分的作者。

劉立鶴先生

劉立鶴先生（Luke Liu）是 CIC 灼識諮詢的諮詢總監，專注於生物科技領域行業研究，提供戰略諮詢、投融資商業盡職調查和上市行業顧問服務。劉先生服務的客戶包括康希諾生物、康寧傑瑞、嘉和生物、兆科眼科、前沿生物等生物科技公司。

劉先生為本書「潮起香江」章節中「生命科技項目估值相關問題」部分的作者。

周致聰律師

周致聰律師（Charles Chau）是眾達國際法律事務所（Jones Day）的合夥人，長期專注處理涉及醫藥和生物科技行業的併購和投融資業務，如國藥控股、金斯瑞生物科技、傳奇生物、BBI 生命科學公司的上市或配售。周律師是百華協會和香港生物醫藥創新協會的會員，也是香港科技園生物科技發展顧問。

周律師為本書「潮起香江」章節中「投資生物科技企業的的法律盡職調查」部分的作者。

劉欲曉女士

劉欲曉女士擁有超過 20 年的投資、併購、商業運營及管理經驗，是睿盟希國際視覺科學基金的創始人及 CEO，致力於全球範圍內挖掘並投資視覺科學領域。

劉女士為本書「持續學習 永無止境」章節中「光明使者」部分的作者。

蔡志君先生

蔡志君先生為浙江大學碩士，就職於中國溶瘤病毒企業康萬達（Converd），擁有 15 年的醫藥產業從業經驗，工作經歷橫跨創新藥研發、新藥項目融資、原研項目引進、醫藥行銷管理等。

蔡先生為本書「持續學習 永無止境」章節中「溶瘤病毒」部分的作者。

王迎博士

王迎博士現任華潤正大生命科學基金執行總監，此前任職於華潤集團戰略管理部，參與了華潤醫藥（03320.HK）上市、華潤鳳凰醫療（01515.HK）重組及多個國際項目投資，以及 Sirnaomics、Transcenta、長風藥業及 EyeYon 項目的投資。

王博士擁有英國帝國理工大學博士學位。

王博士為本書「生命科技範式」章節的「再生醫學」部分，「項目複局」章節中「基金檢測」及「醫療器械」部分的作者。

李宇韜先生

李宇韜先生為加州大學伯克利分校經濟學學士，約翰霍普金斯大學生物科技碩士在讀。 超過六年生命科學投資銀行及私募投資經驗，曾效力於多家國際及中資投行，負責多家中國及海外醫療器械、服務及生物科技企業的香港上市交易及股權投資。李先生參與了嘉和生物（06998.HK）、藥明巨諾（02126.HK）、MiRXES 及 BELKIN Vision 項目的投資。

孫萌博士

孫萌博士本科畢業於復旦大學生物系，博士畢業於美國喬治亞理工學院生物系遺傳學專業。先後擔任美國 Sciecure Pharma 製藥公司生物醫藥科學家、羅蘭貝格管理諮詢有限公司諮詢顧問、華潤醫藥集團業務拓展經理。現任華潤生命科學集團投資發展部專業高級經理。孫博士在生物醫藥研發、管理諮詢、業務拓展以及投資等領域擁有豐富的行業經驗，曾參與蘇州瑞博、杭州康萬達、藝妙神州等項目投資工作。

目錄

充滿希望的生物科技行業

人食五穀百獸、吐納天地之氣而生，疾病幾乎與生俱來。人類尋醫問藥、與疾病的鬥爭的歷史也源遠流長。時至今日，疾病仍是人類社會面臨的最大痛點之一。人類醫治疾病的藥物經歷了從植物、動物、礦物、到化學藥和生物藥的漫長演進過程。雖然近十年以來，生命科技進步迅猛，生物醫藥及生命科技獨角獸不斷湧現，但與傳統藥物相比，生物醫藥及生命科技仍然是一個新生事物，仍然是襁褓中的嬰兒，令人充滿希望與期待。

創新始於創新者的創意，然後經過漫長的實驗過程，直到獲得創新成果，商業化成為產品和服務，解決痛點，給社會帶來價值。在整個過程中，參與者甚多。有科學家、專業人士、投資者、企業、政府和民眾等，各種創新要素構成了一個複雜的生態圈。巧婦難為無米之炊，資本在創新生態圈中起着米的作用。柳達先生是一位藥劑師，但更是一位投資者，雙重身份的結合令他眼光獨到。獨角獸是科學家的夢想，也是投資者的追求。它的誕生，要有好的初心、好的研發團隊、好的領軍人物、好的投資者，以及好的政策環境。獨角獸，是人心中的祥瑞。遇見它，對研發團隊而言，意味着夢想成真；對投資者而言，則意味着巨大的回報；對於人類社會，它的意義顯然要大得多。因為每一個生命科技獨角獸的誕生，都是點亮人類戰勝不治之症征途的一個火把。這麼一個一個的點着，點着，前赴後繼，最終成為光明大道。

余忠良

余忠良先生（Max）於 2014 年 1 月被任命為華潤（集團）有限公司戰略管理部高級副總經理，並於 2018 年 8 月委任為華潤資本管理有限公司首席經濟學家（兼）及華潤正大生命科學基金董事長。余先生亦任華潤醫藥集團有限公司（3320.HK）非執行董事。余先生於 1988 年加入華潤集團。於 2003 加入華潤水泥控股有限公司（1313.HK）由戰略發展高級經理、戰略發展總監至副董事長。

序言二

香港生命科技發展的重要參與者

香港一直依賴傳統支柱產業，金融、物流、零售、旅遊過去 20 幾年帶着我們走過不同的挑戰。未來 20 年應該是科技帶動產業、支撐就業、推動經濟發展。香港社會氣氛以及政府政策，已經意識到創新科技的重要性，大量資源正往這方向投入。

香港有五家世界排名 100 內的大學（四家更排名前 50），院校的科研力量，絕對是創新科技的強力後盾。吸引和培養人才是成功的關鍵，人才匯聚，才能帶動產業落戶，我們要共同努力，把香港打造成科技人才的大熔爐。香港的投資環境完善，而且位處大灣區出入口和一帶一路之核心。

科技已經成為現代經濟發展的重要元素，即便沒有條件，我們也要嘗試。何況香港有市場、有好的投資環境、院校、人才和政策支持，確實有條件成為區域創科中心。推動創新、科技、創業已經不是一個可選項，而是香港生存的辦法。

柳達先生是香港生物醫學科技發展顧問委員會成員。我認識柳達先生有五年之久，他一直積極推動所投資的生命科技獨角獸公司來香港科技園落戶。可以說，他是香港生命科技發展的重要參與者。

黃克強

黃克強先生（Albert）於 2016 年 8 月獲委任為香港科技園公司行政總裁，帶領公司落實香港科學園以促進香港科技、創新及創業精神的發展為目標。黃先生持有香港大學電機工程學士學位及香港中文大學工商管理碩士學位。他先後於多家跨國企業任職，擔任商貿、工業及領導等崗位超過 30 年，讓他對創業、投資網絡及市場需要，有更敏銳的觀察及深入的了解。黃先生曾在通用電氣的美國總部、中國內地及亞太區工作達 15 年，負責合併與收購、業務發展、產品管理及商業營運等工作。工作以外，黃先生亦積極貢獻社會，現為香港大學校董會委員及香港體育學院董事局成員。

序言三

創新創業征程上的同行追夢人

我與柳達先生的相識和相知始於四年前那個「非典型」的創業者和投資人的初次對話。交流中他沒有沿襲一般投資人的經典套路發問，倒是拋出一系列針對核酸干擾技術及藥物發展現狀與前景的判斷和考問。雖然他娓娓道來似乎並不經意，但其理解的深度、對未來的預判以及相應的國際視野令我這個在業內深耕近 20 年的先行者暗自讚歎。於是乎我便滔滔不絕地把對國際國內行業動態的認知，以及對 Sirnaomics 發展的前世今生毫無保留地傾盤托出，也整個把我作為創業者的歷練和夢想活生生地摽在他面前。

接下來數年核酸技術行業與核酸藥物產業在國際和國內的迅猛發展，勝於雄辯地驗證了柳達當年的判斷。而作為 Sirnaomics C 輪領投的操盤者，他堅持「源頭創新」的決斷和鞭策，為公司幾年來快速成長提供了強勁的動力。可以說，四年來與柳達先生的合作從一開始就充分具備了理念上的共鳴、策略上的共識和執行上的共進。

柳達先生對公司的傾心關注和鼎力支持，充分展示了他對金融資本助力創新的夢想，對核酸新藥領域的前瞻，以及對 Sirnaomics 的厚望，更激勵我帶領創業團隊奮力前行。我猜想：在柳達先生投資的諸多專案中，他已把 Sirnaomics 當作是一個新的「獨角獸」企業來培育吧！

或許人們會將柳達先生這樣的投資人美譽為「獨角獸」牧場主，生物醫藥產業投資賽場上點石成金的高手。我卻認定柳達先生是我人生旅途上的良師益友，創新創業征程上的同行追夢人！

陸 陽

　陸陽博士（Patrick）是 Sirnaomics 創始人、董事長兼 CEO。

推薦語

1. 陳一友博士
諾輝健康（06606.HK）董事會主席、執行董事、首席科學家

    我與柳達先生相識於 2004 年。由於共同的留學經歷及同處於醫藥健康領域，我們彼此一直保持聯繫。作為基金經理，柳達先生善於洞察行業發展趨勢、果斷決策，並且利用自己的資源協助被投資企業拓展國際合作。柳達先生既是優秀的基金經理，也是可靠的行業顧問。

2. 左中教授 Joan
香港中文大學藥劑學院院長及教授

    柳達先生的職業生涯起步於美國紐約州藥劑師，後來他在北京、香港一直從事醫藥健康產業的管理工作。他兼具藥劑師、企業高管、基金經理的角色，是難得的複合型人才。自從五年前與柳達先生相識，見證了他如何努力促進香港生命科技發展，引導生命科技獨角獸企業來香港，積極普及生命科技投資教育。他的職業生涯選擇代表着如何與時俱進，對於修讀藥劑及生命科學的同學們來説值得學習。

3. 郭峰博士
嘉和生物（06998.HK）董事會主席

    華潤集團以及柳達先生是嘉和生物發展歷程中最為堅實的夥伴之一。

    此書完整呈現中國生命科學領域的迅速崛起，深入剖析產業政策、投資佈局、國際交流等層面隨之而來的巨變。

柳達先生不僅是全球生命科學領域的資深人士，更是一位有心人。他的專業、全球聯繫、睿智與激情，助力促成華潤正大生命科學基金對全球資源的整合，讓包括嘉和生物在內的諸多本土生物創新機構能夠與 Loncar China BioPharma ETF、National Foundation for Cancer Research 等全球頗具影響力的生物科技行業機構並肩合作；讓更多中國的生命科學領域學者、成就在全球化的舞台盡顯光芒。而嘉和生物也由此邀請到國際著名腫瘤學家、英國皇家內科醫師學會院士、牛津大學 David Kerr 博士擔任嘉和生物科學顧問委員會核心成員。

鑒往知來，生物科技乃至生命科學的創新發展是公司個體或科學家團隊的成就，更是技術與時代發展的烙印。很榮幸在這段旅程中，嘉和生物能夠與華潤集團、與柳達先生，以及諸多富有創新精神的業界同道，共同留下堅定前行的足跡。

4. 梁文青博士 Bill
長風藥業董事長兼首席執行官

柳達總心繫中國生物醫藥產業的發展，書寫此書致力於進一步推動中國優質的生物醫藥企業走向更廣闊的國際舞台中，被全球生物醫藥行業投資者所了解。柳達總所帶領的投資團隊深刻了解全球生物醫藥行業，擁有成熟的、系統化的投資體系，眼光高度前瞻，投資邏輯明晰。與柳達總的交流總能感受到他對生物醫藥行業的滿腔熱愛，以及為中國醫藥行業的發展做出貢獻的情懷。作為企業的經營者，很榮幸能夠與柳達總相識，能被這樣一位伯樂挖掘到企業真正的價值。長風藥業致力於研製質價同優、讓公

眾用得起的治療呼吸道疾病的藥品，惠及全球，這是我們不懈奮鬥的目標。我們將與柳達總這樣的投資人繼續攜手走出一條積極探索不斷奮鬥的道路。

長風破浪會有時，直掛雲帆濟滄海！

5. 孫文駿先生
藥明巨諾（02126.HK）高級副總裁

我和柳達總是多年的好朋友，對創新生物科技也有很多深入交流。非常欽佩達總在全球醫療健康創新行業的專注執着，豐富的行業經驗，敏銳的技術前瞻性與快速執行力。這次有幸與柳總的全球醫療健康基金一起合作，從藥明巨諾 B 輪投資人到成功港股 IPO，共同打造中國和全球領先的創新細胞治療領域的領導企業，造福廣大病患，為社會和投資人創造長期價值。

6. 黃穎博士
傳奇生物（LEGN.US）首席執行官

受益於資金投入，海歸人才回國創業，以及監管政策改革，過去幾年中國的生物製藥行業蓬勃發展。健康醫療行業在很長一段時間內都會是高增長行業，因為中國人口基數大，人口老齡化加速，老百姓對於提高生活品質和延年益壽有剛性需求。短期內我們這個行業需要基礎科研支持、資本的有序投入、業內人才素質提升，以及市場合理支付。相信不久的將來，創新製藥行業成為經濟增長的引擎，也能用先進技術惠及廣大病患。謝謝柳總著書幫助投資者了解生物科技行業。

7. 陳白平先生

波士頓顧問公司（BCG）資深合夥人兼董事總經理

柳達兄與我同門，在工作中可謂同事，相知多年。回首從事醫藥行業研究的這 20 年，最幸運的事莫過於能與柳達兄共同見證中國生命科技公司的崛起。柳達兄成功投資了中國第一家 CAR-T 療法上市公司（傳奇生物）、第一家癌症早篩上市公司（諾輝健康）、第一家核酸干擾上市公司（Sirnaomics），我在此由衷佩服柳達兄對生命科技領域的精準判斷，以及對於領先企業的準確投資。本書開卷有益，既可讓業內人士系統了解各領域的發展階段和投資機會，也為大眾提供了全面的生命科技科普知識。

8. 周弋邦先生 Paul [1]

中國平安資本（香港）有限公司投資銀行部總經理

本書深入淺出地精闢描述了重大的醫藥史、各項創新和前沿生物科技技術和療法，並分享了眾多獨角獸優秀案例，是值得所有關注生物科技讀者珍藏的一本好書。對於柳達先生的非凡歷練，融會貫通專業生物科學和市場經驗於投資獲得了巨大的成功，並慷慨和讀者分享投資邏輯和所需關注事項，實在難能可貴。我深信讀者將由此書中獲得寶貴的知識。

1　周弋邦曾連續六年出任香港聯交所上市委員會委員，積極參與制定香港生物科技板上市機制。他也是香港科學園旗下香港生物醫學科技發展顧問委員會主席。

9. 何江穎女士 Gladdy

光輝國際（Korn Ferry, KFY.US）全球高級合夥人、亞太區生命科學行業董事總經理

這本書雖看似是寫給基金經理的指南，我認為也非常適合生命科技生態圈裏的其他羣體閱讀，比如創業者、科學家、管理者等。作者對製藥研發歷史和創新的精彩總結和分析，使讀者對投資趨勢和企業、基金選擇投資領域的邏輯和格局變得豁然開朗。書中記載了很多成功企業的案例分析，以及創始人和 CEO 的畫像，並在每個章節最後進行了非常精彩的點評，值得學習、反思和借鑒。

10. 孫超先生 Simon

貝恩公司（Bain & Company）全球合夥人

柳達兄是我的學長，我們都專注於醫藥健康領域，因此有機會深入交流。柳達兄對問題的深入思考及推動生命科技發展的強烈使命感令我欽佩。本書系統地梳理了製藥行業的三個範式階段，以大量詳實的案例為讀者勾勒出製藥行業的發展和趨勢，及一位資深投資人對在中國市場捕捉「獨角獸」的思考。本書適合所有關注醫療健康行業的投資人、管理者一讀。

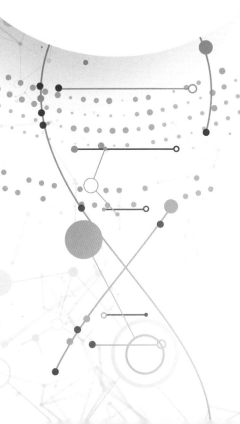

第一章

洞悉趨勢
投資未來

引言

　　獨角獸是古代神話的一種虛構生物，最早被描述在古希臘歷史學家 Ctesias 於公元前 389 年的一篇手稿中。它形如白馬，額前長有一個螺旋角，代表着高貴、純潔，是非常稀有罕見的物種。

　　2013 年，美國著名投資家 Aileen Lee[1] 將估值達 10 億美元、創業不到十年的初創公司形容為「獨角獸」。獨角獸極其珍貴、可遇不可得。同樣地，這些公司發展速度快、數量稀少、被投資者瘋狂追逐。

　　2000 年科技泡沫後，直到 2009 年，全球才出現了第一家獨角公司；2004 至 2013 年期間，也僅出現過 76 家公司。隨後，獨角獸公司數量呈爆發式增長，僅 2015 年便有高達 81 家誕生，主要因為當時創新科技行業趨近成熟、大量資本投入新經濟領域。截至 2021 年 6 月，全球已產生超過 700 家獨角獸公司，較一年前的 478 家增加了 53%，累計估值總額超過 2.3 萬億美元[2]。

　　獨角獸公司需具備以下條件：可滿足龐大的市場需求、追求創新、及有資金實力，它們的崛起不但可創造經濟價值，更對社會和世界作出獨有的貢獻。

　　生活在這百年難遇之大變革時代，筆者感嘆有幸可以目睹、經歷行業之變遷。筆者認識的諸多朋友經過多年的努力、精耕，創立了生命科技獨角獸。作為一個在中國出生、旅居美國多年，現在生活、工作在香港、從事生命科技投資的基金經理，筆者由衷感嘆：我們生活在最好的時代！

　　作為一名投資全球生命科技的基金經理，筆者認為必須了解投資領域

1　Cowboy Ventures 的創始合夥人。

2　CB insight 統計。

的歷史。因為只有了解歷史，才能洞悉行業發展規律，判斷行業發展趨勢。投資需要順「勢」而為，投資於行業未來。

　　30年前，筆者非常有幸進入美國紐約聖約翰大學藥學院學習。並且在化學藥發展的黃金階段，有機會在紐約 Poison Control Center、CVS 零售藥店（CVS.US）、諾和諾德製藥（NVO.US）等全球知名機構實習或者工作。作為一名曾在醫療中心工作的臨床藥劑師，及在社區藥店服務的藥房經理，這些接觸藥品的實踐經驗使筆者多年以後作為投資經理受益匪淺—以藥劑師的獨特視角審視投資項目。

　　當筆者回顧現代製藥歷史，領悟到美國著名科學哲學家湯瑪斯庫恩的經典著作《科學革命的結構》[3]可以非常好地應用於現代製藥及生命科學領域。他的「範式」（Paradigm）及「範式轉移」（Paradigm shift）理論被視為經典，簡單來說，就是從事某類成熟的科學活動都會遵循一個公認的「範式」。「範式」包括世界觀、基本理論、範例、方法、標準等。而當科學研究出現重大突破，打破「範式」的時候，這類科學活動就會出現重大進步，產生深遠影響。也只有足以打破「範式」的科學進步出現，才有可能引領一個領域的突破。這個過程就稱為「範式轉移」。

　　行業歷程基本可以分成三個範式階段：1/ 以化學藥（Chemical drugs）為主的第一範式（1.0 階段），主要代表藥物為阿司匹林；2/ 以生物製藥（Biopharmaceutical）為主的第二範式（2.0 階段），主要代表藥物為胰島素；3/ 以生命科技（Life Science）為代表的第三範式（3.0 階段），主要代表藥物為核酸類藥物、細胞療法等。在現階段及相對長的未來，這三類藥品及治療方法會同時存在，並且形成互補。針對同一適應症，聯合使用不同種類的藥品及治療方法會愈來愈普遍。

　　在每個發展階段，都有關鍵科學家、關鍵技術、關鍵公司、關鍵產

3　Kuhn, Thomas S. The Structure of Scientific Revolutions. Chicago: University of Chicago Press, 1970.

品，及需要解決的臨床問題，對於行業發展產生深遠影響。每個發展階段都是建立在全球的科學家、企業家、醫生及患者的艱苦努力和配合付出之上，生物製藥及生命科技領域具備高度國際化的特徵，全球合作是行業的 DNA，每一個治療領域的突破性創新都清晰驗證這一結論。

作為一名投資全球生命科技的基金經理，筆者認為需要從宏觀視角來整體審視行業的發展，並且關注各細分領域的互動關係。

筆者非常幸運在年輕時就擔任北京醫藥股份有限公司副總經理，並有機會陪同公司董事長參加國際協會會議，尤其是國際醫藥批發商聯合會[4]。在同全球知名的醫藥批發、醫藥零售、製藥界的董事長、CEO 交流過程中，筆者深刻意識到要以全球視角來審視健康醫療（Healthcare）領域，同時關注其中各細分領域的變化及相互作用，筆者會關注以下幾點：

全球化及去全球化

全球製藥及生命科技行業的發展要放在整個人類社會發展的背景去了解及判斷，它不是孤立的。在全球化被高度認可的背景下，跨國製藥企業的跨境兼併及收購是順理成章的事情，行業格局也因此改變。如果回顧 50 年歷史，行業的領導者們是持續通過兼併與收購，來鞏固自身的市場地位。在最近一段時間，美國 Trump 及 Biden 政府的極力「反全球化」及 COVID-19 的疫情全球蔓延及持續，對全球製藥及生命科技行業格局產生深遠影響。

4　英文為 International Federation of Pharmaceutical Wholesalers，IFPW。

法律法規

製藥及生命科技行業的發展具有受全球主要經濟體法規影響的特點，這些主要經濟體指：美國、歐盟、中國、日本。由於這些國家或經濟體所佔市場份額為全球的 90% 以上，同時也是相關產業最活躍的地區。因此它們任何行業法規的制訂、頒佈及實施都或多或少會影響全球的格局。

兼併、收購及多元化、分拆

在上世紀 80、90 年代，全球製藥領域凸顯了全球化的特性，通過跨境兼併，成就了今天法國賽諾菲 (Sanofi，SNY.US)、英國 / 瑞典阿斯利康 (Astra Zeneca，AZN.US)、瑞士羅氏 (Roche)、英國葛蘭素史克 (Glaxo Smith Kline，GSK.US) 的全球地位。在美國本土，輝瑞製藥 (Pfizer，PFE. US) 通過不斷兼併及收購，加上在行業內公認的一流行銷團隊，成為製藥行業領導者。

同時，有些知名製藥跨國企業 (Multinational Coorperation，MNC) 也嘗試沿着產業鏈發起併購，例如美國默沙東 (Merck) 曾經一度收購知名的藥品福利管理公司 [5] Medco，後來又拆分這部分業務。

專注有專注的優勢，多元化有多元化的好處。三十年河東，三十年河西。

---

[5] 英文名為 Pharmacy Benefit Managers，PBM，主要提供專業化的第三方服務，是介於保險機構、製藥商、醫院和藥房之間的管理協調組織，其成立的目的在於對醫療費用進行有效管理、節省支出、增加藥品效益。

各相關細分領域之間的協同作用

　　醫藥批發、藥品零售、仿製藥、創新藥彼此互相影響。在美國上世紀 70 年度，伴隨着聯邦及各州法律允許藥品跨境銷售，醫藥批發通過兼併及收購，形成今日三大巨頭稱雄的格局：美國麥克森公司（McKesson Corporation，MCK.US）、美源伯根（AmerisourceBergen，ABC.US）、卡蒂諾（Cardinal Health，CAH.US）。同時，藥品零售由以前的單體藥店為市場主流，演變成幾大連鎖藥店佔據大部分市場份額，例如：CVS Health（CVS.US）、Walgreens Boots Alliance（WBA.US）及 Rite Aid（RAD.US）。這些大規模流通企業的建立客觀上加速藥品的流通效率，促進藥品銷售，減少假藥的可能性及保障供應過程中藥品的安全性。

商業模式演變

　　製藥行業的商業模式基本如下：全球的科學家們經過多年的研究、執着、運氣及協同開發出創新藥品，在一些主要的臨床適應症方面，例如：胃、心血管、止痛等領域產生臨床突破。製藥企業通過對醫生及患者各種形式的推銷，使藥品得以成為「重磅炸彈」藥品[6]（Blockbuster）。製藥企業將年銷售的 10-20% 再投入到藥品研發，希望再培養一個「重磅炸彈」藥品。在藥品專利期間，製藥企業開足馬力，全力推銷藥品。同時，為了避免專利斷崖[7]（Patent Cliff），專利到期後的銷售直線下滑，通過：1/ 開發新產品；2/ 改進劑型；3/ 啟動法律訴訟等形式，延長銷售時間。[8]

　　需要強調的是，這種延續幾十年的商業模式現在似乎不再有效，例如：

6　指全球年銷售超過 10 億美元的藥品。

7　指企業的收入在一項利潤豐厚的專利失效後大幅度下降。

8　推薦閱讀：The Truth About the Drug Companies: How They Deceive Us and What to Do About It— Marcia Angell。

投資研發的資金愈來愈大，但是效果並不明顯。行業在公眾眼中的道德形象也逐步下滑，關於專利的法律訴訟也可以作為攻擊競爭對手的手段，而不是為了降低公眾健康的成本及促進行業的創新與發展。筆者對於這些變化沒有答案，只能說明行業已經發生巨變，作為投資基金經理，需要思考行業格局改變。

作為一名投資全球生命科技的基金經理，筆者認為需要「與時俱進」、關注未來。

英國金融時報 2016 年的暢銷書 The 100-year life[9] 中指出，現在的年輕人，活到 100 歲已經是大概率事件，而不只是夢想。正如同二次世界大戰以後的嬰兒潮[10]（Baby Boomers）對於全球產業投資及佈局產生的影響，生命科技投資需要在投資理念上與時俱進，不只是投資預防、疾病管理、康復治療，還要投資在抗衰老（Anti-aging）領域，讓健康的長壽成為現實。

9　The 100-year life: Living and working in an age of longevity. Bloomsbury Information, London. ISBN 9781472930156- Gratton, L and Scott, A (2016).

10　指在某一時期及特定地區，出生率大幅度提升的現象。

前言

現代製藥行業有超過 100 年歷史，第一個行業公認的里程碑藥品是德國拜耳的阿司匹林。1899 年 3 月 6 日，拜耳獲得阿司匹林的註冊商標，至今拜耳阿司匹林依然在美國、中國、歐洲暢銷，其 325 毫克及 81 毫克的劑型針對不同適應症，用於止痛、降溫及心梗預防等。阿司匹林是少有的經歷百年依然不衰的藥品。

在 20 世紀前半葉，有一些經典藥品出現並且被廣泛使用，例如：盤尼西林、阿莫西林、華法林等。現代製藥在 20 世紀後半葉，伴隨着一系列「重磅炸彈」藥物的問世，化學藥品的黃金時代到來。泰胃美®（Tagamet®）的上市，開闢先河，標誌着現代化學製藥進入高速發展階段。立普妥®（Lipitor®）的上市，並且在 2004 年成為全球首個年銷售額超過 100 億美元的藥品，標誌着化學藥頂峰的來臨，立普妥®的年度銷售峰值（Peak Sales）超過 130 億美元，成為行業公認最賺錢的專利藥。2011 年 11 月，隨着其在美國市場的專利到期，由於仿製藥在市面上以極低的價格出售，立普妥®銷售大幅度下滑，跌出全球前十，這一標誌性時刻意味着化學藥黃金時代的結束。

以「重磅炸彈」藥為主線是研究化學藥範式比較好的維度。在參考李傑教授的著作《「重磅炸彈」藥物：醫藥工業興衰錄》[1] 的同時，筆者結合在美國藥學院學習及作為臨床藥劑師的經驗，整理了這部分內容。這裏並沒有面面俱到覆蓋全部的治療領域，例如：計劃生育藥品（Birth Control

---

1　《「重磅炸彈」藥物：醫藥工業興衰錄》，Jie Jack Li，ISBN: 9787562847397。

Pills)、治療兒童多動症（Attention Deficit Hyperactivity Disorder， ADHD）的藥品、抗生素等。本章按照治療領域，歸納經典案例，主要提及重要的科學家、藥品主要作用原理（Mechanism of Action）及臨床貢獻、涉及的製藥公司。標題按照突破性機理、適應症（Indication）及同類最優（Best-in-class）或同類第一（First-in-class）藥品的結構呈現。

一 經典案例之一：H^2 阻斷劑及消化性胃潰瘍，Zantac®

1986 年，泰胃美®的年銷售額超過 10 億美元，是全球第一個「重磅炸彈」藥品。泰胃美®（Tagamet®）是治療消化性潰瘍藥品，由史克公司[2] 在英國的 James Black 團隊發現，在此之前，史克是默默無名的美國製藥企業，在泰胃美®成功之後，升格為全球知名製藥公司之列，按照銷售金額，位居第九位。

泰胃美®屬於 H^2 受體阻抗劑（H^2 blocker），用於減少胃酸分泌，治療疾病為十二指腸及胃潰瘍、酸反流性燒心、消化不良等。在泰胃美®出現前，消化性潰瘍的治療方案主要是休息、清淡飲食、服用抗酸劑等。患者因為潰瘍復發而需接受手術。而根據 Lancet[3] 發表的一項研究，泰胃美®上市以後，美國潰瘍手術的數量比此前下降30%。世界衛生組織（WHO）也將泰胃美®列入世界最基本藥物之一。

鑑於泰胃美®的專利在 1994 年到期，公司在 1980 年後半期就開始啟動臨床試驗，尋求美國 FDA 批准非處方藥（Over-the- counter，OTC）版本。這一保護利潤的策略，日後被其他製藥企業效仿。

泰胃美®給患者帶來巨大福祉，在商業上也取得非凡成績，可是它有

2　在 2000 年與英國的葛蘭素・衛康（Glaxo Wellcome）合併，成立了當時世界上最大的製藥公司葛蘭素史可（GlaxoSmithKline，GSK）。

3　《柳葉刀》（The Lancet）是世界上最悠久及最受重視的同行評審醫學期刊之一。

兩個短處，一是藥品的半衰期 [4]（Half-life）只有 2 個小時，意味着每天需要服用四次，對於患者而言，用藥依從性 [5]（Medication adherence）較差。另一個問題是部分患者會產生輕度皮疹的副作用。

英國公司葛蘭素製藥（GSK.US）研製了善胃得 ®（Zantac®），並於 1983 年上市銷售。雖然同為 H^2 受體阻抗劑，但善胃得 ® 的效價強度 [6]（Potency）更高，因此半衰期為 3 個小時，每天只需服用兩次，並且副作用較少。鑒於以上優勢，以及高超的定價策略：葛蘭素將善胃得 ® 的價格定得高於泰胃美 ®50%，並且將額外收入投資在市場營銷。產生結果是，1986 年善胃得 ® 的銷售超過 20 億美元。

鑒於 H^2 Blocker 的革命性發現，以及泰胃美 ® 及善胃得 ® 的輝煌業績，其他製藥公司紛紛進入這個領域，其中有三家獲得成功：日本山之內（Yamanouchi）、美國禮來（Eli Lilly，LLY.US）和日本帝國（Teikoku）。山之內研發出世界上第三個 H^2 Blocker—Pepcid®[7]。1988 年，美國禮來製藥（Eli Lilly）在美國上市了第四個 H^2 Blocker—Axid®。

泰胃美 ®、Pepcid® 專利分別於 1994 年及 2020 年到期，善胃得 ® 及 Axid® 的專利也都於 2002 年到期；專利到期後，這四家公司都以降低藥品劑量的方式，將仿製藥（Generic drug）以通用名形式在非處方藥市場（OTC）上廣泛銷售。

4　是指血液中藥物濃度或者是體內藥物量減低到二分之一所花費的時間。
5　指病人按醫生規定進行治療、與醫囑一致的行為。
6　在藥理學中是藥物活性的量度，以達到一定效果所需的劑量來表示。
7　1985 年在日本以商品名 Gaster® 上市，1986 年在美國同默沙東（Merck）合作上市。

■ 經典案例之二：質子泵抑制劑及 GERD，Losec®

胃酸對於消化蛋白質及脂肪不可或缺，食物經胃酸降解後進入小腸，營養物質被吸收，不可降解物被排出體外。胃酸不足會引起各種不適，但是胃酸過多會引起燒心[8]（Heartburn）及潰瘍（Ulcer）。

患者一直採用非處方藥的抗酸劑產品，例如：Alka Seltzer®、Maalox®、Mylanta®、Pepto-Bismol®、Tums® 以及 Gaviscon® 等。這些產品大多含有簡單的無機鹼作為藥物中的活性成分（Active ingredient），通過中和胃酸，可以在幾分鐘內緩解症狀。這些藥品療效時間短，一般維持大約幾個小時左右。由於胃酸持續出現，這些 OTC 產品的藥效治標不治本。

1990 年代初，質子泵抑制劑（Proton-Pump Inhibitor）洛賽克® 的出現，是一個里程碑，改變了這個領域的格局。其藥理作用為不可逆地抑制胃壁細胞上的氫 / 鉀離子 ATP 酶（H+/K+ ATPase），比 H^2 Blocker 更加強效。First-in-Class 藥品，包括：洛賽克®（Losec®）、耐信®（Nexium®）以及其他 me-too 藥品，例如：普托平®（Prevacid®）、潘妥洛克®（Protonix®）和波利特®（Pariet®），可以有效地阻止胃酸的大量分泌，接近 90% 的患者可以獲得完全緩解。這些藥品半效期較長，每天只需服用一次。

---

8 燒心是反流產生的一種癥狀，又稱胃食管反流病（gastroesophageal reflux disease，GERD）。反流指消化中的食物和胃酸經由胃部上端進入食道，經常發生會導致食道組織受損，產生潰瘍。

圖表 1：質子泵抑制劑的作用機制 [9]

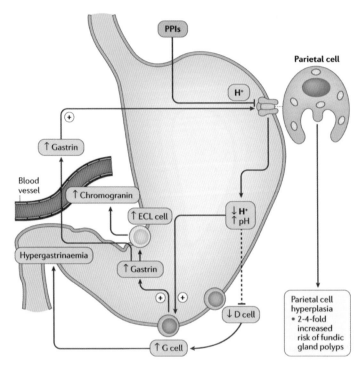

Nature Reviews | Gastroenterology & Hepatology

　　質子抑制劑的研究與開發過程，再次證明創新藥品的基礎科學研究及商業合作的全球特徵。需要強調的是，這一領域的進步是無數科學家、臨床醫生堅持夢想、相信直覺，以及運氣的綜合結果。

　　幾個關鍵科學家對於這一全新領域做出非凡的貢獻：1/ George Sachs[10] 的課題組證實：氫／鉀離子 ATP 酶是運輸胃酸通過黏膜和胃壁細胞的質子

9　Figure 2: Effect of PPIs on gastric physiology. Reprinted by permission from Springer Nature Customer Service Centre GmbH: Malfertheiner, P. et al. (2017) Proton-pump inhibitors: understanding the complications and risks, Nat. Rev. Gastroenterol. Hepatol. doi:10.1038/nrgastro.2017.117.

10　出生在維也納，遷居及求學於蘇格蘭愛丁堡，移民美國，在位於伯明罕的阿拉巴馬大學開始學術生涯。

泵；2/ 製藥公司 Astra Hassle[11] 的藥化學家們對於分子結構做出巨大貢獻，最終洛賽克[®12] 問世。1988 年，瑞典藥政局批准藥品用於治療十二指腸潰瘍及反流性食道炎。洛賽克[®] 為胃潰瘍治療帶來一場革命，在 1999 年銷售達到 60 億美元。雖然洛賽克[®] 非常有效，但並不是適用於全部患者，這主要是因為它具備與眾不同的生物利用度[13]（Bioavailability）。1987 年，Astra Hassle 開始研究更好生物利用度的後備化合物，最終開發出耐信[®14]，2000 年及 2001 年在瑞典和美國獲批。而當時洛賽克[®] 的美國專利即將到期。

隨着洛賽克[®] 的巨大成功，其他製藥企業也紛紛加快 me-too 藥物的開發，其中幾個成功的藥品包括：1/ 1984 年，史克與德國 Byk Gulden 公司達成協定，共同開發質子泵抑制劑，最終發現泮托拉唑（Pantoprazole），由於這個產品的水溶性（Water solubility）很好，水中穩定性高，得以成為世界上第一個上市的用於特護病人給藥的質子泵抑制劑，於 1994 年被美國 FDA 批准上市；2/ 由日本武田公司（Takeda Chemical Industries）發現的普托平[®15]；3/ 日本衛材（Eisai）發現的 Aciphex[®]。

11　在瑞典，現在是 Astra Zeneca 的一部分。

12　Astra Hassle 與美國默沙東合作，由默沙東負責臨床開發及向 FDA 提交新藥申請（New Drug Application）。1990 年，在美國以商品名 Prilosec[®] 銷售。

13　是指製劑中藥物被吸收進入人體循環的速度與程度。

14　它是洛賽克[®] 的對映異構體（s-isomer），其生物利用度更高。

15　在美國，武田與雅培（Abbott）合資成立一家專門銷售普托平[®] 的公司 TAP Pharmaceuticals，2001 年銷售額達到 30 億美元。

圖表 2：各質子抑制劑歷來的化學結構發展及開發年份 [16]

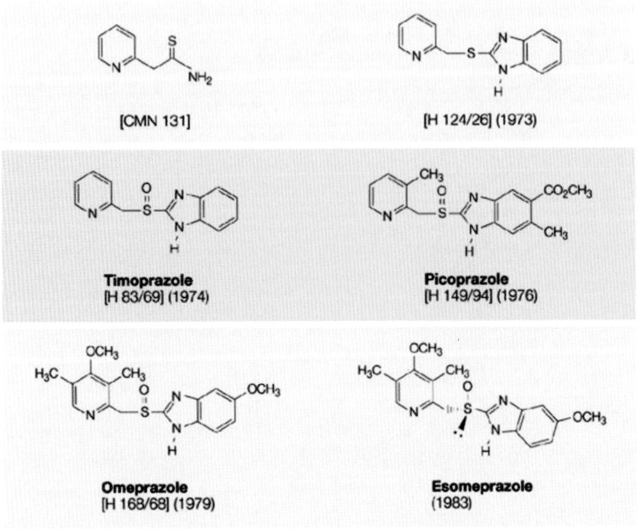

Nature Reviews | Drug Discovery

　　質子泵抑制劑被廣泛使用，其中洛賽克®等被降低劑量，轉換成 OTC 銷售。2003 年，美國市場質子劑抑制劑的銷售額為 135 億美元，僅次於降膽固醇的他汀類藥物（Statins），數百萬患者從中受益。

　　2005 年，西澳大利亞的病理學家 Robin Warren 及醫生 Barry Marshall 發現幽門螺旋桿菌在胃炎及消化性潰瘍中扮演的角色，並獲得諾貝爾生理學或醫學獎。基於這個發現，治療幽門螺旋菌的一線標準治療方案得以誕生 [17]，這一重大發現將胃潰瘍治療又推進一步。

16　Figure 1: Chemical milestones in the development of proton-pump inhibitors and the year of synthesis. Reprinted by permission from Springer Nature Customer Service Centre GmbH: Olbe, L., Carlsson, E. & Lindberg, P. A proton-pump inhibitor expedition: the case histories of omeprazole and esomeprazole. Nat Rev Drug Discov 2, 132—139 (2003). https://doi.org/10.1038/nrd1010.

17　治療方案中包括一種抗生素（一般是阿莫西林）及一種 H_2 Blocker 或質子抑制劑。

三 經典案例之三：Anti-histamines 及過敏治療，Claritin®

　　過敏症是美國第六大慢性疾病，患者超過 5,000 萬，每年因此產生的醫療費用超過 180 億美元。過敏症主要由花粉、食物、塵蟎、動物等引起，春天是由花粉引起的過敏高峰。另外，因為海鮮、花生等食物引起的過敏也非常普遍。過敏的症狀主要包括：瘙癢、腫脹、皮膚發紅、打噴嚏、流鼻涕和流眼淚。

　　科學家們一直在探索過敏的機理，尋求治療方案。世界上第一個抗組胺藥（Anti-histamine）是由瑞士科學家 Daniel Bovet 於 1937 年發現，抗組胺藥 Phenbenzamine 及 Pyrilamine 分別於 1942 年及 1944 年上市。Bovet 也因此於 1957 年獲得諾貝爾生理學或醫學獎。第一代抗組胺藥主要的作用機理為阻斷 H^1 受體（H^1 receptor）。但由於親脂性較高，這類藥品可以比較容易地通過血腦屏障（Blood-Brain Barrier，BBB）進入大腦，阻斷大腦內的受體，導致比較強烈的中樞神經系統（Central Nervous System，CNS）副作用，例如：瞌睡、鎮靜、眩暈、記憶損失等。

　　作為廣泛認知並且至今依然大量使用的第一代抗組胺藥品 Benadryl®[18]，是由美國辛辛那提大學化學教授 George Rieveschl 於 1940 年代初發明。這個藥品還被用於其他適應症（例如：暈車、暈船、止吐等），知名的品牌為 Dramamine®。

　　位於新澤西州的先靈葆雅（Schering-Plough）公司，在 2009 年被默沙東收購之前，就有發現、生產、銷售抗組胺藥。第一個產品 Trimeton® 因其瞌睡的副作用小於市場上其他的同類藥品，而被廣泛使用於感冒及過敏。先靈葆雅的化學家 Frank Villani 在第一代產品上稍加改善，開發出 Piriton®，這種藥半衰期更長，每天只需服用一次，獲得了巨大成功，至今這個藥的有效成分 Chlorphenamine 依然被廣泛使用在 OTC 的感冒及過敏藥中。

18　有效成分為 Diphenhydramine。

　　第二代抗組胺藥的 CNS 不良反應明顯減少，主要是因為它們可較少地穿透血腦屏障。第一個產品為 Hoechst Marion Roussel[19] 的 Seldane®，1985 年在美國上市，是當年最暢銷的處方藥。這個藥品由 Albert Kerr 發現，是首批直接通過電視廣告向消費者推銷的藥品之一，反響空前。先靈葆雅的 Villani 團隊在 1970 年發現氯雷他定（Loratadine），在 1980 年申請專利，這類阻胺藥具有較小或者沒有鎮靜反應。1993 年，Loratadine 終於獲得美國 FDA 批准，商品名為 Claritin®。1997 年，FDA 放寬對於處方藥的廣告規定。先靈葆雅在 1998、1999 年花費 3.22 億美元用於市場推廣，Claritin® 的年銷售額由 1997 年的 14 億美元，增長至 2000 年的 26 億美元。為了解決開瑞坦®專利到期而導致的專利斷崖，先靈葆雅開發了 Clarinex®，於 2002 年上市銷售，但這個產品的療效並沒有優越很多。Claritin® 及 Clarinex® 一舉將先靈葆雅推入世界一流製藥公司的行列。

四　經典案例之四：血液稀釋藥（Blood thinner），波立維®（Plavix®）

　　血液主要由紅細胞、白細胞、血小板及血漿組成。紅細胞的作用是運輸氧氣到各個器官，白細胞的主要作用是抵禦細菌及病毒的侵入，血小板是黏而少的組成部分，佔大約 1%，促進血液凝固。失去凝血功能的人患有血友病（Hemophilia），這類患者需要定期注射凝血因子。然而，如果血小板過多，會引起血液黏稠，導致血栓等心腦血管疾病。經常長途飛行的旅客，由於長時間局限於狹窄空間久坐不動；或者一些需要長期站立工作的職業（例如：藥劑師），都容易患有深部靜脈血栓（Deep Vein Thrombosis）。

　　「栓塞」是指凝血塊在體內通過循環系統遷移而導致阻塞，是非常危險、致命的症狀。血液稀釋藥是預防及治療血栓及栓塞的首選藥物。1916

19　目前是賽諾菲（Sanofi）的一部分。

年，科學家們在美國約翰霍普金斯大學發現肝素（Heparin），是世界上發現最早、至今依然被廣泛使用的經典藥品之一。Heparin 是一種天然糖胺聚糖抗凝血劑，為醫院常備藥品，用於血液透析、血管手術、器官移植等，同時用於支架手術，挽救了數以百萬計患者生命。Heparin 基本上需要在醫院診所內注射用藥，由於全球眾多藥廠生產，因此沒有形成「重磅炸彈」產品。

華法林（Warfarin）為另一款經典的臨床抗血栓藥物，與 Heparin 不同，可以口服用藥。其作用原理為通過抑制維生素 K 依賴的凝血因數（II、VII、IX、X）的活化發揮抗凝作用，被廣泛應用於臨床抗凝治療。雖然其價格低廉、且為口服，但存在較大的用藥療效及安全問題。許多食物[20]、藥物以及疾病都可能影響華法林的藥效，為保證治療的安全性及有效性，病人常常需要頻繁抽血監測並對劑量進行調整。有鑑於華法林的較多瑕疵，藥廠研發出新型口服抗凝血劑（Novel Oral Anticoagulants，NOACs），這類藥物不需經常檢測副作用，因此在一些適應症的治療上正慢慢取代華法林。但同時，這類藥物的價格為華法林的近 30 倍。目前市場上主要的 NOACs 藥物為 BMS 和 Pfizer 的 Eliquis®，以及 Johnson & Johnson 和 Bayer 的 Xarelto®，在 2020 年全球暢銷藥物中排名第四及第十，全年銷售額為 91.7 億美元及 69.3 億美元。Eliquis® 的銷量甚至超過了 BMS 的腫瘤免疫療法暢銷藥 Opdivo®。

德國拜耳阿司匹林（Aspirin）由化學家 Felix Hoffmann 合成得出，至今已超越百年，依然被用於止痛、解熱、抗凝，是製藥歷史上經典的藥品之一。它的作用機理直到 1971 年才得以清晰的闡明。John Vane 發現，阿司匹林通過抑制前列腺素合成酶（Cyclooxygenase）而起效，解釋了其抗血小板、解熱和抗炎等作用。Vane 憑藉這一發現獲得 1982 年的諾貝爾生理學及醫學獎。1985 年，時任美國衛生部長向公眾宣佈，一日一片 81 毫克的阿司匹林有助於預防二次心肌梗死。從此，阿司匹林成為家庭藥箱的必備品。

20　尤其是富含維生素 K 的綠色蔬菜。

　　法國的製藥巨人賽諾菲（Sanofi）是後起之秀，1973 年才成立。公司的化學家 Jean-Pierre Maffrand 憑藉兩個血液稀釋藥 Ticlid® 和 Plavix® 使 Sanofi 成為世界一流的製藥企業。1978 年，Ticlid® 獲批上市。

　　1993 年，Sanofi 選擇與美國的百時美施貴寶[21]（Bristol-Myers Squibb，BMS）合作，在美國進行氯吡格雷（Clopidogrel）的臨床 III 期開發、市場推廣與銷售。Clopidogrel 與阿司匹林的作用機理不同，可選擇性阻斷血小板上的 ADP 受體，從而抑制血小板凝聚。一份大規模的臨床試驗 CAPRIE[22] 結果證明，Clopidogrel 比阿司匹林更加有效，並且對於腸胃的副作用更小。1997 年 4 月，Sanofi 及 BMS 遞交在美國上市申請，被授予「優先審評」。1997 年 11 月，FDA 批准 Clopidogrel 以商品名 Plavix®[23] 在美國上市，批准適用症為預防和治療因血小板高聚集引起的心、腦及其他動脈循環障礙疾病[24]。在獲批後的一年內，僅在美國就有超過 300 萬的患者服用 Plavix®。

　　日本的第一三共（Daiichi Sankyo）通過修飾 Clopidogrel 開發出 Effient®[25]，並於 2009 年在美國上市，這一藥品是 Me-too 藥，它比 Clopidogrel 作用更強，起效更快，但是安全性較差，出血事件頻率較高。

　　阿斯利康的倍林達®（Brilinta®）對於血小板聚集抑制活性是可逆的，且無需經過肝臟代謝活化，於 2011 年獲批在美國上市。

21　是當時世界上的第四大製藥公司，並且奠定了在心血管領域的領導地位。

22　CAPRIE (clopidogrel versus Aspirin in Patients at Risk of Ischemic Events).

23　1998 年 7 月，在歐洲批准上市，商品名為 Iscover®。在美國，由 BMS 銷售；在世界其他地方，由 Sanofi 銷售。

24　主要用於近期發生腦卒中、心肌梗死和確診的外周動脈疾病的患者。

25　在美國市場，第一三共與禮來製藥合作。

五 經典案例之五：止痛、降溫、消炎類及 COX-2 抑制劑，
Celebrex®

　　人類有記錄歷史，就有關於疼痛的描述，並且疼痛經常伴隨發燒
（Fever）及發炎（Inflammation）。有兩類藥品被視為經典，其中一類是非類
固醇抗發炎藥（Non-Steroidal Anti-Inflammatory Drugs，NSAIDs），這類中
的代表是阿司匹林（Aspirin）、布洛芬®（Ibuprofen）等。阿司匹林的起源是
柳樹樹皮，可以追溯到公元前 1500 年。1897 年，德國拜耳（Bayer）化學家
Felix Hoffmann 將其製備合成。早期的阿司匹林對於胃腸道有一定的副作
用，後期通過腸溶劑型（Enteric Coating），已經基本解決這一問題。布洛芬®
被使用在經痛，也是兒童感冒 OTC 藥品中常見的活性成分。這類的其他藥
品還包括了 Naproxen[26]、Indomethacin、Diflunisal 及 Diclofenac Sodium。

　　另一類經典止痛降溫藥品為乙醯氨基酚（Acetaminophen /
Paracetamol），商品名為泰諾®（Tylenol®），至今其作用機制還未完全明瞭，
這個藥品在美國醫院內基本每個病人都會配置。目前，acetaminophen 是感
冒藥中主要的活性成分之一，同時也具備滴劑（Drop）或者口服液（Syrup）
等劑型給兒童使用。鑑於用藥過量（Overdosing）對於肝有損傷的副作用，
FDA 建議成人每天的攝取量不超過 4 克。在製藥行業歷史上，美國強生製
藥（Johnson & Johnson）對泰諾®安全意外事件的處理，被行業視為經典的
危機公共關係處理案例，也大大提升了強生製藥的品牌形象。

　　環氧化酶（COX-2）抑制劑的出現，改變了這個領域的行業格局。兩個
代表藥品為美國輝瑞的西樂葆®及美國默沙東的萬絡®，它們相繼成為重磅
產品，但是結局各有不同。環氧化酶包括兩種亞類型（COX-1 及 COX-2），
COX-1 保護胃黏膜及維持血管擴張；COX-2 主要分佈在有炎症的細胞和組
織中，在急性炎症反應中被啟動。因此，選擇性抑制 COX-2 的抗炎藥更為

26　被大量使用在關節炎疼痛，包括風濕性關節炎。

安全有效。美國孟山都（Monsanto）公司的 Phillip Needleman 領銜發現世界上第一個 COX-2 抑制劑 Celecoxib。1998 年，美國 Pharmacia 公司收購了孟山都的藥物板塊，1999 年開始與輝瑞合作[27]，將藥品以商品名西樂葆®（Celebrex®）上市。1999 年，美國默沙東公司的 Prasit 領銜團隊研發出世界上第二個 COX-2 抑制劑 Vioxx®（萬絡®）。這兩個藥品的適應症包括骨關節炎症（Osteoarthritis）及風濕性關節炎（Rheumatoid Arthritis）。2003 年，西樂葆®的後續產品 Bextra®獲批上市，由輝瑞及 Pharmacia 公司合作市場推廣。同一年，輝瑞製藥收購 Pharmacia，獲得 COX-2 抑制劑產品線。

2004 年，默沙東的 VIGOR[28] 臨床試驗中結果顯示，與服用 Naproxen 的患者相比，服用 Vioxx®的患者心機梗死的發病率增加 5 倍。2004 年 9 月30 日，公司自願從市場上召回 Vioxx®，資本市場反應劇烈，數月內默沙東市值下跌 300 億美元，這對於公司的聲望是巨大打擊。一直到生物製藥 PD-1 研發的意外成功，公司才再現雄風。

2005 年，由於潛在的心肌梗死及嚴重皮膚過敏等副作用，輝瑞也自願撤回 Bextra®。目前，全球市場在 COX-2 抑制劑領域僅存輝瑞製藥的Celebrex®。即便如此，在治療自身免疫系統的生物製藥出現之前，COX-2 抑制劑在關節炎治療領域獨領風騷。

六　經典案例之六：SSRIs 與抗抑鬱類藥品，「百憂解®」Prozac®

抑鬱是在美國非常普遍的一種精神疾病。在中國，由於嚴重缺乏治療精神疾病的專科醫生，估計有大量未經過診斷的病人。

27　這次合作也是促使輝瑞製藥併購 Pharmacia 的原因之一，擴充產品線（pipeline）。
28　維奧克斯胃腸道結果研究。

1950 年代，三環類抗抑鬱藥（Tricyclic Antidepressants，TCAs）是最常用的藥品類別，在一定程度上緩解症狀，但是副作用比較大，例如：瞌睡、便秘、視力模糊，更為嚴重的是，如果劑量超過 10 倍，容易引發心律失常而導致死亡。另一類比較常用的藥品為單胺氧化酶抑制劑（Monoamine oxidase inhibitors，MAOIs），對於治療抑鬱有一定幫助，但是容易產生同許多藥品的互相作用（Drug interaction）。出身香港的華裔科學家汪大衛（David Wong）在美國禮來（Eli Lilly）所帶領的課題組研製了影響深遠的名藥百憂解®（Prozac®）。百憂解®屬於全新藥品類別：選擇性血清素再吸收抑制劑（Selective Serotonin Receptor Inhibitors，SSRIs），同傳統的三環類抗抑鬱藥相比，具備以下優點：1/ 副作用小，尤其是對於中樞神經系統；2/ 藥效穩定、半衰期長，每天服用一次即可；3/ 還可以用於神經性貪食症或者強迫症。FDA 在 1988 年正式批准上市，鑒於它的有效性及安全性，百憂解®迅速成為重磅炸彈。這個突破性藥品甚至被評為 20 世紀最偉大的發明之一。在 2003 年專利保護期截止前，銷售峰值 23 億美元，佔禮來製藥全部收入的三分之一。這個藥品使禮來製藥成為精神類領域的巨人，此後禮來製藥又開發了欣百達®（Cymbalta®）、再普樂®[29]（Zyprexa®）、擇思達®[30]（Strattera®）。在這一領域的另一個暢銷藥品是英國 GSK 的 Paxil®，一度在美國暢銷成為「重磅炸彈藥品」，但是 2003 年專利到期後，由於價格低廉的仿製藥出現，其銷量大幅下降。美國惠氏製藥（Wyeth）的怡諾思®（Effexor®）於 1993 年上市，銷售峰值在 2008 年達到 39 億美元，專利到期後，在 2009 年銷售僅 5.2 億美元。

另一類治療抑鬱及強迫症的一線用藥是輝瑞的復甦樂®（Zoloft®），銷售峰值達到 33 億美元，2006 年專利到期後，銷售也跌至 5 億多美元。

29　廣泛在臨床用於抑鬱症、焦慮症、精神分裂症。
30　可治療多動症。

七　經典案例之七：GABA 及抗癲癇藥品，Neurontin®

癲癇（Epilepsy），俗稱「羊癲風」，是大腦神經元突發性異常放電，導致短暫大腦功能障礙的一種慢性疾病。全球大約有 1% 的人口患有癲癇，到目前為止，並沒有根治的方法。藥物為控制癲癇症狀的主要方法，目的在於減少或防止發作。控制癲癇的第一個有效藥品是苯巴比妥（Phenobarbital），由 Emil Fischer 於 1903 年合成，但卻有催眠的副作用，這個藥品至今依然在醫院被廣泛使用於鎮靜。製藥企業 Parke-Davis 的大侖丁®（Dilantin®）在 1939 年上市，是第一個結構與巴比妥相似，但沒有催眠副作用的抗癲癇藥品，具有劃時代的意義。但這個藥物有可能會帶來白血球減少的副作用，增加感染風險。Parke-Davis 通過一系列在抗癲癇領域的後續產品奠定了領導地位。

作為一個新的作用機理，加巴噴丁（Gabapentin），商品名為 Neurontin®，於 1993 年被美國 FDA 批准輔助控制癲癇，並且於 1994 年上市銷售，後續更是在臨床被常用於緩解糖尿病或帶狀皰疹引起的神經痛。2001 年銷售額到達 17.5 億美元，於 2003 年達到銷售峰值 30 億美元，其中主要原因是由於輝瑞製藥對其 off-label use 的推廣。

八　經典案例之八：HMG-CoA 還原酶抑制劑及治療高血脂藥品，Lipitor®

高血脂症指血液中脂類物質過多，使血液黏稠度增高，這些脂類會在血管壁內膜沉積，逐漸形成小塊，阻塞血管，導致血流變慢或者斷流。根據發生的部位不同，會引起冠心病、腦中風、腎動脈硬化，並產生一系列的誘發疾病。血脂主要由膽固醇、甘油三脂及類脂組成，與臨床有比較密切關係的主要是膽固醇及甘油三脂。

　　根據不同的作用機理，治療高血脂的藥物種類比較多，但是全球公認最有效的是他汀類藥物（Statins），作用機理為抑制 HMG-CoA 還原酶（HMG-CoA reductase），從而降低血液中的低密度脂蛋白—膽固醇（LDL-C）。1987 年，美國德克薩斯大學的科學家 Michael Brown 及 Joseph Goldstein 因為對於膽固醇調節機理的研究，獲得諾貝爾醫學及生理學獎。多項大規模臨床試驗結果顯示，Statins 可針對性減少膽固醇的生成，對於減少動脈粥樣硬化性心血管疾病 [31] 有顯著作用。Statins 的歷史可以追溯到 1976 年，日本科學家 Akira Endo 從桔青黴提取了美伐他汀（Mevastatin）。1979 年，默沙東的科學家也另從土曲黴素中提取了洛伐他汀（Lovastatin）。這兩種為天然他汀。

　　1987 年，默沙東的 Zocor® 被美國 FDA 批准上市，這是第一個半合成他汀 [32]，為 First-in-class 藥品。此後，美國 BMS 及日本第一三共製藥研發了 me-too 藥品 Pravastatin。1993 年，瑞士諾華製藥研發出氟伐他汀（Fluvastatin），是第一個全合成他汀。1996 年，美國 Warner Lambert 公司的立普妥®（Lipitor®）被批准上市，後來公司被輝瑞製藥收購。這款藥物也為全合成他汀，憑藉輝瑞製藥強大的市場推廣能力，以及優於同類藥品的療效，Lipitor® 成為超級重磅炸彈，在 2011 年專利到期之前，累計銷售1,250 億美元，是人類歷史上第一個銷售超過 1,000 億美元的藥品。

　　2003 年，英國 / 瑞典阿斯利康的可定®（Crestor®）及日本興和的力清之®（Livalo®）分別在美國與日本上市，它們的藥物相互作用 [33] 較少，半衰期長，可以在一天內任意時間服用，其中力清之® 的生物利用度非常高。可定® 在 2015 年全球銷售峰值到達 50 億美元，2016 年仿製藥上市後，銷售額大幅下降。

31　動脈粥樣硬化心血管疾病，ASCVD。
32　通過對洛伐他汀側鏈進行化學修飾以半合成形式獲得。
33　Drug interactions.

圖表 3：各他汀類藥物的化學結構 [34]

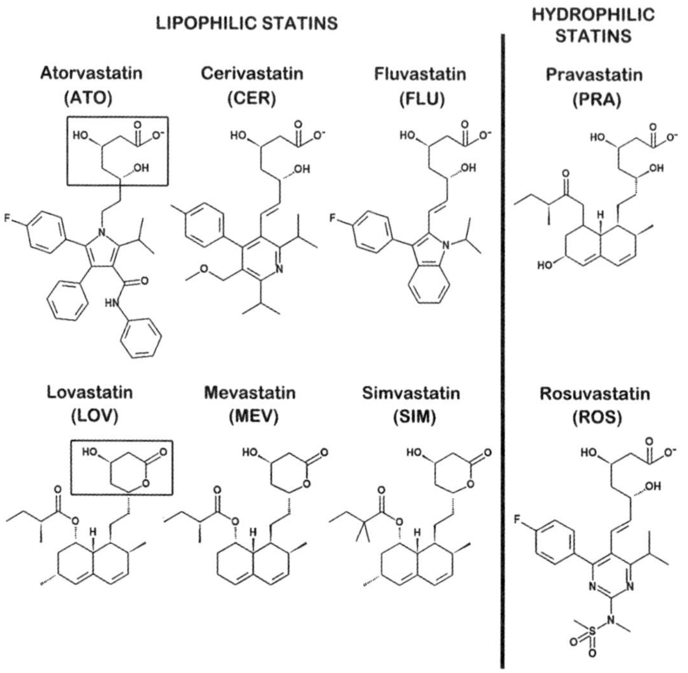

在他汀類藥物風光 20 年後，前蛋白轉化酶枯草溶菌素 9（PCSK9）於 2003 年被首次報導。從分子機理闡明到相應藥物上市僅用了 10 幾年時間，是又一類劃時代的藥品。臨床試驗結果表明，PCSK9 抑制劑可以非常明顯的降低血液中的 LDL-C 水準 [35]。2015 年 7 月及 8 月，美國安進（Amgen）研發的 Repatha® 獲得 EMA 及 FDA 批准上市。2015 年 7 月及 9 月，法國賽諾菲及美國再生元（REGN.US）聯合開發的 Praluent® 也分別獲得 FDA 及 EMA 批准上市。與他汀類是化學合成的藥品不同，PCSK9 是單克隆抗體

34　Figure 1: Statin chemical structures. Españo, E., Nam, JH., Song, EJ. et al. Lipophilic statins inhibit Zika virus production in Vero cells. Sci Rep 9, 11461 (2019). https://doi.org/10.1038/s41598-019-47956-1 (licensed under CC BY 4.0).

35　在治療指南中，針對他汀不耐受患者或者服用大量他汀後，LDL-C 水準依然較高患者，推薦使用 PCSK9 抑制劑或者聯合他汀使用。

藥物（Monoclonal antibody），具有靶向性強、副作用小的特點，但是由於生物制藥品的製作成本較高，藥品定價較高，銷售不及預期。雖然如此，在治療指南中，針對他汀不耐受患者或者服用大量他汀後、LDL-C 水準依然較高患者，推薦使用 PCSK9 抑制劑或者聯合他汀使用。

九　經典案例之九：呼吸系統疾病及「一代名藥」Advair®

呼吸系統疾病在全球高踞前列，主要包括慢性阻塞性肺病[36]、哮喘[37]，及過敏性鼻炎[38]。近 20 年以來，全球 COPD 的發病率整體下降，這與各國政府加強對於 COPD 的教育及疾病管理密切相關。超過 90% 的死亡發生在低等收入或者高收入國家。在吸煙率及人口老齡化較高的國家，發病率有提升的趨勢。哮喘多發生在幼兒及青少年，發病率較高，每萬人中患者超過 55 人。相對於 COPD，哮喘的死亡率較低，合適的病情管理及用藥可以比較好的控制病情。過敏性鼻炎近年來呈明顯上升趨勢，與環境、季節、過敏原有明顯關係。

臨床治療主要以吸入製劑為主，患者一般需要在其疾病發展過程持續日常使用吸入製劑。吸入製劑的四種主要劑型包括霧化劑、乾粉劑、氣霧劑、鼻噴劑，其中乾粉製劑攜帶方便，是最普及的劑型。

縱觀呼吸製劑發展歷史，英國的葛蘭素史克、英國 / 瑞典的阿斯利康以及德國的勃林格殷格翰（Boehringer-Ingelheim， BI）佔據絕對領先及主導的地位。1969 年，葛蘭素史克的第一款哮喘藥品 Ventolin® 上市。1961 年、1975 年及 1980 年，勃林格殷格翰的 Alupent®、 Atrovent® 及 Berodual® 分別

36　Chronic Obstructive Pulmonary Disease，COPD.

37　Asthma.

38　Allergic rhinitis.

上市。在上世紀 90 年代，阿斯利康的 Pulmicort®、葛蘭素史克的 Beconase AQ® 及 Flovent® 是最常使用的藥品。這些藥品都具有單一有效藥物成分，其輔助的呼吸器械裝置也相對簡單。

葛蘭素史克的 Advair Diskus® 是最常見的治療 COPD 及哮喘的藥品，長期位列全球銷量前十名。這款呼吸製劑混合了兩種藥效的藥物[39]，並使用了獨特的呼吸裝置。呼吸製劑是藥品及器械的組合，並且對於呼吸裝置的技術要求非常高。因此，儘管 2011 年 Advair Diskus® 的化合物專利到期、2013 年 FDA 出了仿製指南、2016 年呼吸裝置的專利保護到期，直到 2019 年 1 月才有仿製產品在美國上市。2017 年，葛蘭素史克的首款三合一吸入製劑全再樂®（Trelegy® Ellipta®）被 FDA 批准上市。

呼吸製劑正從單劑、雙劑，向三合一有效製劑方向發展。但是，全球銷量最好的產品依然是相對早期的成熟產品 Advair®、Spiriva® 及 Symbicort®。

✚　經典案例之十：PDE5i 及勃起功能障礙，Viagra®

1998 年 3 月，萬艾可®（Viagra®）在美國上市，被稱為「藍藥丸」，是製藥史上的里程碑之一。在此之前，勃起功能障礙（Erectile Dysfunction，ED）並沒有被廣泛關注，一方面是因為涉及個人隱私，難以啟齒；另一方面是因為沒有比較好的治療方法。那時，輝瑞製藥在研發治療肺動脈高血壓藥物的過程中，偶然發現該藥的副作用可對病者的性生活有改善，因此對陰莖海綿體平滑肌的作用展開了研究，並研發出萬艾可®，迅速獲得商業上的成功，是製藥行業典型的「無心插柳柳成蔭」案例。

輝瑞製藥依靠其強大的、行業內一流的市場推廣及銷售能力，利用

39　丙酸氟替卡松、沙美特羅。

鋪天蓋地的廣告，使患者、醫生及公眾認為勃起功能性障礙是人類正常疾病的一部分，可以治療、可以改善婚姻及生活品質，甚至是人的基本權利的一部分。輝瑞製藥成功說服美國政府給低收入人群的聯邦醫療補助[40]（Medicaid）報銷此藥。

ED 是指持續性的不能獲得或者不能維持勃起以獲得滿意的性生活，時間超過 3 個月。ED 的流行性病學難度比較大，根據美國馬薩諸塞州的 2019 年調研，40-70 歲男性患病率為 52%；在中國，一項針對 11 個城市的 ED 調查研究表明，40 歲以上男性為高發人群，發病率超過 40%。

ED 目前無法根治，需要長期治療。在口服藥品出現之前，主要的治療方法包括真空負壓勃起裝置、陰莖海綿體藥物注射療法、手術治療。這些療法在歐洲發達國家的使用率不高（大約 20-30%），在中國更低。ED 的病因比較複雜，主要有心理因素（焦慮、緊張、悲傷等精神狀態）、心血管疾病（高血壓、高血脂、糖尿病）及憂鬱症等疾病所致的神經問題、本身睪丸發育問題或者受傷、以及藥物副作用影響[41]。

萬艾可®屬於 5 型磷酸二脂酶抑制劑（PDE5i），對於環磷酸鳥苷（cGMP）的水解起拮抗作用，可以維持陰莖海綿血管舒張，保持勃起狀態。在 PDE5i 領域一共有三個藥品，美國輝瑞的萬艾可®（Viagra®）、德國拜耳的艾力達®（Levitra®），以及美國禮來的希愛力®（Cialis®）。Cialis® 具備起效時間較短（30 分鐘），持續時間長（36 個小時），以及不受適度飲酒的影響等優勢。因此，目前 Cialis® 的全球市場份額已經超越 Viagra®。

---

40 是一項由聯邦和州共同提供經費的醫療衛生計劃，目的是為某些收入和資源有限的人所提供的醫療費用協助。

41 例如：減壓藥 β 受體阻斷藥會導致陰莖動脈血流減少。

基金經理思考

1. 知名製藥企業的成功必須有 first-in-class 或者 best-in-class 的創新藥品；

2. 如果希望入列全球前 30 名的製藥公司，必須在至少一個治療領域具備市場領先地位；

3. 化學藥領先的國家，都有非常好的現代化學工業基礎，例如：德國、日本、英國、美國等；

4. 我們列舉美國，是因為美國是全球最大的醫療健康市場，並且人口較多，整體數據比較完善，有利於分析，但這並不意味着美國健康體系有效。美國模式是不可被複製的，因為：1/ 美鈔是全球的流通貨幣；2/ 美國是全球負債最高的國家；3/ 美國健康產業佔其總 GDP 高達 18%[42]；

5. 臨床試驗至關重要。如果希望成為 first-in-class 或者 best-in-class，就必須有實力面對臨床對標試驗；

6. 藥品只有療效並不意味商業上一定成功，需要與強大的市場推廣能力結合；

7. 併購是現代製藥企業快速奠定市場地位的唯一方案。

42　數據來自 Centers for Medicare and Medicaid Services (CMS)。

第 2 節
生物製藥範式

前言

　　本章節介紹從 20 世紀 80 年代到目前，40 年的生物製藥歷史。之所以稱為「製藥」，是因為同化學藥相比，生物製藥的製造流程、工藝更加重要，直接影響成本及品質控制。依據創新屬性，生物製藥也可分為生物創新藥（Bio-novel）和生物類似藥（Bio-similar）[1]。

圖表 1：化學藥與生物藥的差異

	化學藥	生物製藥
分子量	小，500-900Da[2]	大，4,000-140,000Da
結構	結構已知，不受生產工藝影響	3D 結構複雜多變，受生產工藝影響大
生產	結構已知，不受生產工藝影響	活體細胞生成，重複性與放大性較難保證
穩定性	高	低
開發時間	短，仿製藥一般 3-5 年	長，類似藥一般需 8-10 年
開發成本	低，仿製藥一般 100-500 萬美元	高，類似藥一般 1-2 億美元
生產流程控制	相對簡單	複雜

1　包括：生物改良藥（Bio-better）。
2　Dalton，指用來衡量原子質量的單位。

	化學藥	生物製藥
產能限制	低	高
供應鏈管理	要求較低	要求較高，大多需要冷藏配送

　　我們採用 Dr. Rick Ng 的 Drugs, From Discovery to Approval 的分類方法：1/ 以胰島素為代表的替代性蛋白藥物；2/ 以單克隆抗體（簡稱「單抗」）為代表的治療性蛋白藥物；以及 3/ 各類疫苗產品。在這裏，主要介紹替代性蛋白藥物及治療性蛋白藥物，由於疫苗具有品類特殊性及目前因 Covid-19 被廣泛關注，我們將有專題重點呈現。

　　本章節比較詳細地記錄了行業公認的領導者：美國基因泰克（Genentech）及美國安進（Amgen，AMGN.US）成長的艱辛及取得的巨大成功。同時，本章也描述其他幾個傳統的製藥行業領導者如何涉足生物製藥領域，包括早期的美國禮來（Eli Lilly）、丹麥諾和諾德（Novo Nordisk，NVO.US），及後來的美國輝瑞（Pfizer）、默沙東（Merck）、雅培（Abbott Laboratories，ABT.US）等等。

　　1982 年，美國基因泰克（Genentech）和禮來公司（Eli Lilly）共同推出的重組人胰島素（Humulin®）被 FDA 批准上市，被認為是人類歷史上第一個真正意義上的生物製藥，這個里程碑開啟了生物製藥的歷史。重組 DNA 技術從三個方面推進了生物製藥的佈展：第一，從源頭上解決了之前只能以天然材料為原材料而導致的產率低、選擇少的問題；第二，為避免使用難以處理或者採集方式危險的原料，提供了可能性；第三，也是最重要的一點，拓展了生產改造蛋白的空間。重組 DNA 技術的出現真正使製藥行業發生「範式轉移」，引領這個領域從「化學藥時代」進入「生物製藥時代」。歷史較為悠久的蛋白替代藥物相比於治療性蛋白藥率先進入輝煌時期。人類有些疾病是由於人體難以產生某些必須的蛋白，而且缺乏這些蛋白導致

一系列健康問題。蛋白替代藥就是為患者補充缺乏的蛋白或者天然蛋白的類似物，從而達到治療疾病的效果。這其中的代表產品有胰島素、生長激素、凝血因子、白介素等。從上世紀 80 年代之後近 30 年間，大量此類產品問世，尤其是活性成分相同的各類改良藥，例如：原有藥物的改良氨基酸序列藥物、新配方及不同用藥途徑的改良藥，和生物類似藥。

　　蛋白替代藥物的發展從 1982 年起步。1986 年，世界上首個單抗藥物 Orthoclone OKT3® 被批准上市，適應症為治療器官移植後出現的排斥反應，以此拉開了抗體類藥物進入現代醫學的序幕。自 20 世紀末期開始到 2015 年間，每一個五年間隔中被美國 FDA 和歐盟 EMA 批准的抗體類藥物[3]的數目較為穩定。從 2015 到 2020 年，被歐美批准進入市場的抗體類藥物的數目與前期同時間間隔相比呈爆發增長狀態。在所有被首次批准的生物製藥中，抗體類藥物超過一半，而在 2010-2014 年，這個比例只有 27%。抗體類藥物一枝獨秀，以 2019 年為例，全球最暢銷的 10 款藥物中，有 8 款為抗體類藥。

一　替代性蛋白藥物

1. 經典案例之一：胰島素，禮來製藥、諾和諾德、賽諾菲

　　1982 年，重組人胰島素上市。早在 20 世紀 20 年代初，胰島素與糖尿病的關聯被發現後不久，從自然動物原料[4]中提取的胰島素就開始成為治療糖尿病的藥品。1923 年，禮來製藥推出了美國第一個胰島素產品。在歐洲，丹麥 Nordisk Insulin Laboratory[5] 開始大量生產胰島素，並且出口到丹麥附近的歐洲各國。同源的丹麥公司 Novo Therapeutisk 也因胰島素技術迅速發

3　包括生物類似物。
4　比如豬或者牛的胰臟。
5　諾和諾德（Novo Nordisk）的前身。

展。從自然原料中提取的動物胰島素被稱為第一代胰島素。人們很快就意識到自然胰島素作用時間太短，使用並不方便。而且，從自然原料中，提取有效蛋白成分作為藥物有產量低、安全性較差、對於部分患者會引起過敏反應等缺點。常用的第一代胰島素注射製劑為豬胰島素，因為其與人胰島素有幾個氨基酸的差別，可能會導致患者免疫反應，使得注射部位皮下脂肪萎縮或者增生。為了延長胰島素的作用時間，以及減小可能發生的免疫反應，在之後 40 年，各個公司包括 Nordisk、Novo、禮來，都各自突破技術難點，研發出長效胰島素。例如：Nordisk 研發出的精蛋白胰島素[6]，以及 Novo 推出的含鋅胰島素。

70 年代中期，重組 DNA 技術的發現引發現代醫學突破性進步。基因泰克是第一個採用此技術的藥物研發公司，成功以大腸桿菌生產出高純度的合成人胰島素。其結構和人體自身分泌的胰島素一樣，相比動物胰島素有較少的過敏反應，促成了重組人胰島素 Humulin® 的上市。基因泰克由風險投資家 Robert A. Swanson 和重組 DNA 技術的先驅者 Herbert Boyer 博士於 1976 年創立。這類以重組 DNA 技術生產出的人胰島素被稱為第二代胰島素。禮來公司原本就是生產銷售第一代胰島素的領導者，它以獨特的眼光比競爭對手搶先一步抓住了第二代胰島素的機遇，並且與基因泰克合作，主導 Humulin® 的入市審核過程。Humulin® 也被授權給禮來公司製造，使得它再一次坐穩胰島素市場。在重組 DNA 技術的推動下，胰島素生產成本大幅下降，第二代胰島素因此逐漸替代第一代胰島素。 1989 年，在當時激烈的市場競爭環境下，同在丹麥的 Novo 公司與 Nordisk 公司摒棄前嫌[7]，宣佈合併。自此，又一胰島素行業領導者諾和諾德（Novo Nordisk）誕生。

6　將魚精蛋白添加入天然胰島素，以延長胰島素作用時間。

7　Novo 公司是由 Nordisk 公司的兩位前員工創立。

從 20 世紀 90 年代開始，人們對胰島素的結構與性質有了更深的了解。
隨着技術的發展，改造天然人胰島素結構以調整藥物性質成為可能，例如：
在胰島素的肽鏈上進行修飾，用重組 DNA 技術改變天然人胰島素肽鏈上某
些部位的氨基酸序列，改變胰島素聚體強度等。這種經過改良成為更優秀
的胰島素類似物被稱為第三代胰島素，相比第二代胰島素，可以在起效時
間、峰值時間及作用持續時間上，更好地模擬人體胰島素的分泌模式。現
在市場上暢銷的胰島素產品有不同種類，包括超長效胰島素、速效胰島素、
超短效胰島素、甚至吸入式胰島素等。

圖表 2：人胰島素及各胰島素類似物的氨基酸序列和結構 [8]

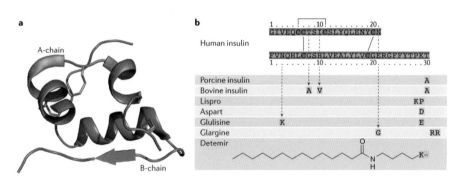

Nature Reviews | Drug Discovery

第三代胰島素的發展過程中，值得了解的是吸入式胰島素的曲折發展。
2006 年，輝瑞製藥獲得 FDA 批准全球第一個吸入性胰島素產品 Exubera[®]，
被認為是生物製藥史上的重大突破，因為其他胰島素生物製藥的給藥途徑
都是注射 [9]。然而，其銷售極為慘淡，輝瑞製藥在 2007 年宣佈 Exubera[®] 退市。
Exubera[®] 的失敗也使諾和諾德與禮來製藥中斷相類似的吸入式胰島素研究

8　Figure 1: Structure and sequences of human insulin and analogues. Reprinted by permission from
　　Springer Nature Customer Service Centre GmbH: Zaykov, A., Mayer, J. & DiMarchi, R. Pursuit of a
　　perfect insulin. Nat Rev Drug Discov 15, 425─439 (2016). https://doi.org/10.1038/nrd.2015.36.
9　由於胰島素的分子結構龐大，以及容易在腸胃中被降解。

項目。然而，這些挫折並沒有影響美國 MannKind 公司的決策，其吸入性胰島素產品 Afrezza® 在 2014 年獲批。Highlands Pharmaceuticals 公司的類似產品 Dypreza® 在 2013 年及 2016 年分別在歐洲及美國獲批。2018 年，產品因長期通過肺部吸收胰島素的安全隱患問題被召回。

美國 Nektar Therapeutics 是 Exubera® 的最初發明者。輝瑞製藥在 1995 年就與 Nektar 簽署關於這項產品的授權與開發協定。輝瑞製藥的 Lipitor® 在 2006 年的銷售額為 130 億美元，佔了輝瑞全年收入的 27%，其在美國市場專利保護於 2011 年到期前，輝瑞製藥急於尋找一款「重磅炸彈」產品來替代 Lipitor®。輝瑞製藥預測 Exubera® 會是一個「超級重磅炸彈」，並且在 2006 年花費 13 億美元買斷了法國賽諾菲—安萬特（Sanofi-Aventis）的份額，使得輝瑞擁有其全球的生產銷售權利。然後，輝瑞製藥耗費了 11 年時間進行研發的產品，上市 1 年就失敗了。這款藥物失敗的原因引發了各方的討論，原因之一是 Exubera® 吸入器的設計。這種吸入器尺寸大小與標準網球罐相若，遠大於市場上現有普通吸入器，便攜性較差。另一個原因是輝瑞製藥鬆散的市場銷售管理。輝瑞在 Exubera® 市場化的過程中準備相當不足。即便如此，吸入性胰島素產品並沒有完全失敗，MannKind 公司的 Afrezza® 在市場上依然有銷售。

除了吸入式胰島素，口服胰島素也為新型研發熱點，可解決目前注射性胰島素的病人依從性問題。該領域較領先的公司為以色列的 Oramed Pharmaceuticals，其研發的重組人胰島素腸溶膠囊（ORMD-0801）目前已同時進入美國及中國臨床 III 期。

在胰島素領域，全球基本形成三足鼎立的局面：禮來製藥，賽諾菲[10] 和諾和諾德。賽諾菲憑藉一款甘精胰島素 Lantus® 奠定市場地位，但是近期它們決定退出對胰島素的研發。

10　曾經的賽諾菲—安萬特。

**2. 經典案例之二：生長激素（Human Growth Hormone，hGH），
基因泰克、諾和諾德**

人胰島素並不是基因泰克公司[11]研發的第一個產品。當時，基因泰克希望通過完成比較艱巨的項目來證明公司的能力，並且拓展公司在藥物生產、申報和銷售方面的能力，促使基因泰克成為一個獨立完整的製藥公司。人胰島素一共有 51 個氨基酸，而人生長激素有 191 個氨基酸。生長激素的生產技術難度是遠大於胰島素的技術。早期的基因泰克以科學家為主導，雄心勃勃地選擇開發生長激素作為優先順序更高的研發產品，即便在當時的估算下生長激素市場遠沒有胰島素大。

生長激素是由人腦幹中的垂體分泌，垂體直徑約 10 毫米，大約蠶豆大小。生長激素對人的生長、代謝和發育都起到非常重要的作用，例如：可以調節兒童身高增長、刺激脂肪分解、促進蛋白合成，甚至調節糖類代謝和電解質平衡。生長激素不同於胰島素，動物自然原料中提取的動物生長激素對人類並不起作用，所以只有人類生長激素可以作為藥物使用。在重組生長激素誕生之前，生長激素蛋白藥只能從人類垂體中提取。這個來源非常少，大致是遺體捐獻或者有需要切除垂體治療其他疾病的患者捐獻。垂體本身又很小，能提取到的生長激素更是有限。以至於美國甚至在 1960 年成立了國家垂體機構（National Pituitary Agency）專門管轄捐獻垂體的合理分配。基因泰克的項目是希望解決生長激素供應的問題。

生長激素項目從開始到最終成功，也是生物製藥進步的縮影。首先，在商業方面，基因泰克首創「首付款 + 達成里程碑付款 + 銷售提成」的項目轉讓模式。在研發生長激素的過程中，基因泰克遭遇現金流的問題，便將研發中的生長激素項目的未來權益轉讓給瑞典 Kabi 公司。Kabi 一直在歐洲銷售人提取生長激素，因此對這個項目產生興趣。然而，這個項目的研

---

11 推薦閱讀：基因泰克：生物技術王國的匠心傳奇—薩莉‧史密斯‧休斯（Sally Smith Hughes）。

發屬相對早期階段，為了規避研發失敗所帶來的交易損失，基因泰克就提出了將合作支付資金平攤到整個產品研發到上市的過程中的轉讓模式。雙方達成協定後，Kabi 先付給基因泰克一部分錢，然後按照雙方約定的階段目標，基因泰克每完成一個目標，Kabi 就支付一筆費用，直到項目成功，Kabi 將擁有這款產品在歐洲的權益。1978 年，基因泰克與 Kabi 簽署協定，成為歷史上第一例生物技術公司與製藥公司的合作。這種首創的項目轉讓模式也成為後來公司間項目合作的常規做法。

其次，在技術方面，基因泰克首創用細菌表達純的、有生物活性的生長激素，這是用細胞系第一次表達全蛋白[12]。1979 年，基因泰克在《自然》雜誌（Nature）上發表用大腸桿菌表達人生長激素的論文。基因泰克突破了許多技術難點，為以後的發展項目奠定堅實的基礎。

第三，在政府監管方面，基因泰克的經歷也體現藥物註冊審批上的挑戰與難度。基因泰克生產出的第一代生長激素 Protropin®[13]，與天然提取生長激素相比，基因泰克的產品並未展現出更好的療效，卻隱含了免疫排斥的風險[14]，因此遲遲未有得到 FDA 批准。基因泰克從 1982 年底開始藥物申報，直到 1985 年，人們發現自然提取的生長激素中有可能帶有朊病毒（Prion）[15]，因此在美國被禁止使用。同年，FDA 批准了基因泰克的重組人生長激素作為孤兒藥治療生長激素缺陷型兒童適應症，才使得生長激素類產品迎來了曙光。

12　自然的生長激素剛被生成時是生長激素前體蛋白，要變成真正有活性的生長激素，需要把前體蛋白上的信號肽切除。基因泰克合成的是純生長激素，而不是沒有活性的前體蛋白。這一點現在看起來簡單，但在當時，要準確合成這個 191 個氨基酸的蛋白，還要具有活性，是非常大的技術挑戰。

13　這並不是完全的人生長激素，而是比天然生長激素在蛋白 N 端多出一個蛋氨酸（methionion），有 192 個氨基酸。

14　在臨床試驗中，有一部分患者對 Protropin® 顯示出免疫排斥，當時，大家懷疑這個免疫反應與多出的氨基酸或其他產品中的雜質有關。

15　幼年使用過帶有朊病毒的自然生長激素的人，在經歷朊病毒漫長的潛伏期後，在青年時出現大量神經細胞死亡，發展為克雅二氏病（Creutzfeldt-Jakob disease），俗稱「瘋牛病」。

幾大製藥公司在生長激素類產品上進行改良和市場競爭，例如：禮來製藥在 1987 年推出不帶多餘氨基酸的重組人生長激素 Humatrope®，被 FDA 批准為孤兒藥治療生長激素缺陷型兒童適應症。這一舉措將基因泰克開發的同樣不帶多餘氨基酸的重組人生長激素 Nutropin® 排除在這個適應症之外。基因泰克只能另闢蹊徑，尋求生長激素的其他適應症，例如：兒童慢性腎功能不全導致的生長遲緩症、特納綜合症 [16]（Turner Syndrome）、成人生長激素缺乏症等。生長激素的適應症不斷被拓展的同時，也流行於各種標籤外使用（Off-label use），例如：在防止衰老領域（Anti-aging）。

諾和諾德公司在闖入美國市場後，其產品 Norditropin® 迅速搶佔大量市場份額。後來者居上，反而超越基因泰克。究其原因，是諾和諾德不只是提供一款藥品，而是做成一個產品加服務的組合，為患者解決使用過程中的問題。諾和諾德的人生長激素注射筆對於兒童，針頭細且注射痛苦小，更加容易被接受；而對家長，使用方便、計量準確，甚至藥品在幾週內不需冷藏。另外，為了配合美國的醫療保險報銷體系，諾和諾德專門派團隊幫助選擇使用這款產品的家庭處理保險事務。良好的用戶體驗使得這款產品大受歡迎。

3. 經典案例之三：促紅血球生成素（Erythropoietin，EPO），因專利紛爭而發展的生物製藥，安進 [17]、強生製藥

促紅血球生成素由腎臟分泌，是一種促進人體生成血紅細胞的糖蛋白激素。作為藥物，以重組 DNA 技術細胞合成的促紅血球生成素類藥物被統稱為紅血球生成刺激劑（Erythropoiesis stimulating agent，ESA），主要用於治療人類貧血症。人類歷史上第一個 ESA 藥物是由安進公司完成，隨之而來的是安進公司與強生公司（JNJ.US）在專利糾紛上的問題。

16　女性由基因導致生長激素分泌不足。

17　關於安進公司，推薦閱讀：Science Lessons: What the Business of Biotech Taught Me About Management—Gordon Binder, Philip Bashe。

　　不同於胰島素與生長激素類藥物，20 世紀 70 年代 EPO 及其功能被發現後，人類一直沒有找到可以從自然原料中提取足量 EPO 作為藥物的方法 [18]。安進公司科學家林福坤及其團隊在簡陋的試驗條件下，從 150 萬個人的基因碎片中找到 EPO 基因片段，為人類歷史上又一經典藥物 Epogen® 的誕生做出卓越貢獻。

圖表 3：EPO 的一級結構 [19]

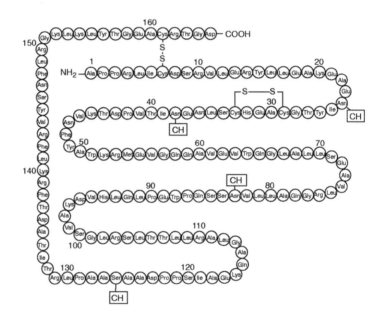

18　EPO 分子量為 30.4kDa，由 169 個氨基酸組成，有糖基修飾。成功得到 EPO 的氨基酸序列，也就是 EPO 的基因序列絕非易事，而突破重組 DNA 的技術難點合成 EPO 又是極具艱難的任務。

19　Figure 2: The primary structure of erythropoietin showing the circulating form of 165 amino acids. Reprinted by permission from John Wiley & Sons: Lappin, T. (2003), The Cellular Biology of Erythropoietin Receptors. The Oncologist, 8: 15-18. https://doi.org/10.1634/theoncologist.8-suppl_1-15 (licensed under CC BY).

　　1985 年，安進公司的 EPO 候選藥物第一次進入臨床試驗，適應症為與腎病相關的貧血症。但是，安進公司卻在此時遭遇了嚴重的資金困難。於是，安進公司找到強生製藥合作，將此候選藥物除腎病貧血以外的適應症在美國和歐洲的市場銷售權賣給強生製藥。這個 EPO 候選藥物在臨床試驗中取得了令人矚目的試驗結果。1989 年 6 月，美國 FDA 批准 Epogen® 的上市申請，用於治療由慢性腎病引起的貧血症，是歷史上第一個被批准的紅血球生成刺激劑，也是安進公司被批准的第一款藥物。EPO 一上市就成為明星，並被評為年度最創新藥物。

　　後來，強生製藥以所簽訂的協議為基礎，將安進公司告上法庭。在 1989 年 3 月，法院就判決這兩家公司必須提交聯合申請，以交叉授權的方式將產品推出市場。兩家公司的專利官司持續十年之久。在 1998 年，法院判定安進公司因違反 Epogen® 銷售協定向強生賠款 2 億美元，而強生則需要賠償安進公司在長期爭議中損失的 1 億美元。

　　這場專利官司，無論對哪一方都是時間與資源的損失。安進公司所想的出路便是研發改良藥品，在原有藥品分子的基礎上加上化學修飾，使其變得更為長效。2001 年，安進公司研發的這款改良版的 EPO 藥物 Aranesp® 獲得美國 FDA 批准，是一個全新的分子，不受當年專利協定的限制。

　　胰島素類、生長激素類、EPO 類產品，作為蛋白替代藥物的重要代表，反映了這類藥物的發展史。從 2015 年起，被美國 FDA 和歐盟 EMA 批准的蛋白替代藥物種類與數目都有減少的趨勢，反映這類市場逐漸飽和。可以預計，雖然蛋白替代藥物依舊會作為帶來人類健康福祉的重要藥物活躍在市場上，各大型製藥公司也會運用各自幾十年的知識技術積累不斷改良現有藥物，此類藥物出現重大突破的可能性變低。尤其是小型初創公司，在沒有重大技術突破的情況下，依靠蛋白替代藥物脫穎而出的概率不大。

二 治療性蛋白藥物—抗體類

抗體類藥物取得如此巨大的成功不是偶然。與傳統化學藥相比，抗體藥物與蛋白靶點結合特異性高，結合能力強，脫靶率低，可以避免使用化學藥的代謝過程或者產物有肝腎毒性的問題，進而療效更好、副作用更小。相比於蛋白替代藥物，抗體類藥物分子量更大、結構更加複雜。這類藥物經常有複雜的翻譯後修飾結構[20]，尤其是糖基化[21]結構。抗體的糖基化結構極大影響抗體藥的藥效與半衰期。但是，經常用於生產蛋白替代藥物的細胞系，例如：大腸桿菌，就無法生產出有如此複雜結構且帶有適當糖基的抗體藥。直到 1975 年，科學家 Kohler 與 Milstein 第一次創造性生產單克隆抗體的雜交瘤細胞系，才使得生產和研究單克隆抗體成為可能，以此奠定了抗體類藥物發展基礎。

如何篩選研發的抗體藥物蛋白分子使其成為有效安全的治療藥物是研發的重要因素，而是否可以將蛋白分子以合適的成本大量生產則是另一個相輔相成的關注事項。在抗體藥物發展的早期階段，找到適合生產抗體類蛋白藥物的體系就成了行業中亟待解決的技術難點。為了滿足大規模工業生產的要求，全球製藥研發機構以及科學家們積極探索各種可能的生產方法，以至於在 2006-2015 年間，被批准的抗體藥生產體系呈現百家爭鳴的態勢。2015 年後，哺乳動物細胞系[22]逐漸佔據主導地位，而抗體類藥物的生產過程也趨於成熟。這為抗體類藥物進入高速發展奠定了基礎。

基因泰克是全球生物科技的先驅者，在抗體藥的發展中做出了卓越的貢獻，成功開發出多款經典抗體藥物，長期佔據全球年度銷售榜前十，其中最出名的就是「抗癌三傑」：美羅華®、赫賽汀®和阿瓦斯汀®。1990 年，羅氏製藥出資 21 億美元收購了基因泰克 60% 的股份，解決了基因泰克當

20　Post-translational modification.

21　Glycosylation.

22　尤其是中國花栗鼠卵巢細胞系（Chinese hamster ovary；CHO cell lines）。

時因研發投入過大出現嚴重現金周轉不足的燃眉之急。隨後的 20 年間，基因泰克持續推出「重磅炸彈」藥物，讓羅氏製藥意識到基因泰克的非凡價值。2009 年，羅氏製藥耗資 468 億美元全額收購了基因泰克。

1. 經典案例之一：治療液體腫瘤，抗 CD20 抗體藥物，Rituxan®

1997 年，美羅華®（Rituxan®）獲得美國 FDA 批准，成為第一個上市的抗癌單克隆抗體藥物。美羅華的有效成分是利妥昔單抗（Rituximab），是抗 CD20 人鼠嵌合單克隆抗體。CD20 蛋白是一種廣泛分佈在惡性 B 細胞上的蛋白，在 1980 年被丹娜—法伯癌症研究所（Dana Farber Cancer Institute）的研究員 Lee Nadler 發現。單克隆抗體與 CD20 結合可以觸發細胞凋亡，達到殺死癌細胞的作用。

圖表 4：Rituximib 的作用機制 [23]

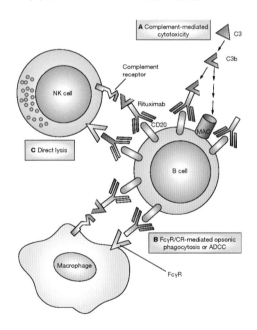

---

23 Figure 1: Rituximab-opsonized B cells are subject to attack and killing by at least three pathways. Reprinted by permission Springer Nature Customer Service Centre GmbH: Taylor, R., Lindorfer, M. Drug Insight: the mechanism of action of rituximab in autoimmune disease—the immune complex decoy hypothesis. Nat Rev Rheumatol 3, 86—95 (2007). https://doi.org/10.1038/ncprheum0424.

自 CD20 被發現之後，以其為靶點的單抗藥物研發就迅速開展起來。利妥昔單抗候選最初是被 Ronald Levy 醫生研究發現，並以此創立了 IDEC Pharmaceuticals 公司，其研發過程約七年左右。美羅華[®] 在美國的市場是由羅氏與 Biogen 分享[24]。最初，美羅華是以孤兒藥的身份被批准進入市場，用於治療難治 B 細胞 CD20 陽性非霍奇金淋巴瘤。相比其他適應症，孤兒藥可更加快速地獲批進入市場，得到的臨床數據有助於美羅華[®] 其他適應症的獲批。這種以孤兒藥身份進入市場，之後拓展至其他適應症的策略被行業廣泛效仿。至今，美羅華[®] 被批准用於治療幾乎所有的非霍奇金淋巴瘤（Non-Hodgkins Lymphomas）及自身免疫系統疾病[25] 等。

美羅華[®] 自上市後取得了巨大成功，銷售額逐年增長，盤踞全球暢銷藥前十名多年，成為羅氏製藥銷售前三的抗癌藥。然而，生物類似藥卻對美羅華[®] 產生了巨大衝擊。2019 年 11 月，美羅華[®] 的生物類似藥被批准上市，使得美羅華[®]2020 年的排名從前 10 名跌至第 17 名。

擁有基因泰克的羅氏製藥作為抗體類藥物的領導者，具備強大研發能力。2020 年單藥銷售排名位居第 16 位的，是另一款基因泰克的產品 Ocrevus[®26]，為人源化抗 CD20 單克隆抗體。Ocrevus[®] 在 2017 年 3 月獲 FDA 批准上市，用於治療多發性硬化症[27]（Multiple Sclerosis，MS）。Ocrevus[®] 上市之後銷售強勁，2020 年銷售額達到 64.1 億美元。

---

24 在 1995 年，IDEC 遭遇資金瓶頸，基因泰克出資 5,700 萬美元幫助 IDEC，所提供的研發經費讓其獲得了利妥昔單抗在美國的部分市場銷售權（Market right）。在 2003 年 IDEC 與 Biogen 公司合併，並將利妥昔單抗帶入 Biogen。

25 例如：類風濕性關節炎等。

26 有效成分是奧瑞珠單抗（ocrelizumab），與利妥昔單抗在 CD20 上的抗原表位有重疊，但不完全相同。

27 具體適應症為復發性多發性硬化症（relapsing forms of multiple sclerosis）和原發進展型多發性硬化症（primary progressive forms of multiple sclerosis）。

2. 經典案例之二：治療實體腫瘤、眼科藥物新星—抗 VEGF 抗體藥物，Avastin®、Lucentis®、Eylea®

基因泰克將阿瓦斯汀®（Avastin®）推入市場，其有效成分是貝伐珠單抗（Bevacizumab），是全人源的抗 VEGF 單克隆抗體，通過與血管內皮生長因子（VEGF）結合，抑制腫瘤血管生成，阻斷腫瘤供給營養，以達到抗癌的效果。阿瓦斯汀®是第一個獲批上市的以促血管內皮細胞生長因子為靶點的抗癌藥，其適應症包括結直腸癌、非小細胞肺癌等。1989 年，基因泰克公司研究員費拉拉（Napoleone Ferrara）和他的同事第一次分離並克隆了 VEGF。研究發現 VEGF 在實體惡性腫瘤細胞往往過度表達[28]，貝伐珠單抗則用於抑制血管生成，產生抗癌效果。2004 年，貝伐珠單抗被美國 FDA 批准作為治療結直腸癌的藥物。其作用機理與當時其他抗癌藥物完全不同，是獲批上市的第一個抗血管生成的藥物。2010 年，費拉拉因此發現榮獲美國拉斯克臨床醫學獎[29]（Lasker Award）。阿瓦斯汀®多年佔據全球單藥銷售前十，但隨着 2019 年安進與艾爾建推出 Mvasi®，及 2020 年初輝瑞製藥推出 Zirabev®，其市場份額被這兩款生物類似藥搶奪。2020 年，阿瓦斯汀®位居第 14 位，銷售額為 53.2 億美元。

28　實體惡性腫瘤組織快速增殖的過程需要大量養分，故腫瘤組織內通常有新血管生成，而血管內皮細胞生長因子（VEGF）則在新血管形成的過程中起到重要作用。

29　始自 1946 年的年度獎，獎勵取得了重大醫學科學貢獻的在世醫學研究者。

圖表 5：抗 VEGF 療法的作用機制[30]

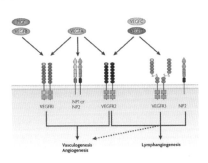

值得一提的是，除了對抗腫瘤，抗 VEGF 藥品還可以解決視網膜新生血管問題，治療老年黃斑變性等眼病。這類疾病在抗 VEGF 藥物出現之前，患者無法逃脫最終失明的結果。貝伐珠單抗的攣生兄弟，雷珠單抗（Ranibizumab）也被基因泰克開發出來[31]，商品名為 Lucentis®。2012 年，美國 FDA 批准其用於濕性老年黃斑變性，展現出令人欣喜的療效。然而，專門用於眼科的雷珠單抗的價格極其高昂，而貝伐珠單抗價格遠遠低於雷珠單抗[32]。並且，美國、中國及歐洲的醫生認為其可達到治療濕性老年黃斑變性的效果，因此在實際臨床上會將其作為替代品以 Off-label use 用於眼病的治療方案，以減輕患者經濟負擔。基因泰克從未將貝伐珠單抗適應症拓展到眼科疾病的原因，也引發了各界爭議。從技術角度討論，雖然這兩種抗體藥同宗同族，但是雷珠單抗的分子量只有貝伐珠單抗的三分之一，用於眼科方面的藥物吸收，藥物動力學及藥物代謝學性質會有很大差別。另外，此類藥物的使用方法是眼底注射，對藥物的生產要求更高，所以會增

30　Figure 1: Vascular endothelial growth factor (VEGF) family members and receptors. Reprinted by permission Springer Nature Customer Service Centre GmbH: Ellis, L., Hicklin, D. VEGF-targeted therapy: mechanisms of anti-tumour activity. Nat Rev Cancer 8, 579—591 (2008). https://doi.org/10.1038/nrc2403.

31　雷珠單抗保留貝伐珠單抗的關鍵部分，抗體結合區域，而去除其他部分，達到與 VEGF 靶點結合，抑制血管生長的作用，同時使得雷珠單抗分子量更小，更適合於眼科用途。

32　雷珠單抗單次使用的價格是貝伐珠單抗價格的將近 40 倍。

加生產成本。從商業角度討論，拓展適應症本身需要大量的臨床試驗投入，並且貝伐珠單抗的拓展成功也只能為基因泰克帶來雷珠單抗銷售的大幅減少。對於製藥這個特殊的行業，在競爭日益激烈的環境下維持公司運營發展而追求經濟利益，還是犧牲自身利益為患者提供負擔得起的藥物，是無法避免的倫理悖論。

另外一款著名的眼科藥物為 Eylea®，是由美國 Regeneron 公司開發的融合蛋白抗體類藥物 [33]。這款藥物在 2011 年被美國 FDA 批准用於治療濕性老年黃斑變性，在 2014 年及 2019 年又分別獲批成為糖尿病黃斑水腫及糖尿病視網膜病變的治療方法，多年位列美國暢銷藥排行榜前十。Eylea® 上市時就展現出了優於 Lucentis® 的特性。首先，體外試驗中，Eylea® 與 VEGF 的親和力是雷珠單抗的 100 倍 [34]。其次，在臨床上，Lucentis® 每月進行眼部注射一次，而 Eylea® 則是最初三次注射為每月一次，而後變為只需每兩個月一次 [35]。再者，Eylea® 每劑價格要略低於 Lucentis®，每年使用藥物花費只是 Lucentis® 的一半，可大大減輕患者和醫療系統的負擔 [36]。Eylea® 上市後銷售一直增長，2020 年在全球暢銷藥物中排名第六，全年銷售額為 83.6 億美元。

---

33 Regeneron 與拜耳公司在 2006 年簽訂協定共同開發產品，Regeneron 擁有 Eylea® 在美國的市場，而拜耳公司則擁有除美國以外的其他地區市場。 拜耳公司則在 2012 年取得了歐盟地區和日本進入市場治療眼科疾病的批准。

34 Eylea® 的有效成分為阿柏西普，其兩個結合區域分別結合 VEGF 的兩個不同位置，其抗體恆定區為人源的 IgG1 結構。這個精巧的設計可以「誘騙」VEGF 與之結合並將其完全隔離，大大提高了藥物分子與 VEGF 結合的親和力（affinity），因此這個分子也被稱為「VEGF- 陷阱」（"VEGF-trap"）。

35 眼部注射是一種病人依從性比較低的給藥方法。

36 在市場明面上，Eylea® 是唯一的競爭者，但其真正意義上的實際競爭卻是醫生們經常用於標識外使用的貝伐珠單抗。因為儘管每單位使用 Eylea® 價格略低，但是每年使用藥物花費依舊是貝伐珠單抗的將近 20 倍。

3. 經典案例之三：「伴隨診斷」的靶向藥物，抗 HER2 抗體藥物，Herceptin®，開啟精準醫療時代

赫賽汀®（Herceptin®）是需要「伴隨診斷」的特異性靶點的抗體藥物，1998 年被美國 FDA 批准用於治療 HER2 陽性乳腺癌，有效成分為曲妥珠單抗（Trastuzumab），是抗 HER2 全人源單克隆抗體。1986 年，基因泰克的研究員 Alex Ullrich 發現 HER2 基因表達出的蛋白，而 HER2 蛋白可以促使細胞癌變及生長，以此推斷 HER2 蛋白一定與癌症相關，卻無法確定適應症。隨後，加州大學洛杉磯分校的 Dennis Slamon 博士發現 HER2 過度表達的乳腺癌患者惡性程度高，預後差[37]。後來兩者通過合作共同開發出曲妥珠單抗[38]。值得注意的是，赫賽汀® 在 1998 年 9 月 25 日獲批，同一天被 FDA 批准的還有 DAKO 公司[39] 的 HER2 基因體外檢測方法 HercepTest®。這並不是巧合，而是基因泰克與 DAKO 公司相輔相成的結果。作用於特定基因型的靶向藥物，和為保證藥物的有效性而檢測患者是否有這種基因型的檢測方法同時獲批，這開啟一個精準治療的全新時代：聯合伴隨基因診斷（Companion diagnosis）以預測藥物選擇和靶標特定基因型藥物的診斷治療方案。HER2 陽性乳腺癌患者大約佔總乳腺癌患者的 25%-30%，赫賽汀® 在治療這部分患者上顯示了大大超越以往藥物的效果[40]。曲妥珠單抗對 HER2 陽性的乳腺癌病人的突破性療效使得其很快成為「重磅炸彈」。2010 年，其適應症也通過聯用化療藥物拓展到 HER2 陽性胃癌。

---

37 預後（Prognosis）：醫學名詞，指根據病人當前狀況來推估未來經過治療以後可能的結果。

38 此事蹟也被拍成電影 Living Proof，於 2008 年上映。

39 美國 Agilent Technologies（A.US）的旗下公司。

40 臨床試驗結果顯示，在無藥可用的 HER2 陽性的乳腺癌晚期病人，使用曲妥珠單抗之後還能延長幾個月的壽命。

4. 經典案例之四：治療自身免疫系統疾病，抗 TNF-a 為抗體藥物，Humira®

雅培公司[41]的單克隆抗體藥修樂美®（Humira®）是最著名的 TNF-a 抗體藥物。修樂美®從 2012 年起至今連續九年蟬聯全球最暢銷藥物，為繼立普妥®之後的一代藥王，2020 年銷售額高達 204 億美元。雖然有多種生物類似藥在其 2016 年及 2018 年美國及歐洲專利到期依次進入市場[42]，但卻從未撼動其銷售冠軍的地位。修樂美®的有效成分是阿達木單抗（Adalimumab），是藥物批准時唯一全人源化以 TNF-a 為靶點的抗體類藥物，原理為阻礙 TNF 受體的啟動，抑制與自身免疫系統相關的炎症反應，主要適應症為自身免疫系統類疾病[43]。阿達木單抗於 1993 年由德國巴斯夫公司（BASF）委託 Cambridge Antibody Technology 研發[44]。當時這個候選藥物稱為 D2E7，並在 1998 年時就顯現出了良好的臨床 I 期數據。2001 年，巴斯夫公司因為公司戰略調整，將旗下所有製藥業務以僅 69 億美元的價格賣給了雅培公司，其中包括 D2E7。雅培公司當時因為缺乏強有力的研發管線而被各方詬病，也樂於收購巴斯夫所有的藥物管線，並且繼續阿達木單抗的研發。這款藥物在 2002 年獲得美國 FDA 批准用於治療類風濕性關節炎，商品名為修樂美®。之後，雅培不斷開發新適應症，使得修樂美®在市場上更加廣泛應用。2012 年，雅培公司分拆為兩個公司，其中之一就是美國艾伯維公司（AbbVie），擁有修樂美®的管理與市場權。一次偶然的收購，為雅培以及後來的艾伯維帶來巨大的經濟效益。修樂美®的成功可以歸納為幾個因素：1/ 更卓越的治療效果和安全性，醫生們更加放心為患者推薦用藥；2/ 雅培公司成功的市場策略。自修樂美®上市以來，雅培公司不斷投入臨床試驗，擴展其適應症範圍，用於多個自身免疫系統疾病的治療；3/

---

41 現在分拆為艾伯維公司（AbbVie）。

42 例如 Halimatoz®/Hefiya®/Hyrimoz®、Amgevita®/Amjevita®/Solymbic®、Cyltezo®、Imraldi®。

43 比如類風濕性關節炎、銀屑病、強直性脊柱炎等。

44 使用當時最新發展的單抗發現 phage display 技術。

雅培公司不斷開發新的藥物劑型和配方，以延長修樂美®專利保護期；及 4/ 修樂美®的價格每年被不斷提高。修樂美®日趨昂貴為患者及醫療體系帶來經濟負擔，而雅培則聲稱，價格上漲是由於拓展適應症而開展的臨床試驗的費用十分高昂，且逐年上漲。

在修樂美®上市之前，市場上已經有兩款以 TNF-a 為靶點的藥物，皆於 1998 年獲批：強生的類客®（Remicade®）[45]，用於治療克隆氏症（Crohn's disease）；及安進和輝瑞的恩博®（Enbrel®）[46]，用於治療風濕性關節炎。這兩種藥物雖然銷售不如「超級重磅炸彈」修樂美®，但同樣是「重磅炸彈」藥物。直到 2018 年，由於新型免疫療法的興起，才使這兩款藥物跌出了年度銷售前十的席位。2020 年，恩博®的銷售額為 63.7 億美元，位居全球單藥銷售第 11 名；類客®的銷售額為 41.95 億美元，位居全球單藥銷售第 20 名。

5. 經典案例之五：新型抗炎藥物，抗 IL-12/23 抗體藥物，Stelara®

喜達諾®（Stelara®）由比利時楊森製藥[47]開發，2009 年 9 月獲得美國 FDA 上市批准，用於治療中度至重度成人斑塊型銀屑病（Moderate-to-severe plaque psoriasis）。其後，喜達諾®適應症逐漸擴展，包括：克羅恩氏病（Crohn's disease）、潰瘍性結腸炎（Ulcerative colitis）、銀屑病性關節炎（Psoriatic arthritis）等。喜達諾®的有效成分為烏斯奴單抗（Ustekinumab），是全人源抗白細胞介素 12 (IL-12) 和白細胞介素 23 (IL-23) 的單克隆抗體。

45　類客®的有效成分為英夫利昔單抗（infliximab），是人鼠嵌合單克隆抗體，是第一個被批准的抗 TNF-a 為抗體藥物，也是第一個被批准的治療克隆氏症的生物藥，它的適應症還包括其他自身免疫系統疾病，比如：類風濕性關節炎、銀屑病性關節炎等。類客®由楊森製藥（Janssen Pharmaceutica）推入市場的，而楊森製藥早在 1961 年就被強生公司收購。

46　恩博®的有效成分是 etanercept，是一種融合蛋白。Etanercept 是將 TNF 受體與人類 IgG1 的抗體恆定區融合，成為可以與 TNF 結合的蛋白類藥物。在上世紀 90 年代，德克薩斯大學西南醫學院的研究員 Bruce Beutler 和他的同事最早開始研製這個藥物，並且申請了專利，而後將專利賣給了 Immunex 公司。2002 年，Immunex 公司被安進公司（Amgen）收購。恩博®在北美的銷售權為安進公司所有。惠氏製藥公司（Wyeth）擁有在全球除北美與日本以外的銷售權，而輝瑞製藥在 2009 年以 680 億美元的交易價格併購了惠氏製藥。恩博®在日本的銷售權在武田製藥（Takeda Pharmaceuticals）手中。

47　在喜達諾®2019 年獲批時，楊森製藥尚未更名，當時名為 Centocor Biotech, Inc.。之後，在 2011 年 Centocor Biotech, Inc. 更名為楊森製藥。

IL-12 和 IL-23 是兩種天然存在的細胞因子，被認為可以誘導炎症。而烏斯奴單抗可以與 IL-12 (p35/p40) 與 IL-23 (p19/p40) 所共有的 p40 亞單位結合，抑制這兩種細胞因子，阻止它們與細胞表面的受體 IL-12b 1 結合，阻斷下游炎性通路信號傳導，進而治療免疫介導的炎症疾病。

喜達諾®自上市後，銷量由於適應症的拓展及優秀的療效一直表現不俗。喜達諾®的競爭藥品類型為 JAK 抑製劑，FDA 於 2019 年底發佈了輝瑞的 JAK 抑製劑 Xeljanz® 會增加血栓和潛在死亡風險的「黑框警告」[48]，在 2021 年初，FDA 又發佈指出對 Xeljanz® 增加心臟問題和癌症的安全擔憂。這種狀況進一步幫助喜達諾®在之後一段時期佔領市場。喜達諾®在 2020 年銷售額達到 79.4 億美元，位居全球單藥銷售第 7 名。

6. 經典案例之六：抗癌免疫療法 (Immunotherapy) 的新時代 [49]，抗 PD-1/PD-L1 抗體類藥物，Opdivo®、Keytruda®

免疫系統的功能之一是識別自身正常、以及非自身、或者不正常的物質，並對其做出相應反應，從而保證生物機體的正常運作。而其作用機理相當複雜，人類在免疫系統方面的研究已探索數十年，至今也並未釐清所有細節。T 細胞是免疫系統工作過程中重要的一環，利用自身受體識別到非自身或者不正常的物質時，就會啟動程序清除它們。免疫檢查點則是 T 細胞的「調節器」，表現為 T 細胞對於一些與自身細胞有差別的物質的容忍度。當 T 細胞識別到免疫檢查點的蛋白時，就會認為這個物質是「好」的，不需要清除。而有些癌細胞就是利用這一點，表達免疫檢查點蛋白，而 T 細胞上相應的免疫檢查點蛋白受體與之結合後，T 細胞的活動就會被抑制。癌細胞就可以逃過免疫系統的監督，在人體中生長。免疫檢查點抑製

---

48 是美國 FDA 對上市藥物採取的一種最嚴重的警告形式，出現在說明書的最前端，用加粗加黑的邊框來顯示，旨在提醒醫師和患者在藥物使用過程中潛在的重大安全性問題。

49 推薦閱讀：The Breakthrough: immunotherapy and the race to cure cancer—Charles Graeber。

劑（Immune checkpoint inhibitor）就是「封鎖」癌細胞上的免疫檢查點蛋白，或者「封鎖」T 細胞上免疫檢查點受體，讓兩者不能結合，重新啟動免疫系統清除癌細胞的力量，利用人體的免疫系統來治療癌症。來自美國德克薩斯大學安德森癌症研究中心的 James P. Allision 教授與日本京都大學的本庶佑（Tasuku Honjo）教授發現利用人體自身免疫系統來治療癌症的機理，並因此在 2018 年獲得了諾貝爾生理學或醫學獎。

　　基於此項機理，免疫檢查點抑製劑作用於 CTLA-4 ， PD-1/PD-L1 的抗體類藥物已經獲批上市，開啟免疫療法的新紀元，創造出「超級重磅炸彈」藥物，進入全球單藥銷售前十名。這些藥物對於癌細胞的作用是間接的，是通過調節 T 細胞的抗腫瘤免疫應答而發揮作用。與之前介紹的抗癌藥物機理非常不同。

圖表 6：目前主要免疫檢查點抑製劑的作用機理 [50]

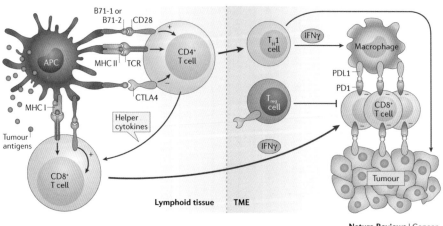

Nature Reviews | Cancer

50　Figure 1: Opportunities for biomarker development based on mechanistic nodes in immune checkpoint pathways. Reprinted by permission Springer Nature Customer Service Centre GmbH: Topalian, S., Taube, J., Anders, R. et al. Mechanism-driven biomarkers to guide immune checkpoint blockade in cancer therapy. Nat Rev Cancer 16, 275—287 (2016). https://doi.org/10.1038/nrc.2016.36.

　　第一個被批准上市的免疫檢查點抑製劑單抗是全人源化抗 CTLA-4 抗體易普利姆瑪 (Ipilimumab)，商品名為益伏®（Yervoy®），是由百時美施貴寶（Bristol Myers Squibb）在 2011 年 3 月推入市場的。CTLA-4 是一種在 T 細胞表面表達的免疫檢查點受體，易普利姆瑪與之結合，就可以啟動 T 細胞識別那些表達 CTLA-4 受體的癌細胞的能力。美國 FDA 批准益伏® 用於治療不可切除或轉移性成人惡性黑色素瘤。關於 CTLA-4 的研究始於獲得諾貝爾獎的 James P. Allision 教授。針對 CTLA-4 的藥物易普利姆瑪的研究則在 1995 年被授權給了一家美國小公司 NeXstar Pharmacueticals，隨後不久這家公司便被美國吉利德公司（Gilead Sciences）收購。之後，這條研發管線又被吉利德公司在 1999 年授權給了美國 Medarex 公司。百時美施貴寶在 2009 年以 24 億美元的價格收購 Medarex，就是看上了易普利姆瑪這條已經在臨床階段的研發管線。百時美施貴寶大量投入促進其發展，直至推入市場。雖然益伏® 為第一個批准上市的免疫檢查點抑製劑，但副作用比較大，之後銷售量一直不敵以 PD-1 為靶點的可瑞達®（Keytruda®，也稱 K-藥）和歐狄沃®（Opdivo®，也稱 O-藥）。

　　PD-1 是另一種在 T 細胞表面表達的免疫檢查點受體，將其抑制，則可以讓 T 細胞開始識別可以表達 PD-1 的受體：PD-L1 或者 PD-L2 蛋白的癌細胞。K-藥的有效成分是帕博利珠單抗（Pembrolizumab），是全人源化 PD-1 抗體，由默沙東公司（Merck Sharp & Dohme）推入市場，在 2014 年 9 月被美國 FDA 經「加速批准」通道，作為孤兒藥批准用於治療不可切除或轉移性成人惡性黑色素瘤。O-藥是由百時美施貴寶推入市場，其有效成分為納武利尤單抗（Nivolumab），是全人源化 PD-1 抗體，在 2014 年 12 月獲批，同樣作為孤兒藥批准用於治療不可切除或轉移性成人惡性黑色素瘤。獲批之後，兩家公司都積極拓展自家藥物的適應症，並且大力投入開展各種聯合療法的臨床試驗。直至今日，這兩款藥物的適應症都已十分廣泛。

這兩款藥物機理相似，所以有些適應症有重疊[51]。而默沙東對於拓展 K- 藥的適應症極為激進，現在適應症涵蓋數十種癌症[52]，而包含 K- 藥的聯合療法已經躋身於幾個適應症的一線療法[53]。O- 藥的適應症開發稍微落後於 K- 藥。自 2018 年開始，這兩款藥物雙雙躋身全球藥物單藥銷售的前十。2020 年最暢銷藥物中，K- 藥及 O- 藥分別排名第二及第八，年度銷售額為 177 億美元及 79 億美元。

　　K- 藥和 O- 藥也是製藥行業的傳奇。之前提及，百時美施貴寶是看中了易普利姆瑪而收購 Medarex。Medarex 除此之外還有其他的研發管線，O-藥就是其中之一。因為 O- 藥當時還處在研發的早期階段，所以在這場併購中並沒有引起各方的注意。百時美施貴寶在收購了 Medarex 之後依然投入研發其他管線，所以使得以 PD-1 為靶點的 O- 藥脫穎而出，並且在臨床階段展現出了喜人的效果。百時美施貴寶非常幸運地以並不算昂貴的價格收購一家公司，得到了兩個靶點不同的優秀免疫檢查點抑製劑候選藥物，而 O- 藥甚至顯示了優於易普利姆瑪的效果。百時美施貴寶將這條管線候選藥物的臨床試驗命名為「CheckMate」（將軍）系列，足見其寄予厚望。

　　2010 年，百時美施貴寶在《新英格蘭醫學雜誌》[54] 上發表文章，闡述免疫檢查點抑製劑是抗癌藥物的強有力候選。而行業巨頭默沙東公司（Merck Sharp & Dohme）看到這個數據，預感到以 PD-1 為靶點的單抗的前途，仔細查看項目儲備，驚喜地發現也有一款以 PD-1 為靶點的單抗研發管線帕博利

51　比如黑色素瘤、肺癌、頭頸癌、淋巴癌、結直腸癌、肝癌、腎癌、食管癌、尿路上皮癌等。

52　除了上面提到的適應症外，還有宮頸癌、子宮內膜癌、皮膚鱗狀細胞癌、三陰乳腺癌、皮膚 Merkel 細胞癌等等。

53　比如非小細胞肺癌（與鉑類化療聯用；與紫杉醇聯用）、頭頸鱗細胞癌（與鉑類化療、氟尿嘧啶聯用）、腎細胞癌（與阿西替尼聯用）等。

54　是由美國麻省醫學協會所出版的同行評審性質之醫學期刊。

珠單抗，並集中大量資源專攻這條管線[55]。當時，默沙東的做法存在很大的風險：1/ 百時美施貴寶的 O- 藥研發進度遠遠快於默沙東的 K- 藥，有可能優先上市且效果更優。2010 年，百時美施貴寶已有臨床數據，而默沙東在年底才拿到 IND；2/ 默沙東當時原本就苦於沒有強有力的藥物管線，如果這場博弈失敗，不僅會佔用其他在研管線發展所需要的資源，還會進一步加大資金壓力。然而，製藥史的發展歷程總是會讓人意想不到：默沙東的 K- 藥早於百時美施貴寶的 O- 藥幾個月優先獲得了美國 FDA 的上市批准。之後，K- 藥在拓展適應症上也處處領先。

　　而默沙東後來者居上，且處處佔有先機的重要原因之一，就是對藥物機理的判斷與臨床試驗的設計。在開發的過程中，有兩種選擇：第一種選擇，就是將候選藥物與一種伴隨診斷的方法聯合，將藥物的使用局限在某一適應症且有相應生物標誌物（Biomarker）表達的患者上。對 PD-1 藥物而言，就是看患者癌細胞是否表達 PD-L1 的基因或者蛋白。這種臨床設計思路，可以減少符合入選臨床試驗的病人數目，進而縮短臨床試驗所需時間，並且因為有生物標記物表達作為指導，有潛力提高入選患者對藥物的應答率以及療效，進而提高臨床試驗成功的幾率。然而，這樣做從經驗上看，卻會大大限製藥物上市以後的適用範圍，因為藥物上市後也只能用於表達生物標記物的患者，嚴重影響藥物的銷售。對於研發費用極其昂貴的製藥行業，這種情況是藥廠極力要避免的；而另一種選擇，就是不考慮伴隨診斷方法，直接研究開發藥物針對某一適應症。為了趕超百時美施貴寶的研發進度，默沙東選擇了第一種方法，而百時美施貴寶則選用了第二種。而就是這個 PD-L1 生物標記物的檢測數據，明確彰顯了抗 PD-1 單抗在此患者

55　帕博利珠單抗最早是由 Organon 公司研發的。2007 年，先靈葆雅（1）Schering-Plough）收購 Organon 而得到整個研發管線。默沙東則在 2009 年以 410 億美元的價格收購了先靈葆雅，這場兩大巨頭的合併也成為轟動一時的新聞，之後帕博利珠單抗管線便歸入默沙東手中。但是，帕博利珠單抗兩次易主後卻沒有引起任何重視，一直被束之高閣。先靈葆雅與默沙東收購談判時，談判桌上一個重要籌碼是先靈葆雅一款已達到臨床階段的治療阿茲海默症的候選藥物研發管線，默沙東拿到後積極投入研發，而這款候選藥物 verubecestat 卻在 2018 年臨床三期失敗，退出了製藥史的舞台。

群體中的突出療效。也正因為默沙東收集了這個數據，使得在拓展適應症上領先。而這個事實預示了精準治療藥物是未來行業發展的方向。

另一個值得一提的免疫檢查點抑製劑單抗則為阿替利珠單抗（Atezolizumab），商品名為泰聖奇®（Tecentriq®），是由基因泰克在 2016 年推入市場的，被 FDA 批准治療膀胱癌。這是美國 FDA 批准的第一個抗 PD-L1 的單抗藥物，同樣需要 PD-L1 生物標記物的伴隨檢測。基因泰克將這款藥定位為治療實體瘤的療法，其適應症也拓展到非小細胞肺癌、小細胞肺癌、三陰乳腺癌和肝癌等。基因泰克也拓展阿替利珠單抗各種聯合療法[56]。泰聖奇®在市場上表現亦是不俗，在 2020 年銷售達到約 27 億瑞士法郎。

56　包括與貝伐珠單抗—紫杉醇—卡鉑聯用治療非小細胞肺癌，與卡鉑—依託泊苷聯用治療小細胞肺癌，與貝伐珠單抗聯用治療肝癌等。

基金經理思考

1. 傳統的全球製藥行業領導者通過併購的方式進入生物製藥領域，構建核心競爭能力，例如：羅氏製藥收購基因泰克、輝瑞製藥收購惠氏製藥、雅培製藥收購德國巴斯夫製藥業務。

2. 生物製藥領域的突破性創新，或者臨床里程碑式的藥品，一般不是被戰略規劃出來的結果，例如：PD-1 的 O- 藥及 K- 藥。正如羅氏製藥的 CEO Severin Schwan 所說：「科學的成功不能被規劃，但我們可以創造條件，使之得以實現；我們需要對新想法持開放態度，勇於冒險，並偶爾挑戰大眾普遍持有的觀點；我們的研究人員需要自由地研究他們的想法，給他們充足的時間和持久努力的支援」。

3. 以「孤兒藥身份」認證為開始，一些突破性創新藥品逐步擴大適應症或者專注在一些治療領域，成為「重磅炸彈」，有的產品甚至全球年銷售額超過 100 億美元。

4. 生物製藥公司在成長過程中，基本上都面臨資金缺乏的困境。專利及經驗積累往往是公司最大的資產。

前言

　　生命科學包括所有對生物（微生物、動物、植物等）進行研究的科學領域，也包括對相關領域的研究，例如：生物倫理學。儘管目前生物學仍然是生命科學的中心，分子生物學和生物技術上的進展，使得生命科學正成為一個專精化、多學科交叉的領域。生命科技是生命科學與技術的融合，即強調研究，也強調應用。在很多文獻中，生命科技與生命科學是可互用的；但是，筆者認為生命科技是更加符合現狀的專有名詞。

　　近幾年以來，創新生命科技呈現「百家爭鳴」、「百花齊放」的態勢，可以說是生命科技創新 100 年未遇的大爆發。 一些主要的生命科技已經不能按照原有的化學藥品及生物製藥來定義，它們是「療法」，或者是全新的技術平台，筆者認為使用「生命科技」來定義這個時代更為貼切。這些主要的藥品或者療法、技術平台包括：RNAi、CAR-T、溶瘤病毒、抗體藥物偶聯物、基因療法、腫瘤疫苗等等，其他還有幹細胞、PROTAC、腸道菌群等療法。

　　另外一個顯著特徵是不同治療方法的聯合臨床應用更加普及，例如：溶瘤病毒＋細胞療法，溶瘤病毒＋PD-1 或者 PD-L1 單抗藥品等等，大量的臨床試驗在全球已經展開。

　　除藥品及療法以外的其他生命科技，例如：基因測序、癌症篩查、人工智能在醫療及製藥中的應用、3D 技術在醫療及製藥中的應用、機器人等，不斷湧現。這些創新科技在「個性化醫療」、降低社會整體醫療成本、解決目前行業研發痛點等方面都已經取得階段性成果。

一 核酸干擾技術（RNAi）

核酸被認為是遺傳資訊的載體，用於轉錄、翻譯成為蛋白質，是生物的最基本組成物質和生物學研究的基礎物質。過去的藥物研發主要在蛋白質層面進行設計，尋找一個小分子化學藥或大分子生物藥對靶點蛋白的功能進行調節。但隨着分子生物學的發展，對分子生物學中心法則[1]（The central dogma of molecular biology）的認知不斷完善，行業開始針對核酸進行藥物的設計，即用核酸作為藥物以調節下游蛋白質的表達。

圖表 1：分子生物學的中心法則

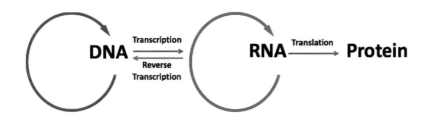

在全球 Covid-19 疫情大爆發之前，儘管 RNAi 被行業內的人士普遍認為是創新技術平台，行業外的公眾對之了解甚少。伴隨着主流媒體不斷把疫苗研發臨床進展推向新聞頭條，mRNA 技術也被公眾熟悉。採用這一技術的兩家疫苗企業，美國 Moderna 及德國的 BioNTech 的市值更是飆升，Moderna 上市三年便創造歷史，高峰市值達到 2,000 億美元，成為全球生物科技市值最高的企業之一。愈來愈多的行業內人士認為，RNAi 技術將是繼抗體技術之後的又一個突破性創新平台技術。2021 年 2 月，mRNA 疫苗被美國《麻省理工科技評論》（MIT Technology Review）列為十大突破性技術之首。

1　DNA 能夠自我複製，它的生理功能是以蛋白質的形式表達出來的。DNA 核苷酸序列是遺傳信息的儲存者，它通過轉錄生成信使 RNA，進而翻譯成蛋白質的過程來控制生命現象，即貯存在核酸中的遺傳資訊通過轉錄，翻譯成為蛋白質。

2001 年，核酸干擾發現被美國 Science 雜誌 [2] 評為全球十大科技進步之一。1998 年，Andrew Fire 及 Craig Mello 博士首次揭示了 RNAi 現象，並在 2006 年因這項發現獲得諾貝爾生理及醫學獎。在此後的一段時間裏，全球主要的製藥企業紛紛以合作或者併購的形式進入這一領域，形成「非理性繁榮」[3]。但是，由於遞送系統（Delivery system）的關鍵技術無法解決，導致一連串的失敗。2007-2011 年間，RNAi 經歷了一段市場低谷，藥物因療效不佳及安全性問題，均未成功通過臨床試驗，例如：美國 OPKO health 所開發的濕性老年性黃斑變性 RNAi 療法，因效果欠佳而不得不在臨床 III 期試驗時被放棄；一些大型製藥公司逐步撤出這一領域。2012 年開始，伴隨着遞送系統的重大突破、臨床試驗優良數據，加上前期打下的技術基礎，一系列核酸類創新藥品被批准上市。截至 2021 年 2 月份，已經有 13 個藥品在美國、歐洲獲得監管部門審批，主要成藥的 RNAi 技術平台包括：反義寡核苷酸（Anti-Sense Oligonucleotides），代表公司為美國 Ionis；siRNA，代表公司為美國 Alnylam、Arrowhead、Dicerna 等；mRNA，代表公司為美國 Moderna、德國 BioNTech。

資本交易的活躍程度推動這一領域的進步。根據美國波士頓諮詢報告，從 2017 年到 2020 年 1 月份，RNAi 上市公司的市值相對於 NASDAQ 生命科技指數跑贏 400%，相對於基因編輯公司指數領先 215%。

2　是美國科學促進會（American Association for the Advancement of Science，AAAS）出版的一份學術期刊，為全世界最權威的學術期刊之一。

3　非理性繁榮（Irrational Exuberance）是由前聯邦準備理事會主席葛林斯潘在 1996 年互聯網泡沫時期於美國企業研究院演説時提出的論述，論述指出資產價格脱離決定其價值的基本面因素而主要由市場參與主體的主觀判斷決定的資產價格持續上漲現象。

全球前 20 名的生物製藥及生命科技企業基本上都與核酸干擾藥物公司有非常密切的戰略合作關係。2017 年到 2020 年，這些企業在 RNAi 領域的投資，從 85 億美元增加到 350 億美元[4]。其中，2019 年諾華製藥花費 97 億美元併購美國 The Medicines Company，間接獲得臨床 III 期的 RNAi 藥品 Inclisiran。

值得指出的是，全球私募領域的領導者黑石集團（Blackstone）於 2020 年 4 月份向 Alnylam 投資了 20 億美元，包括購買股票、收購 Inclisiran 的銷售權、參與心臟代謝業務投資。

同時，臨床試驗階段的藥品適應症也在逐步擴展，可以清晰地看到從罕見病（Rare disease）過渡到更廣泛的適應症。

以下是主要的技術平台簡介：

1. 反義寡核苷酸（Anti-Sense Oligonucleotides）

這是一種單鏈，通常包括 15-25 個核苷酸，通過鹼基配對原則與其互補的 RNA 結合，可以調節靶向 RNA 的功能。目前，獲得美國或者歐洲批准的 13 款核酸類藥品中，有 7 款採用這一技術路線。此領域代表公司為美國 Ionis Pharmaceuticals（IONS.US）。

Ionis 創立於 1989 年，在美國聖地亞哥。這家公司的藥物渠道相對成熟，已有兩個反義 RNA 藥物在美國獲批、一個在歐洲獲批，公司還有七個處於 III 期臨床的藥物，針對不同治療領域。公司經過多年發展，形成了較強的技術和產品積累，在反義核苷酸領域處於市場前沿。位於美國聖地亞哥的 Regulus Therapeutics 也在運用反義核酸技術來抑制基因的表達，它是 Ionis 和 RNAi 領導者 Alnylam 的合資企業，意味着兩家公司形成戰略合作。2017 年 1 月，Ionis 同 Biogen 合作用於治療脊髓性肌肉萎縮症（Spinal Muscular Atrophy, SMA）的藥品 Spinraza® 在歐洲獲批上市。

4　數據來自 BCG。

2. 小分子干擾核糖核酸（siRNA）

這是一種雙鏈，通常為 20-25 對核苷酸的長度。此領域代表公司為美國 Alnylam（ALNY.US）。2012 年，公司研究團隊發現了 GalNAc 技術[5] 並獲得專利，這是 RNA 遞送系統比較大的突破。同時，伴隨着臨床試驗的積極結果，截至目前，公司共有三款創新藥獲得美國 FDA 或者歐洲 EMA 的批准上市。

Alnylam 不僅擁有 Tuschl 的核心專利系列[6]，而且還以 1.75 億美元獲得了默沙東當年投資 11 億美元獲得的核酸干擾技術所有相關知識產權。憑藉自身知識產權方面的領先優勢，Alnylam 先後與羅氏、諾華、葛蘭素史克、賽諾菲等製藥公司建立合作關係，並通過專利授權[7] 獲得大量現金收入。

2018 年以前，Ionis 與 Alnylam 的市值變化趨勢趨同；但 2018 年以後，兩者出現分化，Alnylam 的市值明顯領先。

另一方面，諾華製藥（NVS.US）開發了全球首個獲批降低低密度脂蛋白膽固醇（LDL-C）的 siRNA 藥物 Inclisiran，於 2020 年 12 月在歐盟獲批，商品名為 Leqvio®，用於治療成人高膽固醇血症及混合性血脂異常。Inclisiran 利用人體 RNA 干擾的自然過程，與編碼 PCSK9 蛋白的 mRNA 結合，通過 RNA 干擾作用降低 mRNA 水平、阻止肝臟產生 PCSK9 蛋白，從而增強肝臟從血液中清除 LDL-C 的能力。與需每天服用的他汀類藥物不同，基於這種創新的作用機制，患者每年僅需皮下注射兩次，即可獲得降脂療效。2021 年 9 月，公司已與英國國民保健署（NHS）達成協定，預計將有 30 萬名患心血管疾病高危患者在未來三年接受 Leqvio® 的治療。

5　能將 N- 乙醯半乳糖胺與 siRNA 連接起來。

6　2001 年，由德國馬克斯·普朗克研究所的科學家 Thomas Tuschl 領導的團隊發表了 Nature 同行評審論文，發現了人體細胞的 RNAi，也首次驗證了 RNAi 作為一種人類疾病治療的手段的可能性。Tuschl 為人體細胞 RNAi 申請了多項專利。

7　包括針對特定靶標的核酸干擾誘導物小干擾核酸結構、化學修飾及特異性導入系統和大批針對不同藥物靶點所設計的小干擾核酸序列等。

3. 信使核糖核酸（mRNA）

mRNA 疫苗帶有遺傳資訊可以誘導人體產生特定的病毒蛋白，以觸發所需要的免疫反應。 mRNA 的生產成本較重組蛋白質藥物更低；在靶點確認後，mRNA 疫苗設計及發現速度非常快，主要面臨的技術挑戰是藥品的穩定性及遞送技術。 mRNA 領域的領導者為美國的 Moderna、德國的 BioNTech，這一突破性技術徹底改變全球疫苗行業的格局。

圖表 2：mRNA 療法的作用機制 [8]

在 2021 年 2 月 24 日的《新英格蘭醫學雜誌》上，針對 120 萬以色列人進行分析顯示，美國輝瑞 /BioNTech 的 mRNA 新冠疫苗接種兩針後，對保護有症狀的感染有效性達到 94%，這是第一項真實世界數據的研究結果。

8　Figure 2: Principles of antigen-encoding mRNA pharmacology. Reprinted by permission from Springer Nature Customer Service Centre GmbH: Sahin, U., Karikó, K. & Türeci, Ö. mRNA-based therapeutics — developing a new class of drugs. Nat Rev Drug Discov 13, 759—780 (2014). https://doi.org/10.1038/nrd4278.

二　CAR-T 細胞療法

細胞免疫療法是革命性治療方法，開創了癌症治療的新路徑。2011年，賓夕法尼亞大學 Carl June 博士在《新英格蘭醫學雜誌》首次揭示 CAR-T 產品在慢性淋巴性白血病患者 (CLL) 中的顯著療效，從而迅速引起全球關注。此後，大量基於 CAR-T 細胞的腫瘤治療研究成為關注點。2017 年 8 月，全球第一個細胞免疫產品 Kymriah® 被美國 FDA 批准上市。在傳統的化學藥治療、手術治療、放射性療法、抗體靶點療法的基礎上，細胞免疫療法給患者帶來新希望。細胞免疫治療被眾多的行業投資機構、分析機構及科學家認為是未來 10 年最重要的領域之一。全球 MNC 不惜重金，以交易金額約 100 億美元規模併購相關生命科技企業，包括：吉利德科學 (Gilead Sciences) 以 119 億美元現金收購 Kite Pharma，以及新基生物 (Celgene) 以約 90 億美元收購 Juno Therapeutics。

免疫細胞療法中最主要的為 CAR-T[9]，嵌合抗原受體 T 細胞免疫療法，作用機理是通過對病人 T 細胞進行篩選並提取出體外，並通過基因編輯導入嵌合抗原受體基因 (CAR)，進行擴增，再輸回患者體內，這種修飾後的 T 細胞可以特異性結合癌症細胞，達到「靶向治療」的效果。主要治療適應症包括：在復發性、難治性白血病、淋巴瘤、多發性骨髓瘤等血液腫瘤相關領域。同時，針對實體瘤的研究也在迅速開展。主要的不良反應為細胞因子風暴及神經毒性。有關 CAR-NK、CAR-macrophage 的臨床前及臨床研究也在進行中。一旦效果顯著，會成為繼 CAR-T 之後新的治療熱點。

以下為全球細胞免疫治療領域 (CAR-T) 主要領導者：

瑞士諾華製藥：2012 年，諾華製藥與美國賓夕法尼亞大學合作，投資 2,000 萬美元建立試驗室，開始 CAR-T 研發。2014 年，研究成果獲得美國 FDA「特殊試驗方法評價」；2015 年，公司啟動臨床試驗；2017 年，產品

9　Chimeric Antigen Receptor T-Cell immunotherapy.

Kymriah®（CTL019）獲得優先審評資格，及專家一致性同意批准上市，用於治療患有復發或難治性急性淋巴細胞白血病（R/R ALL）的兒童和年輕成人患者（年齡至 25 歲）。產品定價為 47.5 萬美元。適應症後續拓展至治療復發或難治性瀰漫性大 B 細胞淋巴瘤（R/R DLBCL）成人患者。

美國 Kite Pharma：創立於 2009 年，Santa Monica CA，是全球唯一擁有美國國立衛生研究院（NIH）許可的公司。2017 年 9 月，美國 Gilead Sciences 支付 119 億美元收購了 Kite。同年 10 月，產品 Yescarta®（KTE-C19）被美國 FDA 批准上市，定價為 37.3 萬美元，主要用於治療曾至少接受過兩種或以上其他治療方案後無效或復發的特定類型大 B 細胞淋巴瘤成人患者。2020 年 7 月，第三款 CAR-T 細胞療法 Tecartus® 被美國 FDA 批准上市，用於治療復發或難治性套細胞淋巴瘤（MCL）。

美國巨諾生物（Juno Therapeutics）：創立於 2013 年，Seattle WA，由 Fred Hutchinson 癌症中心、斯隆—凱特琳癌症中心及西雅圖兒童研究機構合作成立。新基生物對 Juno 及 Bluebird（BLUE.US）以投資及合作的方式佈局細胞免疫治療領域。2017 年初，因治療患者出現多例腦水腫死亡，Juno 不得不終止對其核心品種 JTC015 的開發。2019 年，美國施貴寶（BMY.US）以 740 億美元收購新基生物。2021 年 2 月 5 日，美國 FDA 批准施貴寶的 Liso-cel 上市，商品名為 Breyanzi®，標價 41 萬美元，用於治療對於至少其他兩種類型的系統性療法無效或者出現復發的成人大 B 細胞淋巴瘤。

傳奇生物（LEGN.US）：創立於 2014 年，總部位於美國新澤西州。2018 年 3 月，公司靶向 BCMA 的 CAR-T 療法在中國獲得臨床試驗批件。傳奇生物是在中國第一個獲得「突破性療法」的生命科技公司，療法的臨床數據為全球領先。2017 年 12 月，公司與美國強生製藥達成全球合作協定。2020 年 6 月，傳奇生物在美國納斯達克上市。

三　溶瘤病毒（Oncolytic Virus）

　　伴隨着人類對於病毒學認知的深入，以及基因技術的發展，溶瘤病毒開始新紀元。溶瘤病毒既可以自身作為一種治療方法，也可以與免疫檢查點抑製劑或者免疫細胞療法聯合使用，達到疊加效果。至今，全球已經上市或者處於臨床試驗 III 期的藥品一共六個，分別適用於膀胱癌、前列腺癌、頭頸癌、黑色素瘤、肝細胞癌等等。

　　不同於一種化學製劑或者生物製劑，溶瘤病毒藥物是一種病毒，通過天然篩選或者經過基因改造技術構建。它的作用機理在於能夠選擇性地在細胞中複製，並且「溶解」腫瘤細胞的病毒；從而，引發一系列免疫反應，達成抗腫瘤效果。溶瘤病毒同時具備「靶向」優勢及「免疫」優勢。詳情請參考專題文章。

圖表 3：溶瘤病毒的作用機制 [10]

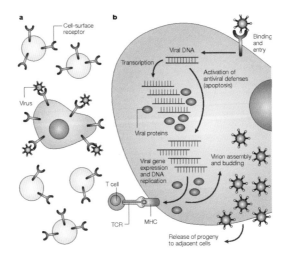

10　Figure 1: Infection and killing of tumour cells by an oncolytic virus. Reprinted by permission from Springer Nature Customer Service Centre GmbH: Parato, K., Senger, D., Forsyth, P. et al. Recent progress in the battle between oncolytic viruses and tumours. Nat Rev Cancer 5, 965—976 (2005). https://doi.org/10.1038/nrc1750.

四 抗體藥物偶聯物（Antibody-Drug Conjugates，ADCs）

抗體藥物偶聯物作為單克隆抗體及小分子的結合體，由效應分子、連接子（Linker）及抗體三部分組成。這個特殊結構使其具備抗體藥物的靶向性，及化學藥物的腫瘤殺傷性的特徵。ADC 的優勢為：1/ 可降低對靶點生物學功能的要求[11]，使得有比單抗藥物更為廣闊的靶點選擇空間；以及 2/ 具有「旁觀者效應」[12]，可殺死不表達靶點的鄰近細胞，因此對治療實體瘤有一定潛力。

全球第一個抗體藥物偶聯物為 Mylotarg®，於 2000 年被美國 FDA 批准上市，用於治療急性髓細胞白血病，於 2010 年撤回，2017 年重新獲得批准。過去 20 年，全球科學家們就合成 ADC 藥物、提高安全性、降低脫靶性及毒副作用進行持續試驗。2015 年以後，全球 ADC 臨床試驗迅猛增加，至今有 200 多個臨床試驗正在進行中，適應症從血液瘤邁向實體瘤，例如：乳腺癌、卵巢癌等。截止 2021 年 9 月，在全球有 14 個抗體藥物偶聯物被批准上市，主要針對 CD 系列、HER2 靶點，以及 TROP2 靶點、BCMA 靶點，適應症包括白血病、淋巴癌、乳腺癌及多發性骨髓瘤等。

---

11 由於靶點可以僅為腫瘤標誌物，所以將藥物遞送至腫瘤即可。

12 「Bystander Effect」是指 ADC 藥物裂解後，細胞毒藥物可穿透細胞膜進入鄰近的癌細胞發揮旁殺傷作用。

圖表 4：抗體藥物偶聯物的結構 [13]

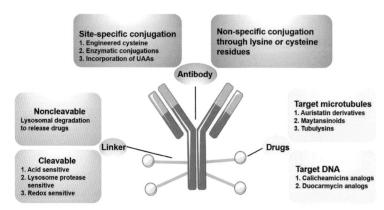

圖表 5：抗體藥物偶聯物的作用機制 [14]

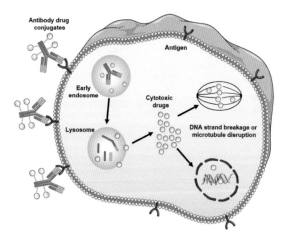

13　Figure 2. Rational design of ADCs components. Reprinted by permission from Elsevier: Pengxuan Zhao, Yuebao Zhang, Wenqing Li, Christopher Jeanty, Guangya Xiang, Yizhou Dong, Recent advances of antibody drug conjugates for clinical applications, Acta Pharmaceutica Sinica B, Volume 10, Issue 9, 2020, Pages 1589-1600, ISSN 2211-3835, https://doi.org/10.1016/j.apsb.2020.04.012.

14　Figure 1. Illustration of the action mechanism of antibody drug conjugates (ADCs). Reprinted by permission from Elsevier: Pengxuan Zhao, Yuebao Zhang, Wenqing Li, Christopher Jeanty, Guangya Xiang, Yizhou Dong, Recent advances of antibody drug conjugates for clinical applications, Acta Pharmaceutica Sinica B, Volume 10, Issue 9, 2020, Pages 1589-1600, ISSN 2211-3835, https://doi.org/10.1016/j.apsb.2020.04.012.

　　從近期抗體藥物偶聯物領域的交易金額可以看出其行業熱度。2020 年 9 月，美國吉利德科學公司宣佈 210 億美元收購 Immunomedics，其主要藥品為 Trodelvy®，是全球首個上市的靶向 TROP-2 的抗體藥物偶聯物。2019 年 3 月，英國阿斯利康及日本第一三共簽訂 HER2 抗體藥物偶聯物 Enhertu® 的全球開發及商業化協定，涉及金額達 69 億美元。2020 年 7 月，兩家公司又達成了協議，共同開發及商業化靶向 Trop-2 的抗體藥物偶聯物 DS-1062，涉及金額為 60 億美元。

　　瑞士羅氏製藥的藥品 Kadcyla® 於 2013 年獲批上市，是首個實體瘤治療的抗體藥物偶聯物，用於轉移性乳腺癌治療。2020 年全球市場銷售額為 17.45 億瑞士法郎，同比增長 25%。

　　Seagen 公司（SGEN.US，原名為 Seattle Genetics）的藥品 Adcetris® 於 2011 年獲得加速批准上市，適用症包括治療霍奇金淋巴瘤和 T 細胞淋巴瘤等，公司負責美國及加拿大銷售；日本武田製藥（TAK.US）負責全球其他地區銷售。其他批准的產品包括治療膀胱癌的 Padcev® 和治療乳腺癌的 Tukysa®。

　　ADC 是腫瘤靶向藥品的重要增長點之一。根據波士頓諮詢公司預測，到 2026 年，全球 ADC 藥品有望超過 40 個，銷售額可能達到 250 億美元。

五　基因治療

　　基因治療是在基因層面解決臨床問題，在特定的適應症中擁有獨特優勢。同時，由於其涉及科學倫理問題，以及存在結果不可逆性，部分科學家及醫生持謹慎態度。

　　基因治療指將具有正常功能的基因置換，或者增補患者體內有缺陷的基因，從而到達治療疾病的目的；或者，把遺傳物質移到體內，使其在體內

表達，實現治療疾病的目的。

1990 年，美國 William French Anderson 醫生領銜的一項長期試驗，治療患有 ADA-SCID 的兒童，這些試驗的成功得出結論，基因治療可以安全有效地治療特定病人。

2012 年，歐洲 EMA 批准首款基因療法 Glybera®，一種攜帶人脂蛋白脂肪酶 (LPL) 基因的 AAV1 載體，用於治療 LPL 缺乏的嚴重肌肉疾病，售價高達 120 萬美元。2017 年 10 月，由於銷售不佳，產品宣佈退市。

2017 年，美國 FDA 批准基因療法 Luxturna®，一種攜帶 RPE65 基因的 AAV2 載體，治療罕見遺傳性視網膜病變造成的視力喪失。這項技術由美國 Spark Therapeutics 研發。

至今為止，全球前 20 大製藥企業，90% 佈局基因療法。2021 年 7 月，Bluebird bio（BLUE.US）公司宣佈其一次給藥基因療法 Skysona® 被歐盟委員會（EC）授予上市許可，用於治療 18 歲以下攜帶 ABCD1 基因突變的早期腎上腺腦白質營養不良患者（CALD）。

筆者認為：基因治療指以病毒 AVV 為載體的治療方法，或者按照 CRISPR/Cas9 技術的基因編輯療法。這種分類方法同美國 FDA 制訂的基因治療範圍有一定差異。

1. 基因編輯療法

從 2016 年到 2019 年，在全球範圍內，以腺病毒（Adenoviral vectors，AVV）為載體的臨床試驗由不到 10 個增加至 45 個，主要針對眼、肝、肌肉和腦，以眼部的臨床試驗最多，大多處於 I/II 期臨床試驗。然而，病毒基因療法具有挑戰：首先，運用病毒本身在安全性上有一定風險。其次，部分天然擁有病毒抗體的人群沒法接受該病毒療法，如果使用，則病毒藥物會被人體免疫系統迅速清除。同時，病毒基因療法可能僅使用一次，無法多次使用，原因是第一次使用後人體就會產生該病毒的抗體，再次使用則會

誘發人體清除病毒藥物，大大影響使用效果。再者，腺相關病毒基因療法僅能遞送 4.7kb 大小的基因片段，無法承載更大的核酸。

2. CRISPR 基因編輯療法

2020 年，CRISPR 基因編輯技術獲得諾貝爾化學獎。這一領域的三位著名科學家，張鋒、Jennifer Doudna[15]、Emmanulle Charpentier，都創建了自己的生命科技公司。2018 年 12 月，張鋒等成立的 Editas Medicine（EDIT. US）成功獲得首個體內療法註冊臨床審批。2020 年 2 月，張鋒等創立的另一家針對 CRISPR 療法的公司 Beam Therapeutics（BEAM.US）於美國納斯達克上市。2020 年 12 月，Emmanulle Charpentier 等成立的 CRISPR Therapeutics（CRSP.US）公佈了 CTX001 在早期臨床試驗中的研究成果，所有七列輸血依賴性 B 地中海貧血患者在接受治療後，在最近一次隨訪時，均不需依賴輸血。另外，Caribou Biosciences（CRBU.US）也是一家專注於基因編輯療法的生命科技公司，針對多種癌症，2021 年 7 月在美國納斯達克上市。

六 再生醫學

再生醫學（Regenerative medicine）是指利用生物學及工程學的理論方法創造、修復或替換功能丟失或受損的組織和器官，使其具備正常結構和功能。其中，幹細胞療法處在再生醫學的前沿位置。

幹細胞指的是一類具有高度增殖和多向分化潛能的原始細胞群體，它可以分化成人體中任何一種細胞、組織或器官，是所有細胞的祖細胞。它具有自我更新、低免疫原性和良好的組織相容性等特點。幹細胞分類方法

---

15 推薦閱讀：The Code Breaker: Jennifer Doudna, Gene Editing, and the Future of the Human Race—Walter Isaacson。

有兩種，一種是根據幹細胞所處的發育階段，可分為胚胎幹細胞 [16] 和成體幹細胞 [17]；第二種根據分化程度與分化潛能，可分為全能幹細胞 [18]、多能幹細胞 [19] 和單能幹細胞 [20]。胚胎幹細胞的發育等級較高，是全能幹細胞；而成體幹細胞的發育等級較低，是多能或單能幹細胞。值得留意的是，由於胚胎幹細胞的幹細胞株必須取得人類胚胎進行培養純化，存在着一些倫理道德爭議問題。

幹細胞可用來治療多種血液系統疾病和免疫系統疾病。在治療領域，例如：急性白血病、慢性白血病、淋巴瘤，傳統藥物治療方法很難徹底治癒，幹細胞移植是治癒效果最好的治療方法 [21]。處於臨床研究的幹細胞療法適應症還包括了中風、帕金森、心衰、關節炎、糖尿病、系統性紅斑狼瘡、脫髮等。

幹細胞治療按照治療種類劃分，可以分為幹細胞移植治療與幹細胞注射治療。骨髓移植本質上就是幹細胞的移植治療。目前，骨髓造血幹細胞和臍血造血幹細胞移植是幹細胞治療主要臨床應用領域，全球現時每年大約有六萬例骨髓移植術和四萬例的臍血移植術。

16　Embryonic stem cell.

17　Adult stem cell.

18　Totipotent stem cell.

19　Pluripotential stem cell.

20　Unipotent stem cell.

21　其中包括發病率很高的血液系統惡性腫瘤、骨髓造血功能衰竭、血紅蛋白病、先天性代謝性疾病、先天性免疫缺陷疾患、自身免疫性疾患、部分實體腫瘤。

圖表 6：幹細胞治療的來源

類型	來源
造血幹細胞	為成體幹細胞，存在於骨髓、外周血或臍帶血等的一類原始造血細胞，它具有自我更新及多向分化兩大特徵
間充質幹細胞	為成體幹細胞，能分化為間質組織，包括神經、心臟、肝臟、骨、軟骨、肌腱、脂肪、上皮等多種細胞
胎盤亞全能幹細胞	為胚胎幹細胞，來源於新生兒胎盤組織，其在發育階段與胚胎幹細胞接近，具備分化形成三個胚層的組織細胞的能力
胎盤造血幹細胞	為胚胎幹細胞，來源於新生兒胎盤組織的造血幹細胞
脂肪幹細胞	從脂肪組織中分離得到的一種具有多向分化潛能的幹細胞，是間充質幹細胞的一種

除了臍帶血造血幹細胞，目前臨床研究較多的還有間充質幹細胞（MSCs）。MSCs 不僅具有自我更新的能力，而且具有多向分化潛能，在不同的誘導條件下可以分化為許多不同的組織，如骨組織、軟骨組織、脂肪組織、內皮組織、肌肉組織、神經組織、上皮組織等。更為重要的是，MSCs 可以從成體多種組織獲得，分離方法簡便，體外培養方便。間充質幹細胞功能較多，應用廣泛，主要功能是進行細胞移植治療。

Osiris 公司研發的重點項目是急性 GVHD，但是這項在美國開展的 III 期臨床試驗沒有達到預期目標。該公司進一步分析臨床試驗結果，發現間充質幹細胞治療對部分病人有效，並以此先後獲得加拿大（商品名為 Prochymal®）、紐西蘭和日本（商品名為 TemCell®）的上市許可。Osiris 公司的幹細胞業務已經出售給澳大利亞的 Mesoblast 公司（MESO.US），而後者是目前全球最大的間充質幹細胞藥物研發企業，在研產品包括兒童 GVHD、克羅恩病、心衰和慢性腰背痛。

七　腫瘤疫苗

腫瘤疫苗來源於自體或異體腫瘤細胞或其提取物，帶有腫瘤特異性抗原（Tumor specific antigen，TSA）或腫瘤相關抗原（Tumor associated antigen，TAA）。它可通過激發特異性免疫功能來攻擊腫瘤細胞，克服腫瘤產物所引起的免疫抑制狀態，增強 TAA 的免疫原性，提高自身免疫力來消滅腫瘤。根據腫瘤疫苗的來源，又可分為腫瘤細胞疫苗、基因疫苗、多肽疫苗、樹突狀細胞疫苗、CTL 表位肽疫苗等。

至今，FDA 批准了四個針對癌症的疫苗，分別是 Cervarix®、Gardasil®、Gardasil 9®、Provenge®。前三個都是人乳頭瘤病毒（HPV）預防性疫苗，臨床證明 90% 以上的宮頸癌都與 HPV 病毒有關[22]。Provenge® 則為癌症治療性疫苗，旨在用於分別激發對轉移性前列腺癌及早期膀胱癌的免疫反應[23]。

在整個疫苗品類中，HPV 疫苗是目前世界上排名靠前的重磅品種，並且整體銷售額仍處於增長階段。默沙東的 Gardasil 9® 已佔據市場大部分份額。Gardasil® 的主要競爭對手是 GSK 的二價（16、18）Cervarix®。在使用年齡、性別範圍和覆蓋率上面 Gardasil® 均勝出。雖然兩者都在不斷擴充適應範圍，但 Cervarix® 由於缺乏後續產品，在競爭中已面臨下風。

「腫瘤新抗原」疫苗是目前識別癌細胞方面最前沿的技術之一，是一種個人化治療方案。癌細胞在快速生長和增殖過程中，往往來不及修復 DNA 在複製過程中出現的錯誤，因此會出現許多新的突變蛋白，稱之為腫瘤新抗原。這些新抗原是癌細胞特有的，因此成為了區分癌細胞和正常細胞的理想選擇。此外，每個患者身上的腫瘤出現的突變都不盡相同，通過測序

22　宮頸癌與 HPV 病毒之間關係明確，預防的實際是 HPV 病毒，不能説是真正的癌症疫苗。

23　雖然確實是按疫苗原理來設計的，但由於臨床試驗方案的缺陷，無法判斷該藥是否真的按疫苗機制來抗癌。

尋找每個患者特有的突變，使得製造出個人化癌症疫苗，做到真正的「對症下藥」。

八 PROTACs 藥物

近年來，蛋白水解靶向嵌合體（Proteolysis-Targeting Chimeras，PROTACs）技術作為一種新的治療手段，在抗腫瘤藥物領域中得到了廣泛的研究。PROTAC 是一種具有雙功能的小分子化合物，一端為結合靶蛋白的配體，另一端為結合 E3 泛素連接酶的配體，配體之間通過一個連接子（linker）連接，從而形成一個三元複合物，可促進靶蛋白的泛素化 [24]（Ubiquitination），使其進入泛素—蛋白酶體降解途徑，達到降解靶蛋白的目的。

圖表 7：PROTACs 的作用機制 [25]

---

24 是指泛素（一類低分子量的拉果）分子在一系列特殊的酶作用下，把細胞內的分子分類，從中選出靶蛋白分子，並對靶蛋白進行特異性修函。

25 Figure 1: Mode of action of PROTACs. Sun, X., Gao, H., Yang, Y. et al. PROTACs: great opportunities for academia and industry. Sig Transduct Target Ther 4, 64 (2019). https://doi.org/10.1038/s41392-019-0101-6 (licensed under CC BY 4.0).

PROTACs 技術最大的優勢之一為：可使潛在靶點從「無藥可靶向」（Undruggable）變成「有藥可靶向」（Druggable）。大多數傳統小分子藥物的原理是結合酶或受體的活性位點來發揮作用，而 PROTACs 則可以通過任何角落位置抓住靶蛋白。

1999 年，Proteinix 公司的科學家遞交了基於泛素機制、使用小分子化合物降解特定蛋白的專利申請。2001 年，耶魯大學的 Craig Crews 和加州理工的 Raymond Joesph Deshaies 發表了基於多肽的雙功能小分子誘導 MetAP-2 蛋白降解的論文，並正式提出了 PROTAC 概念，但由於多肽化合物進入細胞的難度很大，第一代 PROTACs 沒有被開發成功。

直到 2008 年，Craig Crews 教授團隊基於 E3 的泛素蛋白連接酶 MDM2 設計出了可降解雄激素受體（AR）的第二代 PROTACS。2015 年，團隊還基於新型 E3 泛素蛋白連接酶 VHL 和 CRBN 配體，設計出了使多種蛋白水準降低超過 90% 的新一代 PROTACs。同年，諾華製藥的 James Bradner 在 Science 上發表了基於沙利度胺（Thalidomide）類似物的新一代 PROTAC 分子。從此，全球對 PROTACs 的研發熱度持續提升。根據 Nature 預測，2021 年底將至少有 15 個 PROTACs 藥物將進入臨床試驗。

目前，PROTACs 的研究雖然主要集中在腫瘤領域，但在神經退行性疾病、炎症、免疫學領域也有所突破，例如：非癌症靶點的 iRAK4，此靶點被證明與關節炎、動脈粥樣硬化、阿爾茨海默氏病、痛風、系統性紅斑狼瘡、牛皮癬等相關，但一直較難有藥物可靶向（Undruggable）。

2013 年，Crews 教授成立了全球首家以 PROTAC 技術進行藥物研發的公司 Arvinas（ARVN.US），公司目前有兩款藥物進入臨床 II 期，適應症分別為治療轉移型去勢抵抗性前列腺癌，以及局部晚期或轉移性 ER+/HER2 乳腺癌，研發進展處於全球領先。此外，公司也分別與默沙東、基因泰克及輝瑞製藥達成合作，推進蛋白降解這一里程碑技術的發展，合作金額分別高達 4.3 億、6.5 億、20 億美元。

九 基因檢測

隨着人類基因組測序技術的飛速提升、生物醫學分析技術的快速發展和大數據分析工具的日益完善，「精準醫療」逐步成為關注熱點。不同國家對「精準醫療」的定義不同，理解不同，但是一些共同特徵：1/ 精準醫療是基於大數據的診療方式，治療方案基於對患者的數據資訊；2/ 精準醫療具有更廣闊的應用範圍，例如：醫療範圍包括疾病的早期診斷、個人化指導、遺傳性風險分析和疾病的檢測。醫療目標從前期聚焦於癌症治療，到擴展到其他疾病的各個領域。作用機制方面，精準醫療強調對個體疾病分子層面的分析判斷；3/ 精準醫療強調個性化與差異化。精準醫療改變以往簡單式的醫患互動關係，強調針對病患全面全程的觀察診斷，並提出差異性、個性化的醫療方案。

「基因組」的個體化差異是精準醫療的基礎。基因檢測是從染色體結構、DNA 序列、DNA 變異位點或基因表現程度，為醫療研究人員提供評估與基因遺傳有關的疾病、體質或個人特質的依據。基因檢測常見手段包括螢光定量聚合酶鏈式反應（RT-PCR）、突變擴增系統（ARMS-PCR）、螢光原位雜交技術（FISH）、桑格測序（Sanger，為第一代測序技術）和基因測序技術等，其中基因測序，尤其是第二代測序（也稱高通量測序技術（NGS）），是現階段的主流技術。其引入了可逆終止末端，從而實現邊合成邊測序（Sequencing by Synthesis），並具有通量高、讀長短的特點，適合高通量的 DNA 測序，且大幅降低了大規模測序的費用。2021 年 9 月，英國 Oxford Nanopore 公司在倫敦證交所提交了 IPO 的註冊文件。相對於其他測序技術，這個公司擁有的第三代測序技術優點為：1/ 樣本處理極其簡單；2/ 測序成本十分低廉，更有可能實現 1,000 美元基因組目標；3/ 便攜性更高，可以放進口袋裏。

　　基因測序的產業鏈由上游儀器和耗材公司、中游提供基因測序的服務商、下游的生物資訊分析公司，還有終端的消費群體構成。處於產業鏈最上游的基因測序儀器與耗材試劑，全球的主要公司是 Illumina、LifeTech、Thermo Fisher 及 Roche；中國公司從事自主研發的公司主要有華大基因、貝瑞和康與達安基因。中游是基因測序服務，是目前中國公司競爭最激烈的地方，中國已有超過 100 家公司提供基因測序服務。在測序服務中，最成熟的基因測序服務是無創產前基因測序，美國的主要公司有 Sequenom、Verinata Health、Ariosa Diagnostics 和 Natera；中國主要公司有華大基因及貝瑞和康等。腫瘤基因診斷技術和市場還未成熟，公司眾多。下游的生物資訊公司主要是大數據的儲存、解讀和應用，代表公司有華大基因。消費群體中，目前市場份額最大的還是在科研領域，但是未來會逐漸朝着疾病治療領域發展。

　　全球基因測序市場規模逐年增長迅速，基因檢測的普及和技術的突破是主要因素。一方面，愈來愈多的疾病與基因突變的關係被證明，而且基因檢測的準確性也在逐年升高。另一方面，隨着測序技術的成熟，基因測序成本呈逐年下降趨勢，測序成本的下降，將提高基因測序服務的滲透率，進而推動市場快速發展。

基金經理思考

1. 對於全球前 30 的生物製藥及生命科技公司，佈局 RNAi、細胞免疫療法、溶瘤病毒、抗體藥物偶聯物、基因療法、幹細胞療法已經成為常態；

2. 通過交易金額在幾十億甚至上百億美元的併購以進入突破性創新領域，以獲得產品，屢見不鮮。同時，這一現象也再次證明「強者恒強」；

3. 對於基金經理，面對不斷湧現的突破性創新技術，如何判斷、估值是相當大的挑戰。對於大型生命科技集團花費幾十億美元以上併購生命科技初創公司是否值得，是值得思考的事情；

4. 目前全球相當大比例的投資基金及研究項目是同癌症治療相關，其他一些患者更加普及的領域被忽視，例如：傳染病相關領域、視覺相關領域等。

5. 當動輒幾十億美元投資在一個產品或者療法，而最終的受益患者群體數量卻是比較有限的。將這些資金投資在發展中國家而使更多人受益，所帶來的意義可能更大。

總結

筆者比較系統性地梳理過去 50 年化學藥、生物製藥及生命科技治療方法，可以得出以下結論：

1. 治療適應症由「廣泛性治療」(General medicine) 向「精準治療」(Precision medicine) 轉變，目標是個人化治療 (Individualized medicine)；

2. 化學藥發展已經趨緩，生物製藥發展處於蓬勃發展階段，生命科技治療方法開始起步；

3. 藥品靶標由蛋白質，向 RNA、DNA 及基因邁進；

4. 我們已經無法簡單地定義「藥品」，比較準確的稱謂應該是「藥品及治療方法」；同時，也無法簡單地定義「製藥行業」，更加準確的稱謂是「製藥及生命科技行業」；

5. 任何一個突破性的生命科技進步，都是全球科學家、投資人、患者及醫生經過幾十年的經驗積累、不斷嘗試及運氣的結果。在疾病面前，人類要保持一顆謙卑的心，因為事實反復證明人類戰勝疾病的能力是有限的，這次新冠疫情是最好的詮釋。非常遺憾的是，所謂「民主國家」的政客們，為了自身的選票，經常吹噓自己的抗擊疫情的成就，欺騙公眾，散佈謊言。在危機時刻，科學及科學家們沒有得到尊重。這種現象，在歷史上反復出現；

6. 公眾對於生物製藥及生命科技領域的認知也發生深刻變化。在 20 世紀 80、90 年代，製藥業被認為行業道德水準高；而以後的一系列事件，包括大型製藥公司 CEO 的「天價」工資及獎金與其貢

獻的不匹配性、持續高價的藥品、對於公眾回饋意識的淡薄及惡性使用專利訴訟等事情，使跨國公司（Multinational Corporation，MNC）的公眾形象遭受質疑。當全球面臨百年一遇的 Covid-19 疫情挑戰時，美國政客還在找藉口來保護所謂的「知識產權」，或者「口惠而實不至」，事實上可以有很好的技術手段來解決這一問題。結果是，顯著受益的就是一些公司市值大幅度提高。然而，如果疫情在全球範圍內得不到有效控制，鑒於病毒容易變異的特性，全球經濟正常化就是空談。人類在疫情面前應該成為「命運共同體」，而不是按照「發達國家」、「發展中國家」，或者所謂的「民主國家」與「極權國家」來割裂。那樣的結果只有一個：病毒戰勝人類。

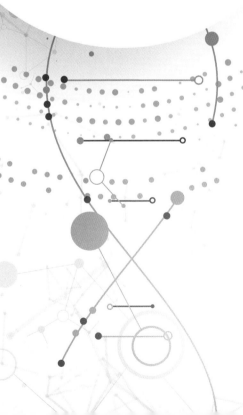

第二章

天時地利人和

前言

　　作為一名投資全球生命科技的基金經理，筆者認為專注於投資快速增長的區域，可以大大提高捕捉到「獨角獸」公司的可能性。放眼全球，中國在未來相當長一段時期內是增長最快的區域，這主要是因為中國的整體經濟實力的提升、巨大的未滿足臨床需求、華人的勤勞秉性及聰明才智，以及幾十年的基礎研究積累。最近五年，中國生命科技領域發生格局性的變化：初創公司迅速崛起、大量人才 (科學家、經理人、投資人、企業家) 湧入這個領域、初創公司成功在資本市場上市、產品開始走向國際市場、全方位參與到全球生命科技行業中，並且逐漸發揮影響力。投資生命科技領域，必須與時俱進，把握中國發展的機遇，關注與中國相關具有國際視野的企業。這些企業可以是中國人創辦，也可以不是中國人創辦。本節由三個部分組成：1/ 促成格局改變的原因；2/ 國際合作的階段性成果；3/ 清楚認識到與全球行業的領導者實際差距。

　　幾個關鍵因素促使中國生命科技領域格局的深刻變化：1/ 藥品器械等相關法律法規的改革，有利於創新；2/ 醫保政策改革，在惠及大眾的同時，有利於創新；3/ 中國參與 ICH，給行業帶來巨大挑戰及機遇；4/ 香港聯交所第 18A 章與上海科創板的啟動，吸引更多資本注入生物製藥及生命科技領域；5/ 由於美國 Trump 政府的赤裸裸「白人至上」種族主義及排華政策、言論及行為，使眾多旅居美國的華人華僑科學家回到中國，創業或者工作。這些人才在中國更容易融到資金、創業、找到體現人生價值的工作，實現人生夢想。

在資本市場的大力支持和國際化人才的推動下，中國的生物製藥及生命科技領域發展極為迅速，成就有目共睹：一些領先企業已經開始將突破性、創新性技術與產品向外授權給全球知名的跨國公司或者共同研究開發。一批初創企業實施國際戰略，在全球至少兩個重要市場進行臨床試驗。

然而，人們必須清醒地認識到：

1. **人才、技術及經驗積累：**生物製藥及生命科學發展需要深厚的技術積累、人才儲備及系統性的創新環境。全球前 30 的製藥及生命科技行業領導者基本符合兩類：一類是有百年以上歷史的傳統 Big Pharma，它們以化學藥起家，逐步進入生物製藥及生命科技領域，例如：默沙東；另一類是伴隨着生物製藥起步的，有幾十年歷史的 Biopharma 公司，例如：安進。中國的創新公司在過去十年才剛剛起步，從產品創新性、技術領先性、全球管理水準等方面，依然與西方國家有很大差距。

2. **國際化程度：**全球前 30 的製藥及生命科技行業領導者都是跨國公司，這得益於始於上世紀 80 年代的全球化。但是，從美國 Trump 時代開始，以美國、英國為代表的部分西方發達國家開始反全球化進程。這 30 家 MNC 中只有兩家源於亞洲，日本武田製藥及安斯泰來，而它們是通過不斷兼併、收購美國及歐洲的公司才達到今日地位，並且都是僱用非日本人作為集團 CEO。中國企業是不可能僅依靠中國單一市場成為跨國公司。然而，西方對於中國的傲慢與偏見、甚至污名化，使中國公司跨境收購與兼併的阻力重重。現階段，人類商業文明在退步。

3. **資本主義本質：**全球前 30 的製藥及生命科技行業 MNC 都源於發達國家。資本主義的本質就是賺取最大限度的利潤。行業曾經的偶像，例如：強生集團及默沙東集團創始人曾經宣導的「以人為本」的理念，在過去幾十年已現頹勢，有些公司在資本面前無道義 [1]。這些 MNC 充分利用資本實力、法律手段、及規則制訂來消滅一切潛在的競爭對手。中

1　推薦閱讀：Enough: True Measures of Money, Business, and Life -John C. Bogle。

國企業源自發展中國家，是否可在傾向於發展中國家人民福祉方面走出一條路，還有待觀察。

由於慣性思維，全球範圍內許多生命科技領域的從業人員包括基金經理、律師、生命科技初創公司企業家等，對中國生物製藥及生命科技領域發展了解甚少。鑒於此，筆者希望通過對中國近期發展狀況的系統描述，築建起全球行業同仁們互相了解的溝通橋樑。

一　經濟基礎與實力是發展生物製藥及生命科技領域的先決條件。

　　在全球背景下，中國市場的重要性日益凸顯。在 2019 年麥肯錫全球研究所（McKinsey Global Insistute）的調查顯示[2]，中國經濟對世界經濟的依存度逐漸降低，而世界經濟對於中國經濟的依存度逐漸升高，從一定程度上反映了中國正在成長為全球第二大經濟體和貿易大國的現狀。在 2020 這一面臨嚴峻國內外環境以及新冠肺炎疫情的特殊年份，中國全年國內生產總值（Gross Domestic Product，簡稱 GDP）依然達到 1,015,986 億元人民幣，按可比價格計算，比上一年增長 2.3%。同時，就業形勢總體穩定，居民收入增長與經濟增長基本同步，全年中國人均可支配收入為 32,189 元人民幣，扣除價格因素，與上年相比增長 2.1%。其中城鎮居民可支配收入為 43,834 元人民幣，農村居民人均可支配收入 17,131 元人民幣，扣除價格因素，與上年相比分別增長 3.5% 與 6.9%[3]，可見城鄉居民人均收入比繼續縮小。更為矚目的是，中國在 2020 年底完成「脫貧」任務。從 2014 年確定貧困縣名單開始，至 2020 年 12 月，在這七年時間內，全國 832 個貧困縣全部脫貧，其面積總和佔全國國土面積的一半，中國貧困發生率從 10.2% 降至 0.6%[4]。在這些脫貧地區，教育、醫療和住房等公共服務水準大幅提升，為滿足人民需求做出重要貢獻。這些脫貧人口是醫療市場穩定增長的重要驅動力。中國擁有 14 億的巨大人口基數、穩定持續的經濟發展狀況、日益提高的人民可支配收入以及預期的老齡化狀況，醫療健康市場潛力巨大。同時，中國醫療未完全滿足的臨床需求眾多。這些基本因素使中國成為全球增長最為快速的區域。

2　www.mckinsey.com. 2019. McKinsey Global Institute. China and the world: Inside the dynamics of a changing relationship.

3　http://www.gov.cn/xinwen/2021-01/18/content_5580658.htm. 2021. 中華人民共和國，中央人民政府：2020 年國民經濟穩定恢復，主要目標完成好於預期。

4　2021. 中國日報，中國日報網評：中國脫貧成果惠及世界。

二　中國法規監管的改革極大推動了行業創新發展與國際化進程。

　　生物製藥及生命科技領域是一個比較特殊的行業，其特點就是在全球都受到政府的嚴格監管。政府的法規監管措施與當地的行業發展有密切聯繫。自 2015 年，中國國務院與國家藥品管理監督局陸續出台政策，或者「徵求意見稿」以解決藥品註冊中出現的各種問題，並且與時俱進地探討前沿性治療方法。國家藥品管理監督局藥品審評中心（Center For Drug Evaluation，CDE）擴充審評渠道、增加招聘審評人員、強化審評項目管理、提高申請效率。時至今日，中國曾經的藥品註冊申請積壓嚴重的問題已經基本得到解決。2018 年《接受藥品境外臨床試驗數據的技術指導原則》發佈，以順應藥品境內外同步研發的趨勢，加快藥品在中國上市的進程。在 2019 年 8 月，《中華人民共和國藥品管理法》[5] 迎來了首次重大修改，這是自 1984 年首次在第六屆全國人民代表大會上通過後第一次全面修訂。此修訂反映了中國藥品管理經驗的總結，也體現了中國監督管理與國際，尤其是發達國家，藥品管理的接軌，例如：明確藥品上市許可持有人制度 [6]（Marketing Authorization Holder，MAH），實施臨床試驗備案制等。

　　國家藥監局的持續改革極大地促進了中國創新藥品及器械的上市效率，對於行業創新意義非凡，例如：2016 年，中國新藥平均上市時間比歐洲及美國慢八年；在 2019 年，平均上市時間已縮短至五年 [7]，甚至個別突破性創新藥品的審批時間已經縮短到一年以下。這些數據足以說明中國醫藥監管與全球領先的醫藥監管體系對接決心與進步。

　　值得強調的是，2020 年修訂的《藥品註冊管理辦法》出台，其中正式

5　自 1984 年，《中華人民共和國藥品管理法》首次在第六屆全國人民代表大會上通過，在 2001 年第一次修訂，之後在 2013 年，2015 年又有兩次修訂。

6　指藥品研發機構、生產企業等主體單獨或聯合提出藥品上市許可申請並獲得上市許可批件，並由該等藥品上市許可持有人對藥品質在其整個生命週期內承擔主要責任的機制。該制度下上市許可持有人和生產許可持有人可以是同一主體，也可以是兩個相互獨立的主體。

7　www.med.sina.cn. GBI，中國 2019 年新藥獲批報告：穩中有進，變中提質。

提出四種「藥品加快上市註冊程序」，對於中國藥品創新起到重大推進作用。這四種程序是：「突破性治療藥物程序」、「附條件批准程序」、「優先審評、審批程序」和「特別審批程序」。相比較而看，新《藥品註冊管理辦法》借鑑了歐美的審批經驗，並且有所改進。

突破性治療藥物程序：適用於藥物臨床試驗期間，用於防治嚴重危及生命或者嚴重影響生存品質的疾病，且尚無有效防治手段或者與現有治療手段相比有足夠證據表明具有明顯臨床優勢的創新藥或者改良型新藥等。在此程序下，審評人員在臨床早期階段與申請人進行密切溝通交流，加速藥物研發和審評速度。

附條件批准程序：藥物臨床試驗期間，如：1/ 治療嚴重危及生命，且尚無有效治療手段的疾病的藥品，藥物臨床試驗已有數據證實療效，並能預測其臨床價值的；2/ 公共衛生方面急需的藥品，藥物臨床試驗已有數據顯示療效，並能預測其臨床價值的；3/ 應對重大突發公共衛生事件急需的疫苗或者國家衛生健康委員會認定急需的其他疫苗，經評估獲益大於風險的；可以申請此程序。納入此審批程序的藥品，替代終點或中間臨床終點可作為依據提交上市申請，以縮短產品上市的時間。藥品上市後，申請人要依據承諾在規定時限內完成完整臨床試驗，補充申請材料，逾期未按要求完成的且無合理理由的，藥監局將按程序註銷商品註冊證書。

優先審評、審批程序：藥品上市許可申請時，如：1/ 臨床急需的短缺藥品、防治重大傳染病和罕見病等疾病的創新藥和改良型新藥；2/ 符合兒童生理特徵的兒童用藥品新品種、劑疾病預防、控制急需的疫苗和創新疫苗；3/ 納入突破性治療藥物程序的藥品；4/ 符合附條件批准的藥品；5/ 國家藥品監督管理局規定其他優先審評審批的情形。納入此程序的藥品，藥品審評中心會優先配置資源審評，目標審評時限會縮短。

　　特別審批程序：在發生突發公共衛生事件的威脅時，以及突發公共衛生事件發生後，國家藥品監督管理局可以依法決定對突發公共衛生事件應急所需防治藥品實行特別審批。對納入特別審批程序的藥品，可以根據疾病防控的特定需要，限定其在一定期限和範圍內使用。

　　這四種加快審批的程序體現了中國藥物監管向國際先進程序學習的決心，也進一步推動了中國醫藥創新。相比較，美國 FDA 也有四種加快審批的程序（Expedited programs），分別為 "Fast track designation"、"Breakthrough therapy designation"、"Accelerated approval designation" 及 "Priority review"。

　　Fast track designation: 此程序在 1997 年確立，是為促進嚴重病症（Serious condition）並且為未滿足的醫療需求（Unmet medical need）的藥物研發。「嚴重病症」涵蓋嚴重危及生命或者嚴重影響生存品質的疾病，或者如果不進行治療就會發展成嚴重狀況的疾病。愛滋病、阿茲海默症、心衰、癌症、癲癇、抑鬱、糖尿病等都可以歸入此類。「未滿足的醫療需求」則指治療尚無有效防治手段的疾病的療法，或者現有治療手段相比有明顯優勢的療法，在藥品 IND 之後可申請。

　　Breakthrough therapy designation: 此程序在 2012 年確立，是促進嚴重病症並且已有初步證據在臨床重要終點，體現與現有治療手段相比，有重大改善的藥品研發。藥品需要有一定臨床數據後才可以申請，FDA 建議不晚於臨床 II 期結束與 FDA 的交流會議時間申請。

　　Accelerated approval designation: 此程序在 1992 年確立，是為促進嚴重病症，並且為未滿足的醫療需求的藥物研發。納入此審批程序的藥品，替代終點（Surrogate endpoints）可作為依據提交上市申請，以縮短產品上市的時間。申請人要依據承諾在規定時限內完成完整臨床試驗，補充申請材料，逾期未按要求完成的、並且無合理理由的藥品，商品註冊證書會被註銷。

Priority review: 此程序在 1992 年確立，為促進相比於現行手段，療效或者安全性優異的療法、診斷方法，或者預防手段的發展。在標準程序下，FDA 在新藥註冊流程上需要十個月時間。此程序下，FDA 會投入更多資源與關注，並且可在六個月內做出審評答覆。

而歐盟的 EMA 也有四種常用的加速審批程序，分別是 "Priority medicines（PRIME）"、"Conditional marketing authorization"、"Accelerated assessment" 及 "Exceptional circumstances"。

PRIME: 自 2016 年起實行，為促進發展未滿足的醫療需求的療法，例如相比於現有療法有很大優勢的新療法，或者暫無治療方案的疾病療法等。此程序的申請需早期臨床數據，納入此程序的藥品，會同時得到 Accelerated assessment 的資格。EMA 會投入更多資源支援其發展，並且加快其審評速度。

Conditional marketing authorization: 此程序為促進發展未滿足的醫療需求，包括預防、治療或者診斷可使人嚴重衰弱或者危及生命的疾病（此類包含符合此條件的孤兒藥）和突發公共衛生事件。在此程序下，需要有確證性的臨床試驗數據，但是提供數據與一般程序相比可以略欠完備，而數據顯示，即使在數據欠缺的情況下，讓藥物立即上市的益處大於風險。此程序可發給藥物一年的上市期，之後每一年需要更新申請，直至藥物拿到標準上市批准。

Accelerated assessment: 此程序為促進對有利於重大公共衛生利益，尤其是創新醫療的發展。此程序下，EMA 會集中更多資源進行審評，將原有的新藥註冊流程的 210 天，縮短為 150 天。

Exceptional circumstances: 此程序為專門處理一些極為特殊的情況，從實際情況或者人道主義上，看不太可能得到標準完整的臨床試驗數據。在這些特殊情況下，即使沒有完整臨床試驗，療法依舊可能被批准上市（此類包含符合此條件的孤兒藥）。

三　中國醫保目錄更新頻率加快，是創新產品重大利好因素。

在國際上主要國家，政府一般是全民醫藥健康產品及服務的最大客戶，並且主要以報銷目錄的形式來體現其強大購買力及市場影響力。在 2009 年到 2017 年近十年時間，中國醫保目錄沒有過更新。這就意味着，這段時期內新批准上市的創新藥品，無法通過醫保系統報銷，使用費用完全由患者承擔。這嚴重影響企業創新意願及創新產品上市的進度，涉及不只是 MNC，也包括中國本地企業。自 2017 年至今，醫保目錄已經更新三次，最近一次在 2020 年。這次醫保目錄更新，將四種新批准的中國國產治療癌症的 PD-1 單抗納入。它們分別是恆瑞醫藥（600276.SH）的卡瑞利珠單抗、百濟神州（06160.HK）的替雷利珠單抗、信達生物（01801.HK）的信迪利單抗和君實生物（01877.HK）的特瑞普利單抗。制度性更新醫保目錄，並將創新產品積極納入報銷體系，不但有利於中國公民的健康，也使企業享受到應得的創新投資回報。

「帶量採購」政策促使藥價格降低，尤其是仿製藥的價格回歸合理水準。這項舉措對於創新藥發展是機遇與挑戰並存。2019 年，國家醫保局印發《關於做好當前藥品價格管理工作的意見》，明確堅持「帶量採購、量價掛鈎、招採合一」的方向，這項舉措使得中標藥品平均降價約 50%。在藥品集中採購的模式下，價格壓縮幅度較大。同種藥物有較多產品選擇的仿製藥類，因為競爭激烈，議價能力不強，受到的衝擊更大。企業僅靠經營仿製藥就可以獲得較大利潤的可能性大大降低。同時，如果創新藥進入醫保目錄，藥品進入市場的銷量將有所保證，有利於創新藥的投資回報，也激勵企業加大創新力度。另一方面，即使是創新藥，熱門治療領域及作用機制的同質化也比較嚴重，例如：國產 PD-1 抗癌藥，就至少有四種已經上市，更多產品依然處在臨床階段，或者等待上市批准。同類創新藥也會面臨競爭，導致企業議價能力有限。如果價格太低，可以預見，新藥銷售收入則很

有可能無法覆蓋為此研發而耗費的成本，這樣反而打擊企業對於新藥研發的積極性。面臨機遇與挑戰，創新公司可以嘗試拓展競爭較少的領域，開發自有創新的研發管線，增強自身議價能力，爭取在國內市場獲得合理投資回報。另一方面，中國企業可以積極開拓國際市場，在其他國家進行臨床試驗，銷售產品獲得收入，作為投資回報的另一路徑。

四　中國國家食品藥品監督管理總局以監管機構成員的身份「有條件」加入人用藥品註冊技術要求國際協調會議[8]（ICH）。

這個舉動對於推動中國融入更大的市場是積極舉措，同時，也意味着中國企業必須面臨全球競爭。

ICH 最早由美國、歐盟與日本發起，並由這三方的藥品監管機構、製藥企業及其管理機構組成，之後其影響力逐漸擴大，加入 ICH 的國家和地區日益增多。至今，ICH 的成員代表世界上銷量和用藥量最大的國家和地區，包括中國、美國、歐盟、日本、加拿大、韓國、瑞士、巴西。ICH 成立的目的是在國際上，努力構建統一的藥品註冊規範準則，使得新藥申報趨於一致，以此來減少同一藥物在全球不同地區上市時可能發生的重複試驗和申報，以減少不必要的資源浪費，促進藥物上市。ICH 是一個促進全球新藥研發互認的機構，加入 ICH 的國家和地區承諾在管轄區內推行 ICH 所要求的原則指南，包括通用的規範臨床試驗章程（Good Clinical Practice，GCP）、通用的規範生產要求（Good Manufacturing Practice，GMP）和藥物穩定性測試（Stability testing），以及根據自身情況，努力促進 ICH 鼓勵使用的國際標準，例如：關於藥物安全性及有效性相關要求等。推行 ICH 的國際標準，最為直觀的影響就是不同國家與地區間的數據互認，尤其是臨床

8　英文名為 International Council for Harmonization。

數據互認與生產數據互認，使得藥物進入不同國家與地區的壁壘降低，速度變快。需要説明的是，ICH 推動新藥研發互認，數據雖然相互認可，但是是否批准藥物上市的決定權依舊掌握在各國各地區藥物監管機構的手中。

值得指出的是，在 ICH 成員國中，中國及巴西是少有的發展中國家；其他均為主要製藥強國，例如：美國、歐盟、日本。中國企業的競爭不具備優勢。同時，中國也必須認可這些成員國的研發數據。因此，被成員國批准的藥物進入中國市場的速度會加快。短期內，加入 ICH 對中國醫藥行業的衝擊真實存在；長期內，加入 ICH 利好中國醫藥行業的進步與國際化。而且，中國是「有條件」加入 ICH，給中國監管機構和行業提供一定的緩衝期。在融入 ICH 過程中，中國藥品監管機構在政策、體制與法規幾個方面都要有所改變、需要細化監管要求、提高監管能力與效率。中國企業需要努力達到更高標準，尤其是臨床試驗與生產方面的系統性提升。加入 ICH 後，中國參加國際多中心臨床試驗項目數量將會增長。同時，新藥的註冊上市數量也會增加，利好 CRO 行業。

目前，國際上各國經濟形勢發展前景複雜、地緣政治矛盾激化、極端民族主義及種族主義盛行，這對於國際合作及 ICH 的正常運行都有影響。中國加入 ICH，與中國在 2001 年加入世界貿易組織（World Trade Organization，WTO）較為相似。如果全球化可以順利發展，在不久的將來，中國對於全球（包括發達國家及發展中國家），預計可以貢獻價廉質高的創新藥品。

五 華人華裔科學家為推動全球健康醫療行業發展做出傑出貢獻。
現在，許多人在中國實現了創業夢想。

　　人才是生命科技發展的第一要素。在過去 100 年，優秀的中國學生學者，遠赴重洋，在海外留學工作。在 1949 年以後、到 1978 年中國改革開放之前，主要是來自台灣及香港的華人遠渡重洋。中華民族恭謹、勤奮的傳統使得一批華人華裔在科技界成為翹楚，例如：Epogen® 的重要貢獻者，林福坤博士；有的華人華裔在製藥界取得巨大成功，例如：Watson Pharma 的創始人 Allen Chao 及 David Hsia。在中國改革開放以後，大批來自中國大陸的學生到美國、英國、德國等發達國家留學及進修。那時候，中國大陸同這些國家的經濟差距巨大，許多學生都勤工儉學，在試驗室裏打工。在選擇職業時，為了生存，盡量選擇本地人不太願意做的、比較辛苦的工作，這樣就比較容易被錄取，獲得在當地居留身份。那時，生物學 (Biology) 及電腦科學 (Computer Science) 是中國留學生的熱門選項。30 年以後，生物學演變成為生命科技；電腦科學演變成為 Telecommunications, Media and Technology (TMT)。現在，在世界上幾乎任何優秀的生命科技試驗室、研究所與公司都有華人科學家的身影，他們有的甚至是團隊中的中流砥柱。華人科學家為世界生命科技的發展做出了傑出貢獻。

　　過去十年，中國大陸地區經濟增長以及生活水準大幅提高，歸國工作、生活對華人華僑的吸引力增加。許多旅居異國、有深厚知識與經驗的科學家成為中國與海外溝通的紐帶與橋樑。有的科學家選擇歸國創業，已經創立了發展迅速的生命科技公司。有的科學家選擇在海外創業，到中國開展業務。本書所舉的細分領域的各個優秀公司，其創始人或者首席科學家基本都在歐美工作、生活過。他們以科技實力、成為行業翹楚的決心與毅力，在資本市場開創出一片天地。

過去十年，一些帶有種族主義色彩的美國政客及媒體的傲慢、狂妄及無知，肆無忌憚地攻擊華人及中國，使得美國社會對華人華裔的態度日益負面，甚至有排斥傾向。美國 Trump 政府更是明裏暗裏打壓華人華裔在美國的生活與發展。不久前，就被媒體曝光美國聯邦調查局（Federal Bureau of Investigation，FBI）造假誣陷華人科學家為間諜。華人科學家已經成為美國白人至上種族主義者的污衊針對的目標，這是人類社會文明的退步。相反，中國各地政府都以開放友好，甚至求賢若渴的態度和優異的條件吸引海外歸來的人才落地。不可避免地，有更多的華人華僑科學家、企業家選擇回到中國工作。在中國，他們可以比較容易融到風險投資、得到地方政府的支持、創立的公司在香港或者上海資本市場上市，實現人生夢想，體現人生價值。

值得引以為豪的是：根據 Nature Index 統計，在 2019 年，全球最高水平的科學自然研究發表論文最多的十個國家中，中國名列第二，僅次於美國。而中國在這一年的貢獻與 2018 年相比增加了 15.4%[9]。從趨勢判斷，中國非常看重科研發展，並且一直在持續為之投入、為之努力。即使現在存在一些問題，發展過程曲折，進步大勢所趨。

六　資金大量注入中國生物製藥及生命科技領域。中國大陸科創板與香港 Chapter 18A 的啟動使創新投資的閉環得以完成。

生物製藥及生命科技公司在發展的各個階段都需要資金的支持，不論是從資本市場獲得，還是從聯合開發的合作夥伴取得。國際統計數據[10]顯示：2009-2018 年間，一款創新藥從早期的藥物發現開始，經過藥物發展及

9　Natureindex.com. Nature Index. 2020. The 10 leading countries in natural-science research 2020.

10　此數據未有在業內達成共識，推薦閱讀："The Truth about the Drug Companies: How They Deceive Us and What to Do about it" by Marcia Angell。

臨床試驗，走進商業化市場大約需要超過十年時間，研發費用平均超過 13 億美元。並且，研發藥物成本與藥物種類及適應症也有關。其中，神經系統疾病藥物類的研發費用中位數約為 7.7 億美元，研發抗腫瘤及免疫調節劑類藥品的研發費用中位數則約為 27.7 億美元。從早期藥物發現開始，到被監管機構批准上市的成功率低於萬分之一。即使從候選藥物進入臨床 I 期後開始統計，能最後通過審評進入市場的總成功率也不足 10%。

　　研發階段公司沒有穩定收入，債權融資可行性不高，難以解決長期資金需求的問題。於是，通過股權方式募資就成為了最優的解決方案。在 2020 年前八個月，全球在生命科技領域總募資額至少 870 億美元。其中，通過 IPO 募資金額為 132.5 億美元；通過後續融資或者借款方式募資為 377.2 億美元 [11]。在世界範圍內，投資者看好健康醫療領域。在 2019 年，美國的生物科技公司佔世界此類公司的 53%，卻佔據全球生物科技融資超過 75% 的份額，依然是最能吸引投資的地區。

　　值得注意的是中國在生物製藥及生命科技融資方面的快速增長：香港聯交所 18A 章與上海科創板的開啟，即吸引中國本土資本機構熱情高漲地積極參與投資，也引起部分國際投資機構的密切關注及參與。中國生命科技領域市場價值超過 1,400 億美元，是世界上僅次於美國的第二大市場。中國醫療行業 2020 年全年的私募融資、併購交易以及 IPO 突破 450 億美元 [12]。在藥品及生物科技領域，私募融資發生交易 243 起，同比增長超過 100%，總融資金額超過 107 億美元，同比增長約 190%；併購交易方面，共 15 起，同比上升約 15%，總交易金額近 8 億美元，同比下降約 25%；IPO 方面，共有超過 50 家企業上市，融資總金額超過 147 億美元，同比增長約 100%。在醫療器械領域，私募融資交易總融資金額超過 24 億美元，同比增長 300%；併購交易總融資約 3.6 億美元，IPO 融資超過 22 億美元，

11　www.DecisionResponcesGroup.com. 2020. DRG. Biotech's resilient response to 2020: Investments in biopharma hit record highs while R&D activity and deal-making remain robust.

12　2021. 華興資本 2020 年全球醫療與生命科技報告：盛宴開啟，以創新升級應對萬變挑戰。

同比增長 112%。在診斷與體外診斷 (In Vitro Diagnostic ，IVD) 領域，私募融資超過 40 億美元，同比增長 219%；併購交易金額約 5 億美元，同比上升 64%；IPO 融資超過 13 億美元，同比增長 282%。

中國資本市場的兩大舉措加速生命科技領域創新發展：開啟中國香港 Chapter 18A、開啟中國上海科創板。

香港交易所 Chapter 18A

香港交易所在 2018 年的《上市規則》修改中，加入了第 18A 章，允許未符合主板財務資格要求的生物科技公司赴香港上市，意味着，未盈利的生物科技公司可以登陸香港進行 IPO。通過第 18A 章上市的公司股票，其名稱後帶有「-B」作為標識。

自 2018 年的香港交易所的上市改革，現在香港已成為亞洲最大、全球第二大的生物科技融資中心。截至 2021 年 6 月 30 日，有 67 家醫療健康公司在香港交易所上市，共募資 2,090 億港幣。而其中有 33 家為未有收入的生物科技公司，通過第 18A 章上市，募資金額為 870 億港幣[13]。僅 2021 年上半年，已有超過 50 家醫療健康和生物科技公司向港交所提交 IPO 申請，其中包括 19 家 18A 章的發行人。需要強調的是，香港交易所的改革彰顯了資本市場在生物科技發展的正面影響力，促進了生物科技行業在研發及創新上的投入。截至 2020 年底，18A 公司的研發成本年複合增長率平均為 64%。曾以 18A 章作為未盈利公司上市的百濟神州、信達生物、君實生物經營收入已達到相當規模，因此，摘除「-B」。

13　https://www.hkex.com.hk/Join-Our-Market/IPO/Listing-with-HKEX/HKEX-in-Biotech?sc_lang=en.
　　Global Markets Asia Timezoon HKEX, 2021. HEWX in Biotech Issue No.6.

上海科技創新板

中國上海證券交易所科創板 (Science and Technology Innovation Board，STAR Market) 在 2019 年啟動，獨立於現有主板市場。科創板明確要求上市企業應「面向世界科技前沿、面向經濟主戰場、面向國家重大需求」，「優先支持符合國家戰略，擁有關鍵核心技術，科技創新能力突出，主要依靠核心技術開展生產經營，具有穩定的商業模式，市場認可度高，社會形象良好，具有較強成長性」[14]。科創板組成是以科技含量較高的企業為主，目標是為科技創新企業提供資本服務。在科創板上市的公司主要集中在生物醫藥、生命科技、新能源、新材料等新興領域。截至 2021 年 3 月，科創板上市公司有近 240 家。

與健康醫療相關的行業，在 2020 年共有 45 家公司在 A 股上市，募資約 635 億元人民幣，其中有 30 家公司在科創板上市，募資約 490 億元人民幣[15]。從上市公司數量、募資金額，科創板都受到醫療行業公司的青睞，因為制度設計包含了接受未盈利的生物製藥及生命科技企業上市，顯著提高了中國資本市場對創新領域的包容性。

香港與上海

香港聯交所率先改革，在 2018 通過允許未盈利生物科技企業上市的規章，極大地吸引優秀生物科技公司赴香港上市。上海交易所緊隨其後，在 2019 年設立科創板，同樣允許未盈利生物科技公司上市。兩地交易所同時為優秀科技創新企業打開上市的大門，並且各有特色，合作大於競爭。

14　Csrc.gov.cn. 中國證券監督管理委員會 . 2019. 科創板首次公開發行股票註冊管理辦法（試行）。
15　2021. 華興資本 2020 年全球醫療與生命科技報告：盛宴開啟，以創新升級應對萬變挑戰。

不同生物科技企業的股東結構不同、偏好不同、產品市場不同，有的公司偏向在香港上市，有的公司偏向在上海上市。有的公司嘗試，並且成功在香港、上海兩地上市。上海及香港，更多的是互補與合作，而不是競爭關係。

圖表 1：2020 全球生命科技 IPO 募資總額排名前十公司 [16]

公司	募集總額 （百萬美元）	日期	交易地點
榮昌生物	591	11 月 9 日	香港
AbCellera Biologics	555	12 月 15 日	納斯達克
雲頂新耀	519	10 月 8 日	香港
傳奇生物	487	6 月 5 日	納斯達克
Relay Therapeutics	460	7 月 15 日	納斯達克
嘉和生物	402	10 月 6 日	香港
康方生物	383	4 月 23 日	香港
德琪醫藥	366	11 月 19 日	香港
甘李藥業	360	6 月 28 日	上海
Atea Pharmaceuticals	345	11 月 3 日	納斯達克

七　中國生物製藥及生命科學領域在全球業務拓展中嶄露頭角。

「業務拓展」（Business development）在中國過去十年逐步演變，進步顯著。生物製藥及生命科技領域公司（包括藥品、器械、治療方法等）的核心價值在於產品管線（Pipeline）。具備豐富的創新性產品管線是全球這一領域公司面臨的共同目標。產品管線的來源只有兩個方式，一個是自行研發；

16　數據來源為 Biocentury BCIQ。

一個是業務拓展，暨尋求外部合作。自行研發已經成為「瓶頸」，主要問題是研發週期長、費用極高、失敗率高，即便被監管部門批准上市的創新藥品中的大部分都無法到達預期的最高銷售峰值[17]。於是，產品引進就是一個選項。尤其在過去 20 年，生物製藥及生命科技公司崛起，並且蓬勃發展。傳統的以化學藥為主的製藥公司（Big Pharma）與創新型初創企業（Biotech start-ups）之間的交易迅猛增長。鑒於此，大多數有實力的企業都會一定程度上既自行研發，又進行業務拓展。

在中國生物製藥及生命科學領域，業務拓展的概念十多年前來自跨國製藥公司。行業人員最初的認知也比較膚淺，伴隨着整個行業對於創新的迫切需求，以及整體創新生態的改善，業務拓展的價值得到證明。各位專家對於「業務拓展」的理解及定義也不盡相同。在行業內，有一本廣泛閱讀的書籍《跟併購專家學習業務拓展》[18]，作者為 Martin Austin，相對系統地闡述醫藥行業業務拓展的概念與內涵。鑒於過去 20 年，行業已經發生深刻變化，筆者作為中國最早一批做醫藥業務拓展的專業人士，在這裏表達自己的理解及觀點。業務拓展的目的是滿足公司戰略發展需要，以豐富產品線數量或者提升產品線價值為手段，通過產品引進（License-in）、產品輸出（License-out）、業務合作（Partnership）、股權投資（Investment）等方式，最終是提升企業的市場價值（Market value）。業務拓展需要公司的 CEO 親自關注、高度重視，因為往往涉及比較大的交易金額或者是重要的合作夥伴。業務拓展需要各相關部門高度配合，需要企業有較強的執行力及團隊合作精神。在衡量產品引進或者輸出的價值時，一般包括首付款、里程碑付款、銷售分成及總金額幾部分。首付款的金額大小是比較重要的衡量標準，有的公司為了做市場宣稱，只公佈所謂的交易「總金額」，而不公佈「首付款金額」。另一個關鍵指標是公司是否按照里程碑的進度按時獲得款項。

17 Biopharma Launch Trends — Lessons Learned From L.E.K.'s Launch Monitor.

18 Austin, M. (2008). Business Development for the Biotechnology and Pharmaceutical Industry (1st ed.). Routledge. https://doi.org/10.4324/9781315570587.

以下將分別介紹中國生物製藥及生命科技領域中產品輸出（License-out）、產品引進（License-in）、業務合作（Partnership）、股權投資（Investment）方面具有代表性的案例：

產品輸出

1. BCMA CAR-T 領域

- **傳奇生物 Legend Biotech（LEGN.US）**

傳奇生物本身就是中國生命科技領域的一個傳奇。傳奇生物是香港 CRO 上市公司「金斯瑞生物科技」（01548.HK）的非全資子公司，於 2020 年 6 月份分拆在美國上市。IPO 當日漲幅超過 70%，市值超過 50 億美元。公司致力於發現及開發用於腫瘤和其他適應症的新型細胞療法。

傳奇生物與美國強生公司的合作，是當時中國公司在 License-out 的合作中獲得的最好交易條件。2018 年 1 月，傳奇生物獲得首付款 3.5 億美元，截至 2020 年 12 月，累計收到強生製藥包括預付款及里程碑付款，共計 5.3 億美元。傳奇生物在中國擁有 70% 的權益；在其他國家包括美國擁有 50% 的權益[19]。

傳奇生物的創新性獲得廣泛認可。在中國，2018 年 3 月，傳奇生物的細胞治療 LCAR-B38M 是首個獲得批准進入臨床試驗的 CAR-T 產品；2020 年，是第一個獲得「突破性療法」的創新產品。在美國，JNJ-68284582 是首個被批准的中國自主研發的 CAR-T 臨床試驗，獲得 FDA 的「突破性療法」認證。傳奇生物產品的臨床數據優異，客觀緩解率[20]（Objective response rate，ORR）達到 88%-97%，完全緩解率[21]（Complete response rate，CR）

19　在海外市場，跨國藥企比較強勢，尋求的權益一般超過 50%。
20　是指腫瘤縮小達到一定量並且保持一定時間的病人的比例（主要針對實體瘤），包含完全緩解（CR，Complete Response）和部分緩解（PR，Partial Response）的病例。
21　所有靶病灶消失，無新病灶出現，且腫瘤標誌物正常，至少維持四週。

達到 67%-82%，顯著優於已上市的藥物以及其他在研究的 BCMA CAR-T 產品。這個產品有望成為細分領域的全球 Best-in-class。

2. 抗體生物製藥

PD-1 領域

免疫治療是癌症治療方法的突破，也是近幾年研發、投資、市場的熱點。其中，PD-1 及 PD-L1 是市場份額最大的免疫腫瘤治療方法。2014 年，全球第一款 PD-1 藥品，施貴寶製藥的 Opdivo® 問世；2015 至 2019 年，這一領域的符合增長率為 96%，成為歷史上最暢銷、問世最快的腫瘤治療藥物。

截至 2020 年底，美國 FDA 批准 6 款 PD-1 或者 PD-L1 藥品。中國 NMPA 批准 8 款 PD-1 或者 PD-L1 藥品，另有 54 款處於臨床試驗。這類藥品被廣泛使用於不同適應症，並且大量臨床試驗在驗證這類藥品同細胞療法、病毒療法、其他治療癌症藥品聯用的有效性。同時，這一領域競爭過於激烈，後面被批准的藥品基本沒有回收投資的可能性。中國的生物製藥公司在擴大適應症、加快臨床試驗的進度、尋求市場差異化的同時，積極開拓海外市場，並且獲得較好的收穫。截至 2021 年 2 月，在中國最早被批准的四款國產 PD-1 均達成產品輸出的協議。其中，全球行業領導者瑞士諾華製藥支付百濟神州的首付款為 6.5 億美元。這意味着，面對全球競爭，在這一領域，中國公司邁出堅實一步。

CD47（Lemzoparlimab）

• 天境生物（IMAB.US）

創立於 2016 年，聚焦於腫瘤免疫及自身免疫系統的創新生物藥早期發現、藥物開發及商業化，填補重大的未滿足的醫療需求。公司針對中國及美國市場，根據實際情況採取不同的開發策略，取得非常好的結果。

在中國，有 5 個產品處於臨床試驗階段；在美國，有 3 個產品處於臨床階段。公司市場價值自從在美國納斯達克上市以來，一直在穩步增長，達到 60 億美元。

天境生物自主研發的靶向 CD47 的全人源 IgG4 亞型單抗，在保存有效抗腫瘤的活性同時，保留與正常紅細胞的結合非常微弱，且不產生凝血作用。這將減少抗體注射後引起的貧血不良反應。2020 年 9 月，公司與全球生物製藥領導者之一 AbbVie 簽署協定。AbbVie 支付天境生物 1.8 億美元首付款，交易總金額達到 19.4 億美元。

3. 小分子抗癌藥

- **加科思（01167.HK）**

創立於 2015 年，主要研發難成靶點的抗癌藥。創始人王印祥博士在美國耶魯大學從事博士後研究，2003 年回到中國參與創建浙江貝達藥業（300558.SZ）。他主持完成的中國一類新藥凱美納®，是中國第一個小分子靶向抗癌藥，獲得國家科技進步一等獎。2020 年 5 月，公司同 AbbVie 達成超過 8.55 億美元的戰略合作協議，雙方共同開發及商業化加科思自主研發的 SHP2 抑製劑。這是中國自主研發的小分子抗癌藥向海外專利授權金額最大的交易之一。

2020 年 12 月，加科思在香港聯交所上市。2021 年 3 月，被納入恒生綜合指數，並且進入港股通交易名單。

4. 抗體藥物偶聯物（ADC）

- **榮昌生物（09995.HK）**

2021 年 8 月，榮昌生物宣佈與 Seagen 公司達成獨家全球許可協定，以開發及商業化抗 HER2 ADC 藥物維迪西妥單抗。榮昌將繼續在包括大中華區、亞洲所有其他國家（日本、新加坡除外）的開發和商業化，而 Seagen 將獲得以上許可地區之外的全球開發和商業化權益。該項交易中，Seagen 將付出 2 億美元首付款 + 最高 24 億美元里程碑付款，並向榮昌生物支付根

據該藥物在 Seagen 地區銷售的金額計算的特許權使用費，以及累計銷售淨額的高個位數至百分之十幾的比例提成。

產品引進

- **再鼎醫藥（09688.HK）**

　　傳統的醫藥行業產品引進，一般涉及一個藥品或者幾個藥品。再鼎醫藥改變了遊戲規則，通過一系列的產品引進，以及核心能力構建，在短時間內成為一家傑出的生物製藥公司。再鼎醫藥在美國納斯達克及香港兩地上市，市值合併超過 200 億美元。

　　從 2014 年 8 月到 2021 年 1 月，再鼎醫藥至少簽訂 20 項產品引進或者業務合作的協定，涉及癌症、呼吸道系統、抗生素等多個治療領域，協定覆蓋大中華地區或者全球。其中，2016 年，再鼎醫藥與 TESARO 公司簽訂合約，獲得 Niraparib 在中國地區的獨家研發及銷售權。2017 年 3 月，這個藥品被美國 FDA 批准上市，商品名 Zejulo®，是首個無需 BRCA 突變或者其他生物標準物檢測就可用於治療的 PARP 抑製劑，適用於治療卵巢癌。

　　再鼎醫藥針對中國市場巨大的未滿足臨床需要：在海外，篩選臨床後期產品，獲得在大中華區的開發、銷售等權利。在中國，利用臨床資源，加快審批過程，將產品快速推出，既滿足患者需要，又構建較強的競爭壁壘。截至 2021 年 1 月，Zejulo® 及 Optune® 已經在中國批准上市。

　　再鼎醫藥的非凡成就對於中國生物製藥及生命科技行業是一種改變，更多人意識到通過業務拓展可以造就一家上市公司。以業務拓展為核心的商業模式是需要通過構建一系列能力得以實現，這些能力包括：對於行業的判斷能力、融資能力、在中國臨床開發能力、商業推廣能力。其他的一些公司也按照這種模式，通過前期引進項目的形式，充分利用香港 18A 的政策優勢，在短時間內完成從公司創立到資本市場首次公開上市的全過程，例如：雲頂新耀（01952.HK）。

業務合作

　　自從上世紀 80 年代，全球醫藥行業的 MNC 開始進入中國。他們帶來眾多創新藥品、器械等產品，利用專業化市場推廣與銷售教育醫生、護士、患者。這些 MNC 對於中國醫藥行業的發展做出巨大貢獻，同時，它們在中國也獲得較好的收益。這些 MNC 利用創新藥品管線豐富的優勢，僱用大批銷售代表，在醫院、藥店推廣藥品。但是由於中國面積太大、人口太多，對於任何一家企業覆蓋全國來推廣藥品都是挑戰。一般跨國製藥公司採取的策略是在核心市場及重點區域，使用自己的銷售代表；在非核心區域或者非重點區域，則與其他公司 (主要是合同銷售組織[22]) 合作完成。近幾年，一方面，跨國企業也面臨創新藥品專利到期、產品管線枯竭的問題；另一方面，中國企業在一些治療領域有了長足進步，開始擁有創新產品，但是市場推廣及銷售力量相對薄弱。於是就出現了中國企業銷售核心市場，跨國企業銷售非核心市場的現象，例如：阿斯利康中國與君實生物於 2021 年 2 月 28 日達成協議，針對君實生物的 PD-1 單抗藥物拓益®，在中國大陸擁有非核心市場的推廣權；在後續獲得批准上市的尿路上皮癌適應症，獲得全國獨家推廣權。

22　Contract sales organization (CSO).

圖表 2：2020 全球 MNC 的中國區業務收入情況[23]

排名	MNC	中國業務年收入同比增長（%）	中國業務佔全球業務收入比例（%）
1	Astra Zeneca	10	20.2
2	MSD	15	8.2
3	Roche	8	7.1
4	Sanofi	-7.7	6.8
5	Novartis	16	5.3
6	Novo Nordisk	9.7	11.1
7	Eli Lily	19	4.6

股權合作

• 百濟神州（06160.HK）與美國安進（AMGN.US）

百濟神州是一家比較特別的生物製藥企業，2010 年創立於北京。公司創始人王曉東博士是美籍華人，另一名創始人 John Oyler 是美籍白人。王博士是著名的科學家，Oyler 從創立公司到將百濟神州做成全球知名企業，證明其卓越的商業能力、資本運作能力。2016 年，公司在美國納斯達克首次公開上市，融資 1.82 億美元。2018 年，公司在香港聯交所首次公開上市，融資 9.02 億美元。2020 年，公司被批准在中國內地上市，成為第一家三地上市的生物製藥公司。

在業務合作方面，百濟神州通過與美國新基生物（Celgene）及安進（Amgen）的合作奠定其在中國市場難以撼動的地位。2019 年 11 月，全球生物製藥的領導者美國安進公司以 27 億美元現金收購百濟神州 20.5% 的股份，雙方達成全球癌症領域戰略合作。

---

23 數據來自各公司年報。

從創始人、股東結構、管理層結構等各個角度，百濟神州都是一家全球性的生物製藥公司，是一家創立於北京的全球性公司，是充分結合中國、美國優勢的企業。這家公司有許多值得借鑑的經驗。

• 基石藥業（02616.HK）與輝瑞製藥（PFE.US）

創立於 2015 年，於 2019 年 2 月在香港上市，產品線包括 15 種癌症領域候選藥物，其中 5 種處於後期，這是一家由基金公司主導成立的生物科技公司。2020 年 12 月，美國輝瑞製藥香港公司作為戰略合作夥伴，投資 2 億美元給基石藥業，約佔 10% 股份，輝瑞製藥獲得基石藥業 PD-L1 抗體舒格利單抗在中國大陸地區的開發及獨家商業化權利。

• 藥明巨諾（02126.HK）與施貴寶（BMY.US）

公司由美國巨諾醫藥 [24]（Juno Therapeutics）與藥明康德於 2016 年 2 月聯合建立於中國上海。Juno Therapeutics 是一家百時美施貴寶公司，因此 BMS 擁有藥明巨諾 18.6% 的股權。2021 年 9 月，公司的產品倍諾達® 成為了中國首款按 1 類生物製品獲批的 CAR-T 產品，亦是全球第 6 款獲批上市的 CAR-T 產品，用於治療經過二線或以上系統性治療後成人患者的復發或難治性大 B 細胞淋巴瘤（r/r LBCL）。

---

24 Juno Therapeutics 是一家歸屬百時美施貴寶（BMS）的公司，藥明巨諾目前擁有 BMS 在亞洲唯一的細胞藥物生產工廠，未來合作會更加廣闊。

八 中國與全球生物製藥及生命科技 MNC 在規模與創新方面的差距。

我們從兩個維度闡述：1、全球銷售排名；2、產品研發創新情況。

全球銷售排名

2020 年全球收入前二十的生物製藥及生命科技 MNC 排名和收入（以美元計）可見下面表格。有的 MNC 的業務比較多元，例如：強生包括製藥（化學及生物製藥）、醫療器械及健康保健業務；羅氏包括製藥及診斷業務。企業年收入至少超過百億美元才有資格入選此列。

圖表 3：2020 年全球銷售收入前二十的 MNC 排名（美元）[25]

	公司	2020 全球收入	2019 全球收入
1	強生（Johnson & Johnson）	826 億	821 億
2	羅氏（Roche）	621 億	654 億
3	諾華（Novartis）	487 億	475 億
4	默沙東（Merck）	480 億	468 億
5	艾伯維（AbbVie）	446 億	333 億
6	葛蘭素史克（GSK）	438 億	433 億
7	百時施貴寶（BMS）	425 億	262 億
8	輝瑞（Pfizer）	419 億	518 億
9	賽諾菲（Sanofi）	411 億	405 億
10	武田（Takeda）	293 億	303 億
11	阿斯利康（AstraZeneca）	266 億	247 億
12	拜耳（Bayer）	257 億	266 億
13	安進（Amgen）	254 億	234 億

---

25 2021 年 Fiercepharma.com. 到 2020 年收入排名前 20 位的生物製藥及生命科學公司。

	公司	2020 全球收入	2019 全球收入
14	吉利德 (Gilead)	247 億	224 億
15	禮來 (Eli Lilly)	245 億	223 億
16	勃林格殷格翰 (BI)	223 億	216 億
17	諾和諾德 (Novo Nordisk)	202 億	196 億
18	梯瓦 (Teva)	167 億	169 億
19	渤健 (Biogen)	134 億	144 億
20	安斯泰來 (Astellas)	115 億	118 億

1. **時代的力量超越人類的想像。**百年一遇的疫情，為行業帶來意想不到的變化：mRNA 疫苗的銷量使得美國輝瑞製藥在 2021 年上半年年報將公司全年收入預期提高至 780 至 800 億美元，而公司在 2020 年收入僅419 億美元；預計新冠疫苗 2021 年收入為 335 億美元。得益於此，輝瑞製藥排名預計將重返全球第一。另外，全球所有與疫情相關的診斷試劑及防護設備產業收入基本翻倍增長。

2. **突破性創新促成行業範式轉移。**突破性 mRNA 技術原本是用於癌症免疫治療，由於疫情突發，才被用作研發疫苗的技術路線。讓人意想不到的是，這項技術不但改變了全球生物製藥及生命科技行業排名，Moderna 和 BioNTech 已經成為全球市值排名前二十的生物製藥及生命科技公司。而且，這項突破性創新技術徹底顛覆了疫苗領域，行業範式發生轉移。

3. **強勁的創新產品線是立業根基。**以羅氏製藥為例：2020 年的銷售額與 2019 年銷售額相比有所下滑，主要原因是其 3 款多年位列全球單一藥品銷售金額前十的抗癌藥赫賽汀 [26] (Herceptin®)、阿瓦斯汀 [27]

---

26 1998 年獲批。

27 2004 年獲批。

（Avastin®）和美羅華®28（Rituxan®）均因生物類似藥物（Biosimilar）進入市場，而遭受比預期更差的銷售。另一方面，公司的創新產品免疫抑制劑抗體藥泰聖奇®29（Tecentriq®），2020 年比 2019 年銷售增長 55%，並且泰聖奇®又有幾項適應症被 FDA 批准，預計該產品銷售會更加強勁。再者，羅氏製藥有三款藥物在 2020 年被美國 FDA 批准，包括：抗癌藥物 Gavreto®、治療脊髓性肌萎縮症的 Evrysdi®、治療視神經脊髓炎譜系障礙的 Enspryng®。值得強調的是，羅氏集團同時擁有全球行業領先的 IVD 業務，因此，公司在癌症精準治療領域具備無法撼動的地位。

4. **併購是擴大銷量的有效方法。** 與 2019 年相比，艾伯維 2020 年的銷售增長了 38%，百時施貴寶同期銷售增長了 63%，都是因為併購。2020 年 5 月，艾伯維以 630 億美元的價格收購了 Allergan，一舉成為全球銷售前五的領導者。百時施貴寶則在 2019 年底併購了新基，新基的抗癌藥物 Revlimid® 僅一個產品在 2020 年就貢獻了 121 億美元的銷售。至於併購以後的 MNC 的長期發展情況如何，只有時間才可以檢驗。

5. **現在還沒有中國企業或者華人創辦的企業可以進入前 20 名。** 中國在生物製藥及生命科技領域具備發展潛力，但必須清醒認識到在全球範圍內依然處於發展的起步階段。回顧歷史：這些傳統 MNC 均有 100 年以上歷史，新興的生物製藥企業也在領域發展初期就奠定領導者地位；它們都得益於全球化；它們都進行產品或者企業併購；它們在至少一個治療領域有競爭性優勢；它們都源自於發達國家。中國生物製藥及生命科技企業將面臨非常曲折的進程，帶有種族色彩的反全球化是其中最大挑戰。

28　1997 年獲批。
29　2016 年獲批。

圖表 4：2020 年全球藥品銷量 Top 20 榜單中，14 種藥品源於併購交易

排名	藥品名稱	企業名稱	併購獲得	前公司
1	Humira®	AbbVie	是	BASF Pharma
2	Keytruda®	Merck	是	Schering-Plough
3	Revlimid®	BMS	是	Celgene
4	Eliquis®	BMS、Pfizer	是	DuPont
5	Imbruvica®	AbbVie、J&J	是	Pharmacyclics
6	Eylea®	Regeneron、Bayer	否	
7	Stelara®	J&J	是	Centocor
8	Opdivo®	BMS、Ono	是	Medarex
9	Biktarvy®	Gilead	否	
10	Xarelto®	J&J、Bayer	否	
11	Enbrel®	Amgen、Pfizer	是	Immunex
12	Prevnar 13®	Pfizer	是	Wyeth
13	Ibrance®	Pfizer	否	
14	Avastin®	Roche	是	Genentech
15	Trulicity®	Eli Lilly	是	Protomer
16	Ocrevus®	Roche	是	Genentech
17	Rituxan®	Roche、Pharmstandard	是	Genentech
18	Xtandi®	Astellas、Pfizer	是	Medivation
19	Tagrisso®	AstraZeneca	否	
20	Remicade®	Merck、J&J	是	Centocor

產品研發創新情況

按照波士頓諮詢的分類 [30]，藥物及治療方法的創新維度分為高、中、低三種情況。

高創新：指使用全新的藥物靶點、全新的作用機制或者使用全新的技術，來研發新的藥物或者治療方法，例如：諾華公司（Novartis）研發 CAR-T 療法使得 Kymriah® 上市；Moderna 研發 mRNA 疫苗。

中創新：指相應的藥物靶點已經驗證，或者技術已經證實可靠，而基於此進行的快速跟進、技術改進、分子修飾、同類最優分子、新聯合療法拓展等，例如：目前中國生物製藥公司研發抗 PD-1/PD-L1 單抗藥物。

低創新：新配方、創新給藥方式、創新製劑、生物類似藥、化學仿製藥等。

西藥與西醫源自於歐洲，伴隨着西方現代工業革命及殖民主義，在美國及日本也蓬勃發展。美國默沙東和日本武田公司等都有超過 200 年的歷史。在 20 世紀 80 年代，歐洲、美國、日本的製藥公司，借助全球化啟動兼併收購、借助資本市場融資、再兼併收購，以及借助規模優勢打擊及消滅競爭對手。

目前，中國企業無論在創新技術、資本雄厚、全球化管理能力都無法與 MNC 比肩。中國生物製藥及生命科技公司鮮有全新靶點或者全新技術；但是欣喜的是，有的公司已經在嘗試高創新，並且獲得較好的結果。多數公司依然會聚焦在中創新的類別，實行「快速跟進」策略，或者通過「產品引進」方式獲取海外有創新性及較好臨床預測的品種授權。這樣的研發管線相對可控、可行性更高、投資風險較低。

中國公司的創新傾向於在中國未滿足的臨床疾病領域。因為人種與生活習慣的差異，有些疾病在歐美的發病率與在中國的發病率有所區別。而

---

30 Boston consulting group (BCG):《中國醫藥創新：崛起之路》。

且，中國人口眾多，相比而言，有些疾病在中國的未滿足臨床需求更大。中國企業在這些有「中國特點」的適應症類型上，研發活動更為活躍。

第三章

不忘初心
方得始終

引言

2016 年，華潤集團嘗試進入生命科技投資領域。筆者及團隊開始思考、研究如何建立一支符合實際情況、投資全球的生命科技風險基金。在本章節，筆者分享當初撰寫商業計劃書時的投資邏輯及行業分析。時至今日，反思過去五年的探索，團隊有收穫，也有不足。在此，筆者希望總結一套有效的生命科技獨角獸投資方法，與讀者分享。

第 5 節
投資邏輯

前言

生命科技領域投資的成功至少需要兩方面的能力構建：

1. **專業能力**：指對於全球行業發展的洞悉力、細分領域的判斷力、投資於快速增長區域、在行業內的經驗積累、人脈積累等，最好基金經理本人就是行業意見領袖（Key Opinion Leader，簡稱 KOL）；

2. **組織能力**：指普通合夥人（General Partners，簡稱 GPs）、投資委員會（Investment Committee，簡稱 IC）、有限合夥人（Limited Partners，簡稱 LPs）的市場化程度、專業水準與投資團隊彼此的信任程度。這些因素直接決定投資決策速度及品質。GP 與 LP 在利益分配上相聯，IC 也會直接影響項目投資表決。「隔行如隔山」，生命科技投資是高度專業化的領域，投資委員需要具備科學、商業或金融等領域的從業經驗。

　　基金經理需要根據自身基金所處的情況，確定具體的投資策略與方向，實事求是，構建基金競爭力。經營任何企業，即便是一支小基金，都應該有使命、行動方向、投資邏輯及實施步驟。

■ 確定投資使命（Mission）

　　人生短暫，每個人要有使命，才可為生命帶來意義。同樣，每個企業，無論大小，也要有使命，才能使企業具備生存價值。生命科技投資基金的使命，相比於其他商業領域，更加與人類健康福祉息息相關。在全球製藥、健康行業發展歷史上，一些卓越的領導者被後人所銘記，不僅是因為他們商業上的傑出成就，更是因為他們「以人為本」的價值觀，以及為社會做出的卓越貢獻，例如：比利時楊森製藥創始人 Paul Janssen，美國強生製藥創始人強生兄弟[1] 等。備受尊重的美國默沙東公司的董事長 George W. Merck 說過：「我們永遠不應該忘記製藥是為人，而不是為了利潤，但利潤會隨之而來。如果我們記住這一點，利潤從來不會消失：記得愈清楚，利潤就來得愈多。我們不能站到一旁去說我們發明了一種新藥就已經大功告成了。在我們找到一條有效途徑，把我們的最佳成果帶給每一個人之前，我們決不能停下來。」[2]

　　生命科技領域投資基金[3] 具備商業屬性，是一個商業運作的實體。在衡

1　Robert Wood Johnson, James Wood Johnson 和 Edward Mead Johnson.

2　"We try never to forget that medicine is for the people. It is not for the profits. The profits follow, and if we have remembered that they have never failed to appear. The better we have remembered it, the larger they have been. We cannot step aside and say that we have achieved our goal by inventing a new drug or a new way by which to treat presently incurable diseases, a new way to help those who suffer from malnutrition, or the creation of ideal balanced diets on a worldwide scale. We cannot rest till the way has been found, with our help, to bring our finest achievement to everyone". — George Wilhelm Merck, Address to the Medical College of Virginia, Richmond (1 Dec 1950).

3　包括私募股權投資（PE）或風險投資（VC）。

量投資回報和風險的前提下，基金經理有責任追求基金有限合夥人（即出資人）所投資金的收益最大化。筆者作為基金經理，意識到在投資的過程中，自己也在為改善人類健康福祉的事業盡綿薄之力。所投項目治病救人，解決臨床上未滿足的需要，是一件非常有意義的事情，這是筆者在投資領域長期堅持及前進的動力。作為生命科技領域的投資經理，需要多一些「懸壺濟世」之心，主動承擔一些社會責任，並且要有超越金錢利潤之上的追求。基金經理同醫生、護士等醫療工作者在推動人類健康進步上沒有區別。鑒於以上思考，基金確定的使命是：為中國公眾的健康做出貢獻。

二 使命決定投資方向（Objectives）

在確定使命之後，筆者主要關注三個投資方向：

1. 有望解決臨床需求的創新性項目。

人類在同疾病的鬥爭中，一直處於下風，現階段還有無數無法被預防、診斷及根治的疾病，例如：與衰老相關的神經退行性疾病、部分眼科疾病領域、NASH 等等。突破性療法是有可能改變現狀的解決辦法，例如：CAR-T 細胞免疫療法是典型的突破性創新，為血液相關的癌症病人帶來希望，這項技術是癌症治療的里程碑式突破。

2. 有望解決臨床用藥普及性的項目。

先進有效的藥物以及醫療技術在經濟發達國家和地區應用廣泛，例如：美國、歐盟、日本等。這些地區的大部分居民，可以支付較昂貴的藥物與療法。然而，發達國家與地區的人口卻只佔全球人口的一小部分。在發展中國家和地區，包括中國、印度、非洲等國家在內，有眾多患者由於各種原因，無法獲得或承擔起有效的藥品與療法。這次新冠肺炎疫情就是一個

典型案例，發達國家囤積了大量的疫苗，發展中國家卻疫苗嚴重短缺。人在疾病面前，沒有貴賤之分，沒有貧富之分，每一個生命都值得珍惜。

3. 有望解決困擾行業發展的項目。

任何行業發展都有自己的痛點與難點，生物製藥及生命科技也不例外。例如：公司需要花費很長時間，承擔巨額的藥物研發費用，面對極高的失敗風險，才能成功將一款藥物推入市場。這些公司經常面對的風險不單是產品在回報獲利上的不確定性，且給患者帶來的益處也非常有限。有些初創公司看準此痛點，嘗試提供解決方案，幫助行業內的其他公司發展，例如：將人工智能（AI）、量子技術（Quantum）應用在藥品研發方面，以提高效率。

三 「知己知彼」，制訂有競爭力的投資策略（Investment strategy）

確定投資方向之後，我們做了以下工作：

1. 系統性思考生命科技領域的各個細分領域。

「做減法」：專注在有發展潛力、基金團隊能力可覆蓋的領域，對於其他領域不要涉足，避免浪費不必要的時間。生命科技領域呈現「百家爭鳴、百花齊放」態勢。同時，投資處處有風險，採用系統性思考方式可以降低失敗的概率。第一，**趨勢判斷**。細分領域的發展歷史及趨勢，包括人類疾病譜的變化、全球研發及兼併收購的進展；第二，**市場判斷**。產品所針對的適應症及其市場需求。在此領域，全球及中國的主要領導者及各自優勢；第三，**技術判斷**。公司同全球行業領導者的差距。以上三點是為了判斷這家企業成為細分領域潛在領導者的概率。「強者恆強」，如果企業在自身細分領域率先成為佼佼者的概率不高，那它之後發展成「獨角獸」企業的概率也會比較低；第四，**合作意願**。必須清楚地意識到，投資也需要「緣分」。

雙方彼此都有合作意願，才有合作的可能性；第五，**價值提升**。基金可以給這家企業帶來哪些價值，以及在哪些方面幫助這家企業成長；第六，**遠景目標**。基金可以與企業攜手同行，成為行業引領者。

許多中介機構、合作夥伴、領導同事都會推薦項目，對於自己基金不懂的領域，要有勇氣承認，該拒絕就要拒絕，不浪費彼此時間。專業、高效的初創公司團隊一般會尊重你的坦誠，他們不喜歡含糊其辭的回答。

2. 認真分析基金所處的環境，包括股東情況及投資委員，了解股東帶來的益處與弊端，盡可能了解各自需求。

一支優秀的基金要處理好兩件事：利益分配合理、按照規則做事。利益分配主要指基金團隊、GP、LP、IC 各自的投入與回報要按照市場原則，利益分配不合理經常導致基金投資回報較差、基金團隊不穩定。儘管有法律文件，但是在現實世界中，按照規則做事有時候也是有挑戰的事情。

作為位於香港的生命科技投資基金，華潤正大基金具備以下競爭優勢：第一、位於香港。香港獨特的歷史與資源，奠定其在全球範圍內的優勢，包括：中、英文雙語環境、完善的法律環境、背靠大陸市場，被中國大陸及美國都認可的臨床試驗機構及結果，未盈利生命科技企業可以在香港聯交所上市等。生命科技是必須以國際化格局與視野投資的領域，香港的國際化程度具備建立生命科技生態圈的天然優勢；第二、依靠華潤集團的產業資源，形成互補。華潤集團在中國市場的醫藥商業化、產品配送方面具備競爭優勢，但在生物製藥及生命科技創新領域能力不足。基金在投資海外項目方面有優勢；並且，基金投資的項目都希望開拓中國市場，因此，各有所需，比較容易達成合作。華潤醫藥領域在中國大陸上市公司包括：華潤三九 (000999.SZ)、華潤雙鶴 (600062.SH)、東阿阿膠 (000423.SZ)、江中藥業 (600750.SH)；在香港上市公司包括：華潤醫藥 (03320.HK)。同時，華潤戰略性佈局醫療資源，華潤醫療 (01515.HK) 擁有的眾多醫院可與基金所投生命科技公司形成協同，加速實現將全球創新的產品提供予中國百姓的目標。

3. **洞悉行業邏輯，制訂投資策略，及時回顧調整。**

時代背景：筆者在醫藥健康領域從業近 30 年，在美國及中國多年的工作經歷可以比較詳盡地對比兩國行業發展。從 2004 年起，筆者親身體驗及參與中國醫藥行業的變化及發展。同時，筆者與眾多創業者、醫生、投資人士進行訪談及交流，得出的結論是：現階段的中國，百姓的生活質量在不斷提高，健康意識在逐步增強，可支配收入也在不斷增加。但是，在預防、治療、康復的全過程健康管理中，依然有大量在發達國家市場存在的產品及服務，無法提供給中國百姓。一方面，中國生命科技領域的創新依然處於初始階段，但是有極大的發展空間。並且，在人才和政策的推動下，發展勢頭迅猛。另一方面，將全球療效較佳的產品及技術儘快引進中國，已經成為政府及百姓的共同期望及目標。

生命科技領域特點：1/ 高壁壘決定了唯有強者才可進入；2/ 強者恒強；3/ 生命科技是全球化的產業，人才、資本、技術、產品都需要全球配置；4/ 投資回報較高，但同時風險較高、投資週期較長；5/ 對於基金經理的專業性要求較高，需要其為複合型國際化人才。

生命科技基金規劃：

1. 尋找 2-3 個細分領域，專注並且深耕；

2. 以全球的視角來審視，評估項目的創新性或者可及性；

3. 基金生存的目的不只是追求收益，也應推動行業的發展，成為重要參與者；

4. 與一批優秀的科學家、生命科技企業成為重要合作夥伴；

5. 成為生命科技投資領域中回報表現為前 20% 的基金；

6. 建立並培養一支專業能力強、執行力強、在行業中受尊敬的投資團隊。

四　實施步驟：如何評估項目

筆者既從客觀角度評估標的項目，也從主觀角度衡量投資決策。
客觀角度評估包括以下方面：

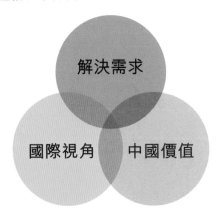

1. **解決需求：**創新性或者可及性。從生命科技全圖的角度，來系統性梳
   理各細分領域，了解其全球動態，例如：哪些公司及產品處於臨床階
   段、投資及併購交易情況，以及創新技術。同時，必須清楚地意識到，
   全球大部分研發項目都聚焦在小部分治療領域，導致投入產出失衡。
   因此，投資與推動用藥可及性較高項目具備經濟及社會效益，例如：
   生物類似藥、呼吸道系統用藥、傳染性疾病治療產品等等。

2. **國際視角：**生物製藥及生命科技創新具備國際化特性。筆者梳理過去
   50 年里程碑式的創新藥品及療法，都驗證了這一點。在基礎科學研究、
   產品及技術商業化、關鍵科學家、資本及市場等方面都具有國際化特
   性，可以說，國際協同是生命科技領域的核心。筆者基金關注的項目
   一般具備：1/ 產品在全球細分領域行業有一定認可；2/ 企業創始人在
   行業中有一定知名度；3/ 公司管理團隊具備開拓國際市場的能力。

3. **中國價值：**中國大陸是全球發展最為迅速、且最有發展潛力的市場；香港具備獨特的地理優勢，處於亞洲的地理中心，同時也是全球金融中心之一，是海外與中國大陸之間合作的橋樑。在同一細分領域，筆者基金實施「投資＋顧問」模式，協助所投海外企業在中國孵化、申報臨床、融資、上市、尋找國際合作夥伴、聘請董事及高管等。通過有效地將投資與跨境業務合作相結合，提升所投企業的市場價值。

主觀角度評估，主要指對於目標企業創始人及高管的判斷。「人」的因素尤其重要，投資企業不只是投資其產品及技術，創業者及經理人才也至關重要。筆者關注：第一，創始人及實際控制人的國際視野、領導力；第二，管理團隊的專業技能、行業口碑，及行業經驗；第三，企業的遠景及使命；第四，核心團隊的執行力，沒有強大的執行力，商業計劃都是空談。

需要強調的是，生命科技領域投資需要「專注」，要「有所為、有所不為」。投資團隊需花費大量時間和精力了解目標公司所處行業及細分領域，因此，在一定時期內，團隊可分析的項目數量有限，這就意味着需要聚焦在幾個領域。要做到這一點，需要基金經理對其團隊有充分的了解，在明確自身強項的同時，也要認識到自身的局限性。如果基金投資非擅長的領域，選擇「懂行」且合適的共同投資 (Co-investment) 夥伴就是非常有效的方法，以降低投資風險。另外，自律 (Self-discipline) 也是做基金的核心素質之一。

前言

複局，也稱「復盤」，來自於圍棋術語。指對局後，複演該盤棋的記錄，檢查對局中招法優劣與得失關鍵。「復局」目的為反省及學習，通過總結過往案例成功的經驗和失敗的教訓，對未來的投資進行啟發和指導，規避潛在的錯誤和風險，提升投資能力。

筆者分享對於生物製藥及生命科技[1]各細分領域及所投項目的分析、回顧與反思。

日月如梭，星轉斗移。對比 2015 年及 2020 年，在中國生物製藥及生命科技領域，已經發生範式轉移，產生結構性變化。

從以下幾個維度回顧：

1. 2015 年全球排名前十的藥品中有八個是生物製藥；這十個藥品有兩個沒有進入中國市場，進入的藥品在中國的銷售額太低，基本可以忽略不計。2020 年全球排名前十的藥品中有五個是生物製藥，而十個藥品中有九個進入了中國市場。2015 年中國市場銷售前十名的藥品，體現了那個時代的「中國特色」，例如：人血白蛋白、注射用抗生素、中藥注射液（血栓通）。對比排名時需要注意兩點：1/ 按照藥物治療學規律，例如：抗生素濫用是非常嚴重問題；以及 2/ 美國與中國的市場非常不同，一個是對於藥品價格沒有管控的資本主義發達國家，一個是人口眾多的社會主義發展中國家，各自需要解決的問題不同；

1　本章節所提及的生命科技主要與動物（包括人類）生物學相關。

2. 在生物製藥單抗領域，創新藥全部來自跨國企業，中國本土企業基本集中在生物類似藥。行業對於中國的創業藥沒有信心。那時，君實生物 (01877.HK) 只計劃開發生物類似藥；今日，君實生物已成功轉型，其產品線 90% 是創新藥；

3. 中國作為一個人口為 13 億左右的國家，當時其國家藥品審評中心只有 200 人規模。審評制度沒有體現對於創新的鼓勵與支持；

4. 2015 年，蘇州信達生物同美國禮來製藥簽訂合作協定，在行業有很大反響。那時，信達生物的估值不到 10 億美元。今日，信達生物在香港上市，估值超過 1,000 億港幣。2016 年 2 月，百濟神州 (BeiGene) 在美國納斯達克低調上市，估值 7 億美元。今日，百濟神州在美國、中國大陸、中國香港三地上市，僅在香港市值就達到 3,000 億港幣。 2015 年 12 月 30 日，金斯瑞生物科技在香港首次公開上市，每股為 1.31 元港幣，只有一名行業分析師到場。今日，每股股價近 40 元港幣，還不包括在美國分拆上市的傳奇生物的價值。

以下針對每個細分領域進行分析：

一　蛋白替代類藥物

如第二節所介紹，蛋白替代類藥物主要用於彌補機體由於先天基因缺陷或後天疾病等因素所導致的體內相應功能蛋白的缺失。與小分子化學藥物相比，重組蛋白藥物治療效果顯著，有特異性強、毒性低、副作用小、生物功能明確等優勢，在糖尿病、血友病、蛋白酶缺失導致的罕見病等方面具有不可替代的治療作用。

全球蛋白替代類藥物發展源自 20 世紀 80 年代，90 年代是發展的黃金時間，在經歷一段時間的高增長後進入了成熟期。2003 年之後，重組蛋白藥物市場進入成熟期，重磅新藥的上市數量有所減少。

回顧及反思

筆者分析：重組蛋白藥物領域特點是集中度高、強者恆強、技術突破或升級是後來者獲取市場份額的關鍵。重組蛋白類藥物按照市場份額由高到低依次為：胰島素、重組干擾素、重組凝血因子、重組促紅細胞生成素、G-CSF、酶替代重組蛋白物、重組生長激素等。按照企業的市場份額，全球市場的 60% 為諾和諾德、安進、賽諾菲、禮來製藥、默克雪蘭諾所有。

在中國，重組蛋白藥物市場處於成長階段，產品線主要集中在長效藥品及胰島素等方面；主要企業包括三生製藥 (01530.HK)、通化東寶 (600867.SH)、長春高新 (000661.SZ)、甘李藥業 (603087.SH) 等。中國企業在重組促紅細胞生成素、重組生長激素等方面同跨國企業技術相差不大；但在胰島素、重組凝血因子等方面依然有較大差距。

2007-2013 年全球重組蛋白藥物的銷售額年複合增長率僅為 4.6%，增速相對緩慢。其中，重組胰島素約佔重組蛋白藥物市場的三分之一。全球當時較為熱門的為胰島素類似物，相比其他的生物製藥領域，創新較為有限。

筆者判斷：蛋白替代類藥物行業發展趨於平穩，初創公司成為「獨角獸」企業的概率比較少，所以沒有將此領域作為投資重點。之後五年的發展印證了這個判斷。

圖表 1：2016 年中國主要重組蛋白藥物領域市場情況

	跨國藥企	中國企業	市場潛力	技術要求	競爭態勢
EPO	安進、強生、羅氏	三生製藥、華北製藥	一般	一般（長效除外）	非常
胰島素	禮來、諾和、賽諾菲	通化東寶、甘李藥業、聯邦製藥	較大	高（尤其是長效）	非常
凝血因子	百特、輝瑞、拜耳、諾和	上海萊士、華蘭生物	大	非常高	比較激烈
促卵泡激素	雪蘭諾、默克	麗珠集團、長春高新	較大	較高	比較激烈
干擾素	Biogen、雪蘭諾、拜耳、默克、羅氏	科興生物、安科生物、通化東寶	一般	長效技術較高	MNC 70%
G-CSF	安進（90%）、羅氏製藥	齊魯、哈藥、通化東寶	一般	一般	非常激烈
生長激素	諾和、輝瑞、禮來、羅氏、雪蘭諾	金賽藥業（長春高新）、安科生物	大	劑型的改變：分針—水劑—短效—長效	非常激烈

圖表 2：中國蛋白替代類藥物在藥品監管部門審批情況

2015 年 12 月	上市銷售	新藥審批	臨床試驗	等待臨床審批
胰島素	7	5	14	15
CSF	7	2	9	1
干擾素	16	0	5	4
白介素	16	0	0	0
EPO	14	4	1	1
總數	60	11	29	21

二　抗體類藥物

單克隆抗體

　　如第二節所介紹，抗體類藥物，尤其是單抗，具有較大的臨床應用前景，除了疾病治療外[2]，還可用於診斷試劑[3]及醫學科研[4]。自 1986 年第一款單抗藥物上市，到 21 世紀修樂美®（Humira®）、阿瓦斯汀®（Avastin®）等「超級重磅炸彈」藥物獨領風騷，單抗藥物發展已進入黃金時期，「重磅炸彈」藥物不斷湧現。

回顧及反思

　　筆者分析：2015 年，全球單抗藥品銷售約 750 億美元，全球生物藥品

2　目前在癌症、自身免疫性疾病、器官移植排斥等領域得到廣泛應用。
3　主要用於檢測淋巴細胞表面分子，以鑒別淋巴細胞；鑒定病原體，以準確診斷傳染病；腫瘤診斷和分型；測定體內激素含量等。
4　主要用於純化抗原、分析抗原結構和抗原決定簇分子功能等。

銷量的一半屬於單抗。美國及歐洲已經有 47 個單抗藥品獲批上市，其中有 6 個產品年銷售額超過 50 億美元，18 個產品年銷售超過 10 億美元。

在中國，上市的原研單抗藥品主要集中在羅氏製藥（4 個）、施貴寶（1 個）、諾華製藥（2 個）、艾伯維（1 個）及強生製藥（1 個）等跨國企業。

截至 2015 年 12 月，中國單抗生物類似藥共有 79 個品種，其中 53 個處在臨床研究申請階段（IND）。只有 4 個藥品進入市場銷售，分別來自 3 家企業：三生國健、海正藥業及賽金藥業。這 4 個產品中的 3 個是仿製同一個產品：恩博®（Enbrel®）。77% 的申報藥品集中在 5 個原創藥品的仿製，分別為：修美樂®（Humira®）、美羅華®（Rituxan®）、赫賽汀®（Herceptin®）、阿瓦斯汀®（Avastin®）、恩博®（Enbrel®）。

筆者判斷：單抗領域是需要持續關注及投資佈局的領域。筆者基金成功投資了嘉和生物（06998.HK）和創勝集團（06628.HK），但也遺憾錯過了信達生物、君實生物（那時筆者基金還沒有成立）。這些公司具備優秀的生產能力及管理團隊：生產工藝非常重要，直接關係到產品的品質及成本；管理團隊的專業性、行業經驗、國際視野及互相配合也是企業成功的關鍵。

嘉和生物於 2020 年 10 月在香港交易所上市。創勝集團於 2021 年 9 月在香港交易所上市。

雙特異性抗體

雙特異性抗體（Bispecific Antibodies，BsAbs），簡稱：「雙抗」，是指含有兩種特異性抗原（Specific antigen）結合位點的人工抗體，可同時結合兩個不同的抗原或兩個表位的抗體分子，在靶細胞和功能分子之間架起橋樑，激發具有導向性的免疫反應[5]。相較於單抗，雙抗的特異性更強、用藥量更小、對一些疾病的治療效果更好，應用前景廣闊。

5　如 T 細胞。

回顧及反思

筆者分析：雙抗領域已受到行業關注，主要原因：1/ 兩個藥品的成功上市，包括歐洲 Trion Pharma 的 Removab[6] 和美國 Amgen 的 Blincyto[7]；2/ 領先的製藥企業加大投資並推進臨床試驗：2014 年起，強生製藥、羅氏製藥、賽諾菲等公司在該領域的投資額接近 40 億美元。截至 2015 年，有 25 個雙抗藥物處於臨床階段；3/ 雙抗在部分癌症治療領域顯示優異潛力。根據臨床試驗結果，Blincyto® 可使持續或難治性 B 細胞急性淋巴細胞白血病患者達到長期完全緩解的療效，有望成為一線療法；及 4/ Blincyto® 得到了 FDA「快速審批」，上市審批時間僅為兩個月，相當於延長了生物藥的專利保護時間。

目前，全球已上市的產品還有瑞士羅氏制藥及日本 Chugai 聯合開發的 Hemlibra[8]。在研管線中有 156 個已進入臨床階段，其中大多數處於臨床 I 期。同時，中國企業對雙抗的研發熱度在逐漸提升。截至 2021 年 6 月，向中國 NMPA 申請的雙抗藥物累計達到 64 款，涉及 35 家生物製藥公司，採取「合作引進 + 自主研發」的模式。在中國進入臨床 III 期的 8 款藥物中，僅 1 款是國產藥物，為康寧傑瑞自主研發的 KN046。伴隨技術的持續進步以及臨床的不斷推進，雙抗有望填補甚至取代在部分適應症中的臨床應用。

筆者判斷：持續關注此領域。那時在中國從事雙特異性抗體研究的企業很少，筆者也曾經在蘇州拜訪過康寧傑瑞（09966.HK）。

6　通用名為 Catumaxomab，2009 年首次在德國上市。

7　通用名為 Blinatumomab，2014 年首次在美國上市。

8　2017 年在美國獲批，及在 2018 於歐洲及中國獲批，用於存在凝血因數 VIII 抑制物的 A 型血友病的常規預防性治療，為首個非腫瘤領域的雙抗。

三 抗體藥物偶聯物 (ADC)

如第三節所述，抗體藥物偶聯物 (Antibody-Drug Conjugate，ADC) 是通過一個化學連結將具有生物活性的小分子藥物連接到單抗上，單抗作為載體將小分子藥物靶向運輸到目標細胞中。

回顧及反思

筆者分析： 第一代 ADC 藥物主要通過不可被降解的銜接物與小鼠單克隆抗體結合，藥效和活性均較低。第二代 ADC 藥物雖較第一代顯示更好的療效及安全性，但具有較窄的治療視窗 [9] (Therapeutic window)，藥物穩定性較低。第三代 ADC 藥物利用小分子藥物與單抗的位點特異性結合 (Site-specific binding)，可降低藥物毒性，提高穩定性和藥代動力學，降低脫靶速度。第三代 ADC 藥物可讓患者得到更好的治療。當時國際上具備第三代 ADC 技術的企業主要為 Seattle Genetics (SGEN.US) 和 ImmunoGen (IMGN.US) 兩家公司，各自有特色的產品。

目前，全球 ADC 藥物市場發展進入加速期。截至 2021 年 4 月，全球共有 11 款 ADC 藥物獲監管部門批准上市，其中有 6 款是自 2019 年以來獲批上市的。獲批藥品中，第三代 ADC 藥物包括了第一三共和阿斯利康的 Enhertu®、Seattle Genetics 的 Padcev® 及 Immunomedics 的 Trodelvy® 等。榮昌生物的愛地希®於 2021 年 6 月獲批，是目前唯一獲批的中國 ADC 藥物，用於治療 HER2 過表達的局部晚期或轉移性胃癌 II 期。

筆者判斷： 基金應該在投資組合中配置此領域。

9　藥物的最小有效劑量到中毒劑量之間的劑量差值，治療視窗越窄說明該藥安全性越差。

四 核酸干擾療法（RNAi）

DNA 核苷酸序列是遺傳資訊的儲存者，它通過轉錄生成信使 RNA（mRNA），進而翻譯成蛋白質的過程來控制生命現象，即貯存在核酸中的遺傳資訊通過轉錄，翻譯成為蛋白質，這就是分子生物學中心法則。使用核酸干擾（RNAi）技術可以特異性地關閉特定基因的傳遞與表達。

回顧及反思

筆者分析：RNAi 療法與傳統藥物擁有完全不同的藥物作用機制及技術平台，這種療法作用於 RNA，進而影響蛋白質的生成。相比小分子和單抗藥物，RNAi 療法的優勢為：1/ 可成藥靶點更為廣泛；2/ 治療癌症方面，能夠靶向參與腫瘤進展的不同細胞途徑的多個基因，以及專門抑制任何一組癌症相關基因，無需考慮其蛋白質產物的成藥性；3/ RNAi 療法開發難度更低，只需與核酸二維鹼基配對，而小分子和單抗需結合三維的空間結構；4/ 給藥頻次更少，部分藥物只需一年兩次給藥，這有利於患者的用藥依從性；5/ 對比單抗，RNAi 生產過程更為簡單，製造成本更低。

COVID-19 疫情掀起了 mRNA 疫苗領域的投資熱潮。大量資源投入到 mRNA 類藥品的研發及各類新型遞送系統研究之中。

筆者判斷：基金應該在投資組合中配置此領域。筆者基金在 2019 年 4 月成功投資了 Sirnaomics，主要專注於 siRNA 及 mRNA 技術研發，臨床試驗在美國、中國同時開展。

Sirnaomics 計劃 2021 年 12 月在香港上市，預計是一支獨角獸。

五 免疫療法類

免疫療法主要包括：非特異性免疫刺激（Immunostimulants）、免疫檢查點抑制劑（Checkpoint inhibitors）、過繼細胞回輸（Adoptive cell therapy）、溶瘤病毒、腫瘤疫苗等。其中，非特異性免疫刺激療法的機理是通過使用細胞因子（Cytokines）刺激 T 細胞或抗原呈遞細胞來加強抗原呈遞過程。此外，調節 T 細胞（Regulatory T cell，Treg）也能夠增強 T 細胞活性。此類療法興起於上世紀 70 年代，主要包括：白細胞介素 -2（IL-2）、干擾素 α（IFN α），可應用於黑色素瘤和腎癌，但由於治療時間長、毒性和治療腫瘤範圍限制導致應用受限。免疫檢查點抑制劑和過繼細胞回輸是目前投資熱點，其次是溶瘤病毒，腫瘤疫苗則進展緩慢。

免疫檢查點抑制劑

腫瘤免疫治療在本質上都是通過 T 細胞發揮抗腫瘤作用。從傳統細胞因子、多肽類藥物到最新的免疫檢查點抑制劑與 CAR-T 細胞治療均是間接或者直接激活人體 T 細胞來清除腫瘤細胞。 針對免疫檢查點的阻斷是增強 T 細胞啟動的有效策略之一，也是近幾年抗腫瘤藥物開發最熱門的靶點。臨床研究比較集中的免疫檢查點包括：細胞毒性 T 淋巴細胞相關抗原（CTLA-4）、PD-1 及 PD-L1，除此之外還有 BTLA、VISTA、TIM3、LAG3 等。市場上對免疫檢查點抑制劑的研究開發主要集中在 CTLA-4 單抗和 PD-1/PD-L1 單抗。這一部分在第二節有詳細敘述。

細胞免疫療法

細胞免疫療法，也稱腫瘤過繼回輸免疫療法，是將自身或異體的抗腫瘤效應細胞的前體細胞，在體外採用 IL-2、抗 CD3 單抗，特異性多肽等啟動劑進行誘導、啟動和擴增，然後轉輸給腫瘤患者，提高患者抗腫瘤免

疫力，以達到治療和預防復發的目的。常見的細胞有：NK 細胞、LAK 細胞、TIL 細胞、DC 細胞、CTL 細胞、DC-CTL 細胞、TIL 細胞、CAR-T 細胞和 TCR-T 細胞。其中 CAR-T 和 TCR-T 技術，作為過繼細胞治療的最新技術，其治療效果好、副作用低，目前被廣泛推崇。相比化學藥療法，CAR-T 細胞治療經過改造增強腫瘤識別和清除能力，能夠不斷增強效果。CAR-T 細胞治療的優勢包括：賦予 T 細胞非 HLA 依賴性的抗原識別；其靶點包括蛋白、碳水化合物以及糖脂等；快速產生腫瘤特異性的 T 細胞；最小化自體免疫風險；活性藥物單次注射等，因此應用前景廣泛。

回顧及反思

筆者分析：單抗類免疫檢查點抑制劑已經引起業界轟動。但是，筆者更加關注免疫細胞療法，主要原因為：1/ 國際上已有多家生物技術公司開展了對 CAR-T 的研究開發。最初，對 CAR-T 的研究主要集中在靶向 CD19 用於治療血液相關癌症。後來，科學家對於新靶點、新技術、新治療領域的探索層出不窮，臨床試驗療效也令人振奮；2/ 在中國，細胞免疫治療的發展緊跟美國。2016 年來自中國的 CAR-T 臨床試驗申請數量僅落後於美國，領先於歐洲、日本等傳統化學藥強國。中國多家企業 CAR-T 研發項目推進至臨床階段，進度領先的有傳奇生物（LEGN.US）、科濟藥業（02171.HK）等。此外，復星醫藥（02196.HK）與美國 Kite Pharma 成立復興凱特生物科技有限公司、藥明康德（02359.HK）與美國 Juno Therapeutics 合作成立藥明巨諾（上海）有限公司，志在打造中國領先的細胞治療公司；及 3/ 中國的 CAR-T 細胞治療高度集中在靶向 CD19 的血液腫瘤治療[10]，其療法較傳統治療方案也有較大優勢[11]，伴隨着技術不斷成熟，未來有望成為血液腫瘤的一線治療方法。此外隨

10　主要用於白血病、淋巴瘤和多發性骨髓瘤三個適應症。
11　當時治療血液腫瘤的方法主要為化療、幹細胞移植，患者生存品質較差且復發率高。

着實體瘤技術的不斷突破，CAR-T 技術預計能夠達到數百億美元級別的市場規模。

筆者判斷： 非常看好這個領域，認為基金應該在投資組合中配置此領域。筆者基金成功投資了兩家優秀的企業：傳奇生物和藥明巨諾。傳奇生物於 2020 年 6 月在美國納斯達克上市，是一隻獨角獸。藥明巨諾（02126. HK）於 2020 年 11 月在香港交易所上市，是一隻獨角獸。

溶瘤病毒

溶瘤病毒（Oncolytic virus）又被稱為條件性複製病毒或選擇性複製病毒（Conditionally replicative viruses）。由於腫瘤細胞缺乏病毒抑制作用，病毒可以感染腫瘤細胞並在其中複製，最終裂解、殺死腫瘤細胞，並釋放出子代病毒顆粒進一步感染周圍的腫瘤細胞。詳情請閱讀第十一節。

回顧及反思

筆者分析： 溶瘤病毒療法具有獨特的創新之處，對腫瘤細胞殺傷效率高、靶向性好、安全性高、適應症較廣，市場有擴大空間。值得關注的是，溶瘤病毒療法的核心挑戰是其遞送系統：多為腫瘤局部給藥，而系統性給藥（例如：靜脈注射）難度較大[12]。

筆者判斷： 基金應該在投資組合中配置此領域。筆者挑選且深入分析了 CG ONCOLOGY 公司，這家公司的溶瘤病毒項目 CG0070 當時已進入臨床 II 期，與 Opdivo® 及 Keytruda® 的聯用方法開始入組病人。目前，CG0070 項目在美國臨床試驗進入 III 期，公司計劃在美國納斯達克上市。樂普生物將其引入到中國，臨床試驗申請獲得 NMPA 受理。

---

12 不僅要面臨由宿主抗病毒反應清除病毒等因素引起的療效受限，還有病毒在體內複製可能無法控制引起的潛在安全風險。

六　疫苗類

人體疫苗

　　根據 Evaluate Pharma：2005-2009 年，疫苗行業增長迅速，年複合增長率高達 15%-20%。2000 年之前，大部分製藥企業對疫苗的預期並不高；2000 年以後，GSK、輝瑞製藥、賽諾菲等製藥集團開始加大佈局，推動疫苗行業的繁榮。2006 年，全球第一個 HPV 疫苗，默沙東的 Gardasil® 宮頸癌疫苗成功上市，成為「重磅炸彈」產品，促進了整個疫苗行業的快速增長。此後，2009-2014 年全球疫苗行業增長逐漸平穩。全球疫苗行業的集中度很高：默沙東（Merck）、輝瑞（Pfizer）、葛蘭素史克（GSK）和賽諾菲（Sanofi）在全球疫苗合計市場佔有率已接近 90%。

回顧及反思

　　筆者分析：1/ 在中國，人體疫苗類產品的研發時間及審批時間過長，例如：2016 年 7 月，CFDA（後稱 NMPA）批准 GSK 旗下二價 HPV 疫苗 Cervarix® 的進口註冊申請，成為中國首個上市的 HPV 疫苗，此時距全球 HPV 疫苗首次上市已超過 10 年。三個月後，GSK 宣佈將 Cervarix® 在美國退市，主要是由於美國疾病控制預防中心（CDC）自 2016 年 4 月起，只採購九價 HPV 疫苗。2016 年底前，二價及四價 HPV 疫苗不再供應美國市場；2/ 人體疫苗類產品的研發技術難度大，無法判斷中國疫苗初創公司的創新性。因此，筆者當時並沒有將疫苗領域作為重點。

　　中國國家藥品監督管理局大刀闊斧改革後，審批狀況大幅優化。九價 HPV 疫苗 Gardasil® 僅用了八天就通過了中國藥品監管部門的審批。

　　筆者判斷：人類疫苗領域的投資機會應為：1/ 投資於創新技術突破，例如：mRNA；以及 2/ 投資於中國市場。詳情請閱讀第八節。

動物疫苗

回顧動物疫苗發展歷史，養殖規模化程度加深和動物疫苗市場需求大幅提升，是美國動物疫苗產業快速發展的主要原因。伴隨着養殖業規模化的推進，疾病在養殖場內傳播速度大大提升，同時，疫情爆發給養殖場帶來損失巨大，使得養殖場傾向選擇高效而又經濟的疫苗進行防疫防治。

回顧及反思

筆者分析：自 2001 年起，美國動物疫苗行業發展速度開始加快，2001-2009 年，年複合增長率達到 9%，遠高於同期整個動物保健品行業 5% 的增速。2009 年以後，美國實施「撲殺為主、預防為輔」的防疫體系，使得部分重大疫情得以控制，動物疫苗行業也逐漸轉向平穩發展。針對重大疫情，前期主要採取疫苗免疫預防，提高免疫水準，然後逐步過渡到重點撲殺，直至疫情結束。在這種策略下，每一次疫情爆發都會推動動物疫苗行業的快速發展，然後過渡到平穩期。

中國養殖規模化程度低於美國，動物疫苗行業尚處發展階段。當時可以預見，未來 10-20 年是中國養殖業規模化提升的過程，「預防為主、撲殺為輔」的防疫策略不會發生變化。規模化加速對高品質疫苗產品的需求，以及政府對疫苗補貼改革從而推動動物疫苗行業進入快速發展時期，類似於美國 2001-2009 年的階段。

中國動物疫苗行業經歷了十餘年發展，由最初的 28 家企業發展到 88 家，產品由最初的 10 餘種發展到 400 餘種，GMP 審批廣泛施行。但是，中國動物疫苗行業依然高度分散，存在企業研發能力較弱、產品同質化嚴重等問題，導致企業競爭激烈[13]。筆者判斷：1/ 這是朝陽產業。創新產品是投資的關鍵；2/ 動物疫苗的審批監管由農業部門負責，不是藥品監管部門，

13　獸用生物製品企業中，僅中牧股份（600195.SH）的市場份額 > 10%。

屬於另一套完全不同的管理體系；3/ 動物疫苗的審批速度較快，研發成本較少；4/ 鑒於大部分（70%）傳染疾病是由動物傳播給人類，因此，動物疫苗預防作用至關重要。

　　筆者判斷：具有強大研發能力及豐富產品覆蓋的動物疫苗企業具備競爭優勢。監管、市場、研發及服務要求將會推動行業整合，最終形成少數領導企業佔據主要市場份額的競爭格局。

七　基因檢測

　　如第三節所述，基因檢測是從染色體結構、DNA 序列、DNA 變異位點或基因表現程度，為醫療研究人員提供評估與基因遺傳有關的疾病、體質或個人特質的依據。

　　基因測序是癌症精準治療的重要組成部分。依照疾病進展順序，基因測序的臨床應用分為：風險預測、早期篩查、用藥監測及伴隨診斷、復發及預後評估。現階段，腫瘤晚期的檢測技術較癌症早期檢測技術更加成熟。詳情請閱讀第十節。

腫瘤風險預測

　　腫瘤風險預測旨在揭示健康人群的遺傳特性及罹患腫瘤風險，為生活習慣改善和腫瘤預防提供參考。由於使用人群廣泛，這一領域的潛在市場規模可觀。著名的案例為美國影星安吉麗娜裘莉因其腫瘤家族史及自身攜帶 BRAC1 基因突變，於 2013 年接受預防性雙側乳腺切除術，以大幅降低其乳腺癌患病機率。兩年後，裘莉進一步切除卵巢及輸卵管。這一事件曾在美國引起 BRAC1 及 BRAC2 基因檢測的熱潮。

回顧及反思

筆者分析：腫瘤風險預測的難度不在於基因檢測本身，而是在於只有完成大規模基因與疾病數據的積累，才能夠對基因變異有足夠的解釋能力，但是，研究比較充分的基因和靶點十分有限。鑒於基礎研究水準和腫瘤發生的高度複雜性及異質性，腫瘤風險預測能覆蓋的癌種和提供的資訊仍然有限，僅在部分人群中對少數腫瘤與少數基因的關係有較明確認知。因此，如果真正誕生覆蓋較多的癌症種類、且具有較強風險預測和解釋能力的臨床產品，科學家們仍然需要大量的基礎研究探索和人群數據積累。而這需要漫長的時間和高額的研究投入，短期內預計難以形成具有臨床意義的應用。

筆者判斷：持續關注。

腫瘤早期篩查

早發現、早治療是腫瘤干預的關鍵。如果能通過體液分析實現腫瘤的早期篩查，將從根本上改變腫瘤診斷和治療局面，可有效預防 30%-50% 的癌症，提高生存率及降低治療費用。因此，腫瘤早期篩查在腫瘤基因檢測領域的意義最重大，但也是最困難的難題之一。這也正是國際基因測序領導者 Illumina 公司 (ILMN.US) 將其成立的液體活檢公司命名為「Grail (聖杯)」的原因。2016 年，Illumina 宣佈成立 Grail 公司，專注液體活檢領域，力圖通過對血液中的少量腫瘤 DNA (ctDNA) 進行高通量測序，並發現早期腫瘤，其 A 輪融資達到 1 億美元。2017 年 3 月，Grail 完成 9 億美元 B 輪融資。隨着 ctDNA 檢測技術的不斷進步，這一領域已經找到相對可靠的技術方向，所需要的是靈敏度的提升、方法標準化的完善，以及由科研向臨床轉化經驗及數據積累。

早期腫瘤確診困難，要實現早期篩查，不僅應當檢測到血液中的早期腫瘤標誌物 (回答：有或無)，還應當能追溯到腫瘤原發灶位置資訊 (回答：在哪裏)，只有這樣才能為腫瘤治療提供有意義的參考。相對於其他方法，

例如：PCR、基因晶元等，基因測序覆蓋的範圍和靈活程度更優，資訊量更充分，也是目前研究的主攻方向之一，已經產生了很多傑出的成果。

回顧及反思

筆者分析：作為基因測序領域最廣泛的應用，早期篩查面向有罹患癌症風險的正常人群，因此市場空間巨大，有較好的投資前景。

筆者判斷：非常看好這個領域，認為基金應該在投資組合中配置此領域。經過大量篩選及分析，筆者基金成功投資了諾輝健康（06606.HK）及 MiRXES 公司，這兩家公司分別為中國及新加坡的癌症早篩領導者。

諾輝健康於 2021 年 2 月在香港上市，上市首日漲幅達 215%。另外，基金在 2021 年 7 月完成了對 MiRXES 的 C 輪投資，這家公司是新加坡最優秀的體外診斷試劑（IVD）公司。該輪融資額為 8,700 萬美元，筆者基金是領投機構，其他投資人還包括諾輝健康風險投資基金、美國和新加坡的知名基金。諾輝健康及 MiRXES 公司都進行了大規模臨床試驗，在全球行業中屈指可數。

用藥監測及伴隨診斷

腫瘤靶向藥種類眾多，「伴隨診斷」和「靶向藥物」已成為腫瘤精準治療最重要的兩大工具，可以針對攜帶特定基因變異的腫瘤細胞進行殺傷，療效顯著。不同患者的基因突變差異導致了每名患者對於相同的抗腫瘤藥物所表現出來的敏感性與毒副反應不盡相同。在靶向藥使用過程中，腫瘤基因組還會發生改變，產生新的耐藥性。伴隨診斷可以對腫瘤進行全面的基因組檢測，通過檢測分子分型，為醫生提供腫瘤組重要資訊，將靶向、免疫療法與具有特定分子特徵的癌症患者進行配對，科學確定治療和用藥方案，並及時調整。

回顧及反思

筆者分析：這個領域技術相對成熟，結果相對可靠，醫生和患者認可度較高。預計腫瘤用藥檢測和伴隨診斷將在腫瘤基因檢測中被廣泛使用。

筆者判斷：持續關注，基金應該在投資組合中配置此領域。

復發及預後評估

腫瘤的轉移和復發是腫瘤患者死亡的主要原因，能夠在早期發現腫瘤轉移和復發，對於腫瘤治療有重大意義。癌症中微小殘留病（Minimal residual disease，MRD）檢測難度相對較大。癌症治療達到完全緩解後，用常規的形態學檢測方法並不能檢測到明顯的癌病灶。隨着液體活檢的發展，目前主要可通過循環腫瘤細胞（Circulating tumor cell，CTC）、外泌體囊泡（Exosomal vesicle，EV）等液體樣本進行檢驗。

回顧及反思

2016 年，筆者分析：多項基礎研究表明，通過檢測患者血液中的循環腫瘤 DNA（Circulating tumor DNA，ctDNA），能夠提高對腫瘤復發和轉移監測靈敏度。預計這一技術能較快運用到臨床實踐中，但這一應用的市場規模較小。

消費級基因測序

基因組蘊含着影響機體生老病死及繁衍生息的一切遺傳密碼。對個人的基因組、轉錄組和遺傳組學解讀可以獲得個人在基因祖源、生活習慣、智慧、體質、個性、特長等多方面資訊，例如：酒精分解能力、乳糖耐受能力，因此，基因檢測完全具備開發消費級產品的空間。

回顧及反思

筆者分析：基因檢測是技術含量較高的領域，具備技術優勢的企業值得重點關注。市場上消費級基因檢測產品及服務的品質差異較大，行業仍處發展初級階段。渠道和銷售能力對企業的收入及利潤成長比較重要。

筆者判斷：持續關注。

八　醫療器械

全球醫療器械市場

全球醫療器械市場規模龐大、種類繁雜、市場高度細分。按照收入規模，主要類別包括體外診斷、心血管、診斷成像、骨科、眼科、全科及整形手術等。多數單類產品的市場都不大，各細分市場規模受限，例如：心血管器械領域，又可進一步細分為心率管理系統（植入式除顫器、起搏器）、心臟介入器械（支架、導管、球囊等）以及心臟修復設備（人工心臟等）。

全球醫療器械行業集中度較高。前十名領導者憑藉較強的研發能力和銷售網路，佔據全球近 40% 的市場份額 [14]。

對比製藥行業，**醫療器械行業具有獨特的屬性與特徵。**醫療器械技術成熟較快，產品迭代週期較短，同質化程度較高。醫療器械行業的競爭在於獲取和維護市場份額，更好地穩定產品價格。市場份額高的公司更需要保護市場地位，避免被新技術顛覆。另一方面，器械細分領域單一市場的增長有限，決定了企業需要不斷嘗試涉足新領域。因此，併購是醫療器械企業實現戰略擴張並發展壯大的必由之路：通過橫向併購，降低成本、

14　興業證券：《高光下的思考，差異化的機遇—醫藥行業 2021 年度投資策略報告》。

增強市場開拓能力；通過縱向併購，控制產業鏈；通過多元化併購，形成優勢互補，實現功能整合。

參考及借鑒美國醫療器械行業的發展，**併購是投資的主要退出通道**。1990 年代末開始，美國本土每年醫療器械行業 IPO 項目數量下降，隨着中小企業做大做強的機會愈來愈小，早期進入資本試圖通過 IPO 退出的難度加大。與此同時，美國公開市場及私募市場的溢價水準差距逐漸縮小，早期投資者有動力通過併購途徑尋求資本退出，而非通過 IPO 退出。醫療器械行業每年新增併購項目數量不斷增長，同時伴隨總交易額的提升。2003 年之後，併購逐漸超越 IPO 成為主要資本退出的主要通道。

醫療器械商業模式為單一的產品付費模式，基於現有渠道的新產品較為容易進入市場，例如：心血管和脊柱、骨科的高值耗材，其銷售模式均為由醫療器械企業建立規範化的培訓中心，並配套人員助理和指導醫生實施手術。相似的商業模式為產品線的拓展和延伸奠定了基礎，併購後的銷售整合可以形成協同效應。

圖表 3：全球醫療器械中小公司與大型公司的對比

	中小公司	大公司
產品線	專注某一領域或某一技術	產品多元化
重點	研發	生產、銷售
優勢	聚焦化，更容易開發出簡便、高效、低廉的新技術；對市場反應迅速	產品範圍更廣，通過已有渠道迅速開拓市場；規模效應，節約成本；單一產品的表現對整體現金流影響不大；提供高品質的服務，如醫生培訓等
劣勢	銷售端難於和大公司競爭；單一產品的表現對現金流影響大	研發力量分散，新技術的出現容易導致市場份額急劇減小以及市場地位迅速下滑
生存模式	出售技術專利或者被兼併收購	補充產品線、擴大市場份額或開拓新市場、消滅潛在競爭者

中國醫療器械市場

　　安全性是器械審批註冊的主要分類標準。中國 NMPA 將醫療器械按照其安全性「由高至低」分為三個等級，並分別由三級政府部門進行監督管理。第三類醫療器械由於其高於前兩類的風險，受到政府部門的嚴格監管，但同時也因其高技術含量而具有更高附加值。中國第三類醫療器械的進口比例較高。

圖表 4：中國醫療器械評審分類

類型	定義	審批部門	主要產品
I 類	通過常規管理足以保證其安全性、有效性的醫療器械	市食品藥品監管局	醫用離心機、手術刀、放大鏡、口罩、電泳儀、切片機、醫用 X 光膠片等
II 類	對其安全性、有效性應當加以控制的醫療器械	省食品藥品監督管理局	心電圖儀、縫合線、聲光電磁機器、無損傷動脈鉗、腦膜剝離器等
III 類	植入人體；用於支持、維持生命；對人體具有潛在危險，對其安全性、有效性必須嚴格控制的醫療器械	國家食品藥品監督管理局	心臟支架、植入關節假體、骨針、人工晶體、超聲治療儀器、激光手術設備、微波治療設備等

中國醫療器械行業呈現以下特徵：

1. **處於相對早期的發展階段，增速較快。**自 2010 年起，中國醫療器械市場規模由 1,200 億人民幣元增長到 2019 年 6,512 億元人民幣，年複合增長率接近 21%，超過中國藥品市場同期 13% 的複合增長率。對比發達國家市場，中國醫療器械與醫藥產品的比例僅為 0.2：1，發達國家醫療器械與醫藥產品的消費額比例大約為 1：1，兩者市場規模基本相當。中國醫療器械人均費用僅為 6 美元，而主要發達國家人均醫療器械費用大都在 100 美元以上，瑞士更是達到 513 美元。與發達國家比，中國人均醫療衛生支出尚處於較低水平。

2. **中國醫療器械研發投入不足，中低端產品所佔比率較高。**相對於 2017 年全球醫療器械研發投入 7.1% 的比例，中國僅有樂普醫療（300003.SZ）、魚躍醫療（002223.SH）等部分企業達到全球平均水準，多數產品

屬於技術要求較低，低研發投入造成科技水準落後，導致中國醫療器械，尤其是高端醫療器械主要依賴進口；同時，中低端醫療器械競爭相對激烈，利潤空間持續下降。

3. **中國醫療器械公司具備小而散的特徵，行業集中度較低。**多數醫療器械公司年收入低於 2,000 萬人民幣，但公司數量超過藥品生產企業，超過 14,000 家，平均收入規模為 1,800 萬人民幣左右（中國藥品企業的平均營業收入約 2.05 億人民幣）。隨着行業的規範化，小型企業難以應對政策改革，行業集中度有望得到提升。

4. **在部分領域，中國企業快速創新並替代國際產品。**醫療器械按照三級安全性分類進行審批，整體審批週期比藥品短，尤其是新推出的創新醫療器械特別審批程序，給予創新產品優先審批優勢，部分產品半年就可拿到註冊證，最快的產品只需 40 多個工作日就拿到批件。以心臟支架為例，最早期的心臟支架是金屬支架，放置後形成血栓和血管再狹窄的概率較高。美國強生集團於 2003 年推出第二代藥物洗脫支架後迅速佔領全球市場，2005 年巔峰銷售額超過 50 億美元。中國公司也在持續研發自有專利的二代支架，2005 年，樂普醫療推出 Partner® 藥物洗脫支架；2008 年，微創醫療（00853.HK）推出 Firebird® 藥物洗脫支架；2010 年和 2011 年，微創醫療和樂普醫療又推出第三代生物可吸收支架藥物洗脫支架。這期間，中國國產品牌的進口替代比例持續提升，當前中國市場上共有 14 家心臟支架生廠商，當中 3 為海外企業（美敦力、雅培、波士頓科學），11 家為中國企業。多家中國企業的三代生物可降解支架都在研發過程中，將陸續上市。中國心臟支架領域的產品創新已經達到國際水準。

從以下驅動因素來判斷醫療器械行業發展趨勢：

1. **基層醫療機構發展。**2015 年 9 月，中國國務院發佈《國務院辦公廳關於推進分級診療制度建設的指導意見》指出重點加強縣域內常見病、多發病相關專業，以及傳染病、精神病、急診急救、重症醫學、腎臟內科、婦產科、兒科、中醫、康復等臨床專科建設，提升縣級公立醫院綜合服務能力。在具備能力和保障安全的前提下，適當放開縣級公立醫院醫療技術臨床應用限制。通過上述措施，將縣域內就診率提高到 90% 左右，2017 年基本實現「大病不出縣」。

   國家衛計委統計數據顯示，中國有 92 萬個基層醫療衛生機構，包括鄉鎮醫院、社區衛生中心。根據中國醫改方案，政府將會投資 1,000 億元人民幣建設基層醫療機構，包括 2,000 所縣醫院、2,400 所社區衛生中心和 5,000 所中心衛生院，同時開展基層醫療機構的設備採購、配置工作。中國新建大量基層醫療機構，提高基層醫療機構的醫療水準，將推動醫療器械市場的發展。在中、低端醫療設備採購中，中國本土企業名列前茅。政府優先採購國產醫療器械，而醫療設備 8-12 年的更新週期，也保證了醫療器械企業的穩定增長。

2. **鼓勵非公立醫療機構發展。**從 2009 年起，中國不斷出台政策，放寬市場准入標準，拓寬投融資渠道，推進社會資本參與醫療行業發展建設。國務院辦公廳於出台的《全國醫療衛生服務體系規劃綱要》明確規定，至 2020 年，公立醫院床位數與社會辦醫院床位數配比要達到 3.3：1.5。2015 年，人社部出台《關於完善基本醫療保險定點醫藥機構協議管理的指導意見》，規定各地要全面取消社會保險行政部門實施的兩定資格審查項目，改為直接對其進行協議管理。國家政策密集出台為社會資本進入醫療行業提供了便利。與公立醫院採購設備需要報批不同，民營醫院完全可以自行決定採購設備。相對較短的採購週期有效加速醫療器械發展。

3. **醫院控制藥佔比，器械和服務佔比有望提升。**在推進醫療改革的背景下，藥品收入受到衝擊，醫療收入尚未進入合理區間，醫院將加大對藥品費用的監管力度，器械使用比例有望提升。

4. **「進口替代」為國產品牌帶來機遇。**2012 年，中國出台《醫療器械科技產業「十二五」專項規劃》重點開發一批國產高端醫療器械，形成進口替代，推動了中國醫療器械國產化的進程。2015 年 5 月，國務院連續出台《關於全面推開縣級公立醫院綜合改革的實施意見》、《關於城市公立醫院綜合改革試點的指導意見》這兩份文件對醫療設備進口替代進程起到推進作用。同時，醫改促進醫院提高成本意識，購買國產化器械有望成為一種手段。在國產設備和耗材的品質持續改進的前提下，採用高性價比的國產醫療器械有利於醫院控制成本。

　　2020 年 11 月，中國實行首次冠脈支架的帶量採購，十款入圍產品平均終端價格降幅超過 90%。在地方帶量採購層面，主要集中在心血管介入、骨科、眼科三大領域，平均終端價格降幅約 60%。帶量採購的實施意味着政策正逐漸引導高耗生產企業走向創新，節約醫保資金有利於提升對創新產品的報銷能力，推動行業創新升級。

　　參照發達國家醫療器械發展歷程，從市場規模、行業增速、技術壁壘、進口替代能力等維度分析，IVD、高值耗材、醫療影像設備、腫瘤治療設備、醫療機器人、家用器械將是值得關注的投資領域。

圖表 5：中國主要醫療器械分類、應用及市場特點

分類		應用領域	市場特點
醫用裝備	高端	彩超、POCT（即時檢驗）、斷層掃描、核磁共振、監護儀、血凝透析、腫瘤治療等診斷、監護、治療設備等	國產產品在中低端有優勢
	中低端	清洗及消毒滅菌設備、製氧機、真空採血管、心電圖機等	競爭激烈
檢測診斷		診斷試劑和儀器、獨立試驗室	盈利能力強，成長性好；基因測序發展空間巨大，競爭激烈
耗材	高端	心臟起搏器、支架、封堵器、骨科材料、關節器械、透析耗材、心血管介入耗材等	品類多，附加值高，行業起步階段，空間大
	中低端	注射器、輸液器、紗布、採血管、醫用手套、針管等	競爭激烈
家庭護理	低端為主	血糖儀、血壓計、體溫計、輪椅、按摩椅等，未來可延伸至可穿戴設備、移動醫療	品類多，整體空間市場大，但單品附加值不高

回顧及反思

　　筆者分析：醫療器械的細分領域較為多及複雜，且中國企業整體的創新能力較低，與國際先進水平有一定差距。

　　筆者判斷：投資在具有創新性、國際化，並且針對未被滿足的臨床需要的醫療器械公司。筆者基金於 2021 年投資了 Belkin 及 EyeYon 項目，兩家都是針對視覺健康領域。詳情請閱第九節。

總結

筆者經過系統性分析，在比較擅長的領域，例如：細胞療法、核酸干擾、癌症精準治療等都有較好佈局；在不太擅長的領域，例如醫療器械，與行業領導者合作，共同投資。

2020 年，筆者順勢而為，抓住時機，完成了幾個標誌性項目的投資，包括：基金 4 月份投資了傳奇生物，公司 6 月份在美國納斯達克成功上市，成為一隻獨角獸；6 月份投資了藥明巨諾，公司 11 月份在香港成功上市，成為一隻獨角獸；在市場其他機構蜂擁而至之前，基金於 5 月份參與了嘉和生物的融資，並為公司推薦歐洲腫瘤協會創始主席 David Kerr 擔任公司的醫學顧問。嘉和生物於 10 月份在香港成功上市，掀起了投資機構及個人的認購高潮，超額認購達到 1,000 倍，成為一隻獨角獸；7 月份投資了諾輝健康，公司於 2021 年 2 月份在香港上市，認購額為當時香港歷史上第二高，是一隻生命科技「獨角獸」。

依據「投資細分領域領導者」的原則，把項目的「創新性」放在最重要的位置。中國的第一張、也是 CAR-T 領域的第一張「突破性療法」證書授予了傳奇生物，而中國的第二張在 CAR-T 領域的「突破性療法」證書授予了藥明巨諾。中國在癌症早期篩查的第一個證書授予了諾輝健康。嘉和生物的艾比寧® 是全球針對外周 T 細胞淋巴瘤 (PTCL) 適應症的 PD-1，被中國藥監 1 局列入「優先審評」。

依據「洞悉行業及細分領域發展趨勢」的原則，在眾多機構認知之前提前佈局。在筆者基金 2019 年 4 月份投資 Sirnaomics 的時候，RNA 療法還沒有得到投資機構的廣泛關注。如今，RNA 療法已經成為佈局生命科技領域的標準配置。新冠疫情爆發及通過 mRNA 技術來研製

疫苗，更是將 RNA 生物技術的知名度提升到前所未有的高度。

依據「全球視角，中國價值」的原則，筆者基金投資的項目成為跨境
（cross border）投資案例，筆者被邀請在全球行業知名媒體 BioCentury 的
會議上分享經驗。

第四章

優秀案例

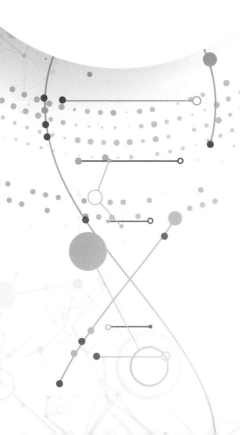

引言

在此章節，筆者精心挑選並分析一些生物製藥及生命科技細分技術領域的領導者，它們是「獨角獸」或者潛在「獨角獸」。

這 14 家生命科技公司有 12 家已上市、2 家即將上市。另外一些優秀獨角獸公司由於在本書其它章節已有介紹，在此章節就不再陳述。

對於全球華人華裔的創業者、科學家、企業家、投資人，現在是百年一遇的新時代。

▇ 一 CAR-T 領域

傳奇生物 LEGN. US

傳奇生物科技有限公司（簡稱：「傳奇生物」，"Legend Biotech"）是筆者基金於 2020 年投資的項目，該輪投資也是傳奇生物首次公開上市之前的唯一一輪融資。公司成立於 2014 年，總部位於美國新澤西州，是金斯瑞生物科技有限公司（Genscript，01548.HK）的非全資子公司[1]，專注於 CAR-T 免疫細胞療法的研發。公司全職僱員 645 人，在美國、中國和愛爾蘭設有子公司。傳奇生物的聯合創始人兼首席科學家范曉虎（Frank）博士是免疫細胞治療領域的領軍人物，2021 年被 Endpoints News 評選為「全球 Top20 藥物研發領袖」。

截至 2021 年 7 月，傳奇生物的核心產品為西達基奧侖賽（Cilta-cel），是一款靶向 B 細胞成熟抗原（BCMA）的嵌合抗原受體 T 細胞（CAR-T）製劑，用於治療成年人復發和 / 或難治性多發性骨髓瘤。這款產品已獲得美國和中

1　金斯瑞持股 85%。

國的「突破性療法認證」，並在美國與歐盟被授予「孤兒藥」資格。Cilta-cel 在中國處於臨床 II 期，在美國已向 FDA 提交 BLA[2] 滾動申請[3]，及在歐洲獲得 EMA 的 MAA[4] 加速審評，計劃 2021 下半年在中國和日本遞交 BLA 申請。

2020 年 6 月，傳奇生物在美國納斯達克上市，是 CAR-T 領域中國第一家上市公司，當日開盤價漲幅高達 60%，是該年以來納斯達克規模最大的生物醫藥股 IPO。2021 年 6 月 30 日，公司市值約為 55 億美元。

基金經理觀點

1. **BCMA CAR-T 療法開發全球速度最快、效果最優：**Cilta-cel 獲得了美國聯邦藥監局（FDA）的「優先審評資格」、歐洲藥品管理局（EMA）的「優先藥物認證（PRIME）」及中國國家藥監總局（NMPA）的「突破性療法認證」，並已在美國及歐洲提交了 BLA 及 MAA，計劃於 2022 年在中國提交上市申請。2017 年，根據美國血液病學會[5]（American Society of Hematology，ASH）公佈的數據，Cilta-cel 對多發性骨髓瘤患者達到 100% 的客觀緩解率，在行業內產生巨大反響，也是促成同強生集團合作的重要因素。

2. **與美國強生集團（JNJ.US）的強有力國際合作奠定了成功基礎：**2017 年 12 月，強生旗下的製藥公司 Janssen Biotech 與傳奇生物簽訂全球合作協定，共同開發、製造和商業化 BCMA CAR-T 細胞治療產品，雙方將分享產品權益。截至 2020 年 12 月，傳奇生物已累計獲得強生公司

2　生物製品許可申請（Biologics License Application），是向美國 FDA 提交用於支持評審和最終批准生物製品在美國上市和銷售的文件材料。

3　基於關鍵性的 Ib/II 期臨床研究結果，在中位隨訪時間為 12.4 個月時，Cilta-cel 持續表現出高達 97% 的客觀緩解率（ORR），且隨時間推移，患者緩解程度進一步加深。

4　上市許可申請（Marketing Authorisation Applications, MAA）是向歐洲監管當局提出的在歐盟內銷售藥品的申請。非專利藥 / 仿製藥註冊適用於該申請。

5　是目前全球最大血液學專業組織，有來自世界近 100 個國家，約 15,000 名從事血液病的臨床醫生及科研工作者組成。其使命是對血液、骨髓、免疫方面的疾病的預防、診斷、治療的科研研究及臨床培訓。

5.35 億美元預付款、里程碑款，並將在比利時與 Janssen 共建生產基地，預計 2023 年正式投入運營。

3. **豐富且多元化的免疫細胞治療藥物管線：**傳奇生物建立了多元化的針對血液腫瘤和實體瘤的產品管線，除了 BCMA，其他靶點還包括 CD19/CD22、CD33/CLL-1、CD4 等，適應症覆蓋了多種血液腫瘤，以及胃癌、卵巢癌、胰腺癌、愛滋病等適應症。公司的第二款新產品為針對 CD4 靶點的 CAR-T 藥物，已獲得美國 IND 批准進入臨床試驗。

4. **在美國擁有一支國際化的管理團隊：**以黃穎博士為 CEO 的多元化管理團隊，是中國生命科技企業國際化的象徵，具備里程碑意義。

藥明巨諾 02126.HK

藥明巨諾生物科技有限公司（簡稱：「藥明巨諾」，"JW Therapeutics"）是筆者基金 2020 年完成投資的項目。公司由美國巨諾醫藥[6]（Juno Therapeutics）與藥明康德（02359.HK）於 2016 年 2 月聯合建立於中國上海。公司致力於以創新為先導，成為細胞治療領域的領導者。公司擁有員工近 500 位，其中科研人才佔比近 80%，並設有一個研發中心和兩個生產基地，為蘇州首家申領《藥品生產許可證》的 CAR-T 企業。

公司已搭建了涵蓋血液及實體腫瘤的細胞免疫療法產品管線，包括七款研發產品。瑞基奧侖賽注射液（Relma-cel）於 2020 年 6 月獲得了中國首張靶向 CD19 CAR-T 產品的臨床批件（IND），亦是唯一同時獲得「重大新藥創製」、「優先審評」、「突破性療法」三項殊榮的細胞治療藥物。2021 年 9 月，Relma-cel 在中國獲批上市，適應症為經過二線或以上全身性治療後成人患者的復發或難治性大 B 細胞淋巴瘤（LBCL）。

---

6 Juno Therapeutics 是一家歸屬百時美施貴寶（BMS）的公司，持股 18.65%，藥明巨諾目前擁有 BMS 在亞洲唯一的細胞藥物生產工廠，未來合作會更加廣闊。

2020 年 11 月，藥明巨諾正式於香港聯交所掛牌上市。2021 年 3 月，公司被納入深港通下的港股通股票名單。2021 年 6 月 30 日，市值約為 100 億港幣。

基金經理觀點

1. **細胞免疫療法是全球生命科技的突破性創新，藥明巨諾在中國處於領先地位**：在 CAR-T 療法出現之前，血液腫瘤的治療主要為靶向藥品，但療效較低。CAR-T 療法是癌症治療領域的重大突破之一，被認為是最有希望徹底治癒血液癌症的前沿技術。藥明巨諾為中國 CAR-T 領域的三大領先者之一，產品管線豐富且具有差異化優勢，涵蓋包括血液癌及實體瘤。

2. **擁有中國領先的技術開發平台、商業化生產設施及供應鏈，具備競爭優勢**：借助 Juno 的 CAR-T 工藝經驗及知識，公司擁有穩健及獨特的自主開發工藝。另外，在蘇州所建成的生產設施符合 cGMP 及 QMS 標準，基地佔地 10,000 平方米，配備包括所有細胞平台及病毒載體生產的設施，可滿足每年 5,000 例自體 CAR-T 細胞治療的產能需求。

3. **管理團隊經驗十分豐富、技能互補**：聯合創始人、董事長兼 CEO 李怡平（James）先生曾任職美國安進公司中國區總經理，並擁有豐富的私募投資（PE）經驗，曾成功投資了金斯瑞生物科技。高級副總裁孫文俊博士負責公司的業務拓展，他在默沙東、蓋茨基金會都有豐富的工作經驗。其他負責技術、財務、生產、臨床等職能的高管能力也處於一流水平，團隊執行力較強。

4. **公司積極佈局亞洲市場，以惠及更多患者。**

▤ RNAi 領域

Sirnaomics

Sirnaomics, Inc.（簡稱："Sirnaomics"）是基金 2018 年啟動、2019 年完成投資的項目。公司於 2007 年在美國馬里蘭州創立，聚焦核酸干擾（RNAi）技術的藥物研發，並在中國蘇州和廣州分別擁有一家子公司，負責核酸干擾藥物的研發、中試與產業化。公司所分拆的子公司 RNAimmune 專注於 mRNA 疫苗研發。

截至 2021 年 7 月，Sirnaomics 已搭建了十餘款產品的豐富產品管線，覆蓋腫瘤、纖維化疾病和病毒感染等領域，核心產品包括：1/ STP705：適應症為治療原位鱗狀細胞皮膚癌，臨床 IIb 期試驗已在美國啟動，並為首例患者用藥，在中國的臨床 IIb 研究 IND 申請已獲受理；治療肝癌的臨床 I 期試驗在美國啟動了首例患者用藥。這款藥物已有三項適應症獲得美國 FDA 孤兒藥認證[7]；及 2/ STP707：適應症為治療實體腫瘤，已獲 FDA 批准進入系統給藥 I 期臨床。

2020 年 10 月，Sirnaomics 順利完成了 1.05 億美元的 D 輪融資；2021 年 7 月，公司又完成 1.05 億美元的 E 輪融資，並且向港交所遞交了上市申請，預計在 2021 年內 IPO，成為第一家在香港上市的核酸干擾藥物（RNAi therapeutics）生科企業，它將是一隻「獨角獸」。

7　包括原發硬化性膽管炎、膽管癌和肝細胞癌（HCC）。

基金經理觀點

1. **時代力量，核酸干擾藥物領域處於爆發式增長階段：**首先，全球前
   20 名 MNC 在 RNAi 領域的投資，從 2017 年 85 億美元增長到 2020
   年 350 億美元；其次，2017 至 2020 年間，RNAi 公司的股價表現較
   S&P 500 以及 NASDAQ 生物指數大幅超出 400%[8]。另外，在基金投資
   Sirnaomics 時，美國 Alnylam 公司（ALNY.US）用於治療澱粉性病變的
   ONPATTRO® 核酸干擾藥物已提交了 NDA 申報，這款藥物被認為是第
   一款 siRNA 藥物上市。

2. **Sirnaomics 是首家在中美均深度佈局的臨床階段 RNAi 及 mRNA 療法
   新藥創製企業，也是首家在腫瘤領域成功的 RNAi 企業：**公司的臨床
   數量及進度處於第一梯隊，尤其在癌症治療領域。公司專注於核酸藥
   物體內遞送平台技術的開發，在自有技術的多肽納米（PNP）遞送系統
   的基礎上，又開發了化學修飾核苷酸（GalNAc）、多肽藥物共軛（PDC）
   和脂質納米顆粒（SLiC）的 siRNA 導入系統。其中，基於 PNP 技術的
   管線產品已有四款進入臨床階段，其他導入技術的產品也在準備申請
   IND 階段。公司子公司 RNAimmune 專注於 mRNA 疫苗研發。另一方
   面，公司是全球首家在腫瘤領域成功的 RNAi 企業，針對皮膚鱗癌的
   RNAi 藥物已取得 IIa 期臨床陽性結果，已有三項局部、一項全身臨床
   試驗。RNAi 療法治療癌症優勢為：能夠靶向參與腫瘤進展的不同細
   胞途徑的多個基因；及能夠專門抑制任何一大組癌症相關基因，而無
   需考慮其蛋白質產物的成藥性。

3. **多元化管理團隊充分體現生命科技公司國際化的特徵：**高管來自全球
   各地，他們具備豐富專業經驗及較強執行力。公司創始人、董事長兼
   CEO 陸陽博士及大股東戴曉暢博士即是核酸領域的科學家，也是生物
   科技公司的連續創業者。

8　數據來自 BCG 對於核酸干擾藥物的研究報告。

三　單克隆抗體

嘉和生物　06998.HK

　　嘉和生物藥業有限公司（簡稱：「嘉和生物」，"Genor Biopharma"）是筆者基金於 2020 年投資的項目。公司成立於 2007 年，專注於腫瘤及自身免疫藥物的研發及商業化，是中國最早一批佈局生物類似藥的生物製藥公司之一。公司的抗體研發平台位於美國三藩市；生產和品質控制（CMC）及技術研發中心位於中國上海；商業化 GMP 生產基地位於雲南玉溪。

　　2019 年，產品管線覆蓋全球前三大腫瘤靶標及十款暢銷藥物中的五款：其中，靶向 PD-1 的傑洛利單抗、靶向 TNF-α 的英夫利西單抗類似物、以及靶向 HER2 的曲妥珠單抗類似物已經處於註冊性臨床試驗的後期。截至 2021 年 7 月，嘉和生物共有 13 個在研單抗及雙抗產品。其中，傑洛利單抗新藥艾比寧® 的上市申請（NDA）已在中國被授予「優先審評資格」，並通過了國家藥品監督管理局（NMPA）藥品註冊生產現場核查，適應症為外周 T 細胞淋巴瘤（PTCL）；英夫利西單抗的上市申請亦在中國被受理，目前正在進行審評。另外，有八款產品的 IND 獲得批准。

　　2020 年 10 月，公司在香港成功上市，基石投資者包括了高瓴資本、泰格醫藥（300347.CH）等。2021 年 6 月 30 日，公司的市值約為 93 億港幣。

基金經理觀點

1. **嘉和生物是中國生物類似藥（Biosimilar）領域的領導者：**產品佈局覆蓋 PD-1、HER2、TNF-a、CD20 靶點，數量及進度領先。對於中國這樣一個人口眾多的發展中國家，各級政府相關部門（藥監、醫保、物價等）應該鼓勵生物類似藥發展，協調各企業的研發及生產，並且大規模政府採購，這樣才可以大幅度提高藥品的可及性，惠及廣大患者。目前，在香港上市的生物類似藥公司的價值被低估。

2. **可圈可點的臨床策略**：嘉和生物採取差異化的臨床開發策略，在 PD-1 治療領域方面，相比大部分生物科技公司通過黑色素瘤以及霍奇金淋巴瘤適應症報批，嘉和生物選擇了外周 T 細胞淋巴瘤（PTCL）這一臨床亟需的適應症。因此，在激烈的競爭中順利獲得「優先審評資格」。在中國，公司擁有治療乳腺癌領域覆蓋最廣泛的產品線。

3. **擁有從藥物研發、臨床試驗、生產製造及商業化的全覆蓋**：公司在雲南玉溪的製造設施已實現商業化，並滿足中國現行法規下批准創新候選藥物的產品驗證先決條件，可應對未來創新藥物生產需求。

4. **公司加速創新藥品引進，並且有較強執行力**：2020 年 6 月，獲得 Lerociclib 在中國的開發及獨家商業化許可；2021 年 5 月，遞交臨床試驗申請。Lerociclib 是一種差異化的口服 CDK4/6 抑製劑，用於其他靶向藥物聯合治療的一些類型的乳腺癌及肺癌。

創勝集團 06628.HK

筆者基金於 2019 年啟動了對創勝集團（簡稱："Transcenta"）的投資，並且是 B+ 輪領投的機構之一。2020 年，公司完成了 1.05 億美元的交叉輪融資。2021 年 4 月，公司向港交所遞交上市申請，正式啟動 IPO 流程。

創勝集團是由兩家優秀的生物科技企業，即錢雪明博士創立的邁博斯生物，以及趙奕寧博士創立的奕安濟世生物合併而成，於 2018 年末完成重組。公司總部位於蘇州，設有藥物發現、臨床和轉化研究中心；在杭州擁有工藝與產品開發中心以及藥物生產基地，目前生產基地擁有兩條 500 升及一條 2,000 升一次性生產線。截至 2021 年第一季度，已完成了 30 餘批 200-2,000 升規模的 GMP 生產；在北京、上海、廣州和美國普林斯頓分別設有臨床開發中心；在美國波士頓設立業務合作中心。

2019 年，抗體藥物在中國已進入高速成長期，創勝集團在藥品研發、生產技術、臨床運營、商業拓展及管理能力均處於一流水準。當時，公司

已有八個在研新藥項目申報臨床。其中，二代 PD-L1 抗體當時已開展 II 期臨床試驗；公司的人源化 Claudin18.2 單抗的研發處於全球領先地位。截至 2021 年 8 月，公司的人源化 Claudin18.2 單抗在美國和中國開展了臨床，並在中國完成了臨床 Ia 期，開展了 IIa 的臨床。TST001 的適應症包括了實體瘤、晚期胃癌、二線胃癌、一線胃癌等。針對實體瘤的第二代免疫治療 PDL1-TGFβ 雙特異性分子在中美進入臨床 I 期。針對嚴重骨質疏鬆的 TST002 被 NMPA 受理臨床試驗申請。

基金經理觀點

1. **公司擁有的新型連續化灌流生產技術在中國處於一流水準：**該灌注平台技術在中國僅有三家企業掌握，具有投資規模小、佔地面積少、易組裝、成本低等特點。公司成功將 GMP 灌流生產工藝用於內部雙特異性抗體項目，並放大至 200 升規模。公司與德國默克（Merck KGaA，Darmstadt Germany）達成戰略技術合作，共同推進治療性蛋白藥物的連續流生產[9]。2021 年 3 月，公司宣佈日容積生產率在為期四週的培養中超過了 6 克／升／天，使原液年產量與傳統分批補料工藝相比增加 15 倍以上，單個 100 升或 1,000 升一次性生物反應器的原液年產量可分別超過 130 千克或 1.3 噸。

2. **核心高管團隊擁有豐富的國際行業經驗、商業拓展能力：**研發團隊由一支擁有 20 年以上全球生物藥物開發、在 MNC 長期工作的精英組成。受益於豐富的國際化經驗，公司在藥品治療領域選擇、行業趨勢洞悉及對於自身能力認知方面都有清晰的判斷。公司在項目引進（License-in）方面成績顯著。

3. **Claudin 8.2 靶向產品臨床研發進展處於全球及中國領先：**公司針

---

9 通過將公司的 ICB 與默克的 BioContinuum™ 平台結合，加上默克廣泛的產品群組，能夠將一次性、連續和數字生物工藝開發技術彙集一體。

對 Claudin 18.2 靶點的藥品，目前已在中國及美國開展臨床研究。Claudin18.2 在業內被認為是未來治療胃癌最有前景的靶點。

信達生物 `01801.HK`

信達生物製藥（簡稱：「信達生物」，"Innovent Biologics"）始創於 2011 年，總部位於中國蘇州，致力於開發、生產和銷售用於治療重大疾病的創新藥物。

截至 2021 年 7 月，公司產品管線有 24 個品種，覆蓋腫瘤、代謝疾病、自身免疫等疾病領域，五個產品獲得中國 NMPA 批准上市，包括：1/ 信迪利單抗，2018 年獲批[10]，2019 年 11 月進入醫保，成為當年唯一進入新版國家醫保目錄的 PD-1 藥物，公司還提交了四項新適應症的補充申請[11] (sNDA)，其中用於治療一線非鱗狀非小細胞肺癌的申請已於 2021 年 2 月獲批；2/ 三款單抗生物類似藥，包括貝伐珠單抗生物類似藥、阿達木單抗生物類似藥、利妥昔單抗生物類似藥，於 2020 年獲批；3/ Pemigatinib 口服抑制劑，於 2021 年獲批，為公司第一款上市的小分子藥物。

2018 年 10 月，信達生物在香港聯交所主板掛牌上市。2021 年 6 月 30 日，公司的市值約為 1,320 億港幣。

基金經理觀點

1. **卓越的商業化能力**：公司的核心產品 PD-1 信迪利單抗注射液上市後銷售增長迅速，2020 年銷售收入達 22.9 億元，較 2019 年增長 125.4%，已成為中國 PD-1 市場上的領導品牌之一。另外，三款單抗生物類似藥也於 2020 年獲得 NMPA 批准上市，佔據了中國生物類似藥市場領先地

---

10 用於至少經過二線系統化療的復發或難治性經典型霍奇金淋巴瘤的治療。

11 是指新藥申請、已有國家標準的藥品申請或者進口藥品申請經批准後，改變、增加或取消原批准事項或者內容的註冊申請。

位，也使得公司成為唯一一家僅成立十年便成功於中國上市四項抗體藥物的生物製藥公司。

2. **完備的生物製藥開發及生產能力**：公司建立了一支擁有 1,000 多名員工的產品研發團隊，具備了從靶點尋找新分子、細胞株開發、工藝放大、方法學、產品生產、品質控制到臨床研究等完備的研發能力。公司已建成的生物藥產業化基地產能達 2.4 萬升，包括 6 套 1,000 升一次性生物反應器以及 6 套 3,000 升不鏽鋼生物反應器，生產線建設標準同時符合 NMPA、FDA 和 EMA 的 GMP 要求。這可確保公司近期生產需求得到充足供應，並降低生產成本。公司亦開始建設新的生產設施，將額外增加 12 套 3,000 升產能。

3. **快速拓展的多元化創新藥品管線**：通過自主研發及對外戰略合作，公司產品管線涵蓋了一系列新型及經驗證的治療靶點，包括單克隆抗體、雙特異性抗體、融合蛋白、CAR-T 及小分子藥。公司有 6 個品種獲批國家「重大新藥創製」科技專項，5 個產品進入 III 期或關鍵性臨床研究，另外還有 14 個產品已進入臨床研究。

4. **集團主席俞德超博士的高超政治公關能力、推銷公司能力**：公司已經成為中國生物製藥的模範案例，多省書記、省長登門拜訪。

5. **集團總裁劉勇軍博士在全球生物製藥界被廣泛認可**：劉博士負責信達集團全球研發、管線戰略、商務合作及國際業務等工作。加入信達生物前，劉博士曾在多家 MNC 工作，包括 2016 年至 2020 年期間，劉博士擔任賽諾菲全球研究部負責人。

君實生物 01877.HK 688180.SH

上海君實生物醫藥科技股份有限公司（簡稱：「君實生物」，"Shanghai Junshi Biosciences"）創立於 2012 年，是一家以開發治療性抗體為主的生物製藥公司，旨在開發 First-in-class（同類首創）或 Best-in-class（同類最優）

的藥物。公司在中國上海和蘇州、美國三藩市和馬里蘭建成四個研發中心；在蘇州吳江和上海臨港設立兩個生產基地。

截至 2021 年 8 月，公司的核心藥品組合包括：1/ 特瑞普利單抗（拓益®），於 2018 年獲批，針對惡性腫瘤，2020 年進入醫保。2020 年收入為 10 億人民幣，同比增長約 30%；2/ JS002 和 UBP1213，是中國公司首次獲得 NMPA 臨床申請批准（IND）的抗 PCSK9 單抗和抗 BLyS 單抗；3/ JS004（TAB004），是全球首個進入臨床的抗腫瘤抗 BTLA 單抗，目前正在中美兩地開展臨床試驗；4/ JS016（埃特司韋單抗，etesevimab）是與中國科研機構共同開發的新冠病毒中和抗體，目前已在超過 12 個國家和地區獲得緊急使用授權。

君實生物於 2018 年 12 月在香港上市，於 2020 年 7 月在上海科創板上市。2021 年 6 月 30 日，市值分別為約 816 億港元及 680 億人民幣。

基金經理觀點

1. **卓越的藥物發現和開發能力：**公司擁有 44 項藥品，絕大部分產品均通過自有平台自主開發，覆蓋惡性腫瘤、慢性代謝、自身免疫、神經、感染五大治療領域，創新研發領域包括小分子藥物、多肽類藥物、抗體藥物偶聯物（ADCs）、雙特異性或多特異性抗體藥物、核酸類藥物等更多類型的藥物研發以及癌症、自身免疫性疾病的下一代創新療法探索。其中，2 項處於商業化階段（特瑞普利單抗以及埃特司韋單抗），1 項處於新藥上市申請階段（阿達木單抗），16 項處於臨床試驗階段（PARP 抑制劑、昂戈瑞西單抗以及貝伐珠單抗處於臨床三期），25 項處於臨床前開發階段，含多個潛在「全球新」靶點藥物。除在自有技術平台開發藥物外，公司亦積極與國內外優秀的生物科技公司合作進一步擴展產品管線，包括 mRNA、TEAC 藥物等領域。

2. **強大的生產能力：**位於吳江的生產基地擁有 4,500 升發酵能力並獲得

GMP 認證，負責公司產品的臨床試驗用藥及商業化生產；臨港生產基地按照 cGMP 標準建設，I 期項目擁有 30,000 升發酵能力，於 2019 年底獲得《藥品生產許可證》。

3. **管理團隊完美結合了資本市場及生物製藥領域**：集團主席熊俊先生熟悉資本市場。總裁李寧博士是科學家，在 MNC 及美國 FDA 工作多年，熟悉製藥企業運作及美國市場。公司及時把握資本市場的時機，從上海新三板，到香港聯交所 18A，再回到上海科創板，每次的資本市場助力，都使公司邁上了一個台階。同時，他們也非常精準地抓住時代機遇，完成從生物類似藥到創新藥的戰略轉變。

天境生物 IMAB. US

天境生物科技（上海）有限公司（簡稱：「天境生物」，"I-Mab Biopharma"）是一家處於臨床階段的生物製藥公司，前身為三境生物，最早由創始人臧敬五博士、泰格醫藥和百家匯精準醫療共同創立，並於 2016 年進行重組，成為天境生物。公司在上海（總部）、北京、杭州、廣州、麗水、香港和美國分別設有研發中心及業務分支機構。

公司的產品管線聚焦於腫瘤免疫領域的同類首創（First-in-class）或同類最佳（Best-in-class）創新生物藥的研發。管線來源以自主研發為主、項目引進作為補充。

截至 2021 年 7 月，針對自主研發管線，採取「快速概念驗證」策略，處於全球臨床前及臨床階段的產品超過十個，進展較快的為 GM-CSF 單抗、CD73 單抗及 CD47 單抗，處於美國及中國的臨床 II 期。2020 年 9 月，公司將 CD47 單抗的海外權益授權給艾伯維（ABBV.US），合作金額總額高達 29.4 億美元。

針對引進產品，採取「快速產品上市」策略，在中國處於 II 期及 III 期臨床階段的產品有五個，分別從瑞士輝凌公司、德國 MorphoSys、韓國

Genexine、美國 MacroGenics 等公司引入，進展最快的為 CD38 單抗及長效生長激素，在中國已完成或處於註冊性臨床階段。 CD38 單抗預計將於 2021 年第四季度申報 BLA。

天境生物於 2020 年 1 月在美國納斯達克成功上市，當時市值 8 億美元，2021 年 6 月 30 日，市值約 65 億美元。

基金經理觀點

1. **富有成效的產品戰略，兩個市場，兩種策略，外部引進與自主研發齊頭並進：**天境生物構建中國和全球兩條產品管線。中國管線聚焦迫切臨床需求、有創新或者差異化的藥品，主要源於授權引進方式。候選藥物均在世界其他地區通過了臨床 I 期或者是 II 期試驗，展示良好的安全性和初步療效。同時，公司的全球管線聚焦了具有全球競爭力的高度差異化的自主創新產品，並在美國通過驗證的臨床試驗結果後，在全球與跨國公司合作，並在中國快速推進開發在中國實現產品上市。

2. **全球項目引進能力也是公司核心資產之一：**如筆者在業務拓展章節提到，這種能力是公司團隊協同能力、執行能力的最佳證明。

3. **管理團隊擁有豐富的研發、臨床及資本運作經驗：**創始人臧敬五博士曾擔任葛蘭素史克（GSK）全球高級副總裁兼中國區研發負責人、先聲藥業集團首席科學家、百家匯總裁、上海市免疫學研究所所長、上海交大醫學院基礎醫學院院長及中國科學院所長等職務，並在國際頂尖和知名學術期刊上發表超過百篇論文綜述及專著。同時，天境生物管理團隊其他成員均有相應的豐富行業經驗。例如：首席執行官申華瓊博士曾任中國強生公司楊森製藥公司副總裁兼開發總管、輝瑞醫藥全球研發高級總監及中國總負責、恒瑞醫藥首席醫學官等，首席財務官朱傑倫先生先後就職於傑富瑞（Jefferies）、瑞士銀行（香港）和德意志銀行（香港）等。

金斯瑞生物科技 01548.HK

金斯瑞生物科技股份有限公司（簡稱：「金斯瑞」，"Genscript Biotech"）成立於 2002 年，總部位於中國南京，主要從事製造及銷售生命科學研究產品及服務。公司在中國和美國設有研發、生產和運營中心，並在歐洲成立了傳奇生物愛爾蘭研發中心和荷蘭物流中心，在日本亦有全資子公司。公司擁有超過 140 個授權專利及超過 450 項專利申請。截至 2020 年 12 月，公司僱員超過 4,600 名，其中研發人員佔比超過 35%。

金斯瑞業務可劃分為四大部分：1/ 生命科學服務及產品（CRO）：為全球科研機構及生命科學領域公司提供基因合成、DNA 測序、寡核苷酸合成、多肽合成、蛋白生產、抗體開發等業務；2/ 免疫細胞治療：金斯瑞的子公司傳奇生物（LEGN.US）專注於 CAR-T 腫瘤免疫細胞療法藥物的開發，其針對 BCMA 靶點的 CAR-T 藥物 [12] 開發進度處於全球領先；3/ 生物製藥合同開發及生產：金斯瑞旗下的蓬勃生物專注於生物製劑 CDMO 業務，為世界各地的製藥、生物科技、政府和學術機構客戶提供端到端的基因及細胞療法以及大分子藥物發現、工藝開發和 GMP 生產服務。公司位於南京的抗體藥物工藝開發及 GMP 生產車間、位於鎮江的病毒及質粒工藝開發及 GMP 生產車間已投入運營；4/ 工業合成酶：金斯瑞的子公司百斯傑是目前中國前三的工業酶供應商 [13]，產能達 150,000 噸，能夠獨立開發各類酶製劑生產工程菌株。

金斯瑞生物科技於 2015 年 12 月在香港聯交所主板上市，華潤集團是唯一基石投資機構。2021 年 6 月 30 日，市值約 707 億港元。

---

12 西達基奧侖賽，用於治療成年人復發和 / 或難治性多發性骨髓瘤。
13 上市工業酶產品覆蓋了澱粉糖、有機酸、酒精、焙烤、啤酒等多個應用領域。

基金經理觀點

1. 金斯瑞覆蓋四個領域，並且在每個領域具備一定競爭優勢。基因合成細分領域佔全球市場份額第一。

2. 金斯瑞是中國為數不多的生命科技國際化公司，在全球 160 個國家和地區擁有 11 萬客戶，在美國、歐洲及亞太擁有銷售、生產及研發佈局。

3. 金斯瑞以 CRO 起家，卻及時洞悉細胞治療的發展，憑藉努力及機遇，在 CAR-T 領域處於全球第一梯隊，成就非凡。

4. 筆者在 2021 年 3 月金斯瑞股價低迷的時候，依然堅信這是一家市值千億港幣的公司，後來得到驗證。公司的 CDMO 業務及工業合成酶業務以後可以分拆單獨上市，投資價值更加被充分體現。

維亞生物 01873.HK

維亞生物科技（上海）有限公司（簡稱：「維亞生物」，"Viva Biotech"）於 2008 年在中國上海張江成立，主要為全球生物科技及製藥行業客戶提供臨床前階段的創新藥物研發外包服務（CRO），包括標靶蛋白的表達與結構研究、先導化合物發現、膜蛋白靶向發現、藥物化學和體外藥理學等。

維亞生物開發了獨具一格的、具有拓展性的業務模式。傳統 CRO 公司是將研發服務換取現金，以實現收入。維亞生物則在此基礎上加入了用研發服務換取股權的模式，更加適合發現、投資高潛力的生物醫藥早期初創公司，類似於半孵化器模式。截至 2020 年底，維亞生物已累計為全球 1,252 家生物科技機構提供藥物研發及生產服務，研究超過 1,500 個獨立藥物靶標，向客戶交付超過 21,000 個蛋白複合物結構，並共計投資孵化 67 家生物醫藥初創企業。

筆者基金在 2019 年 4 月深入研究了維亞生物，當時估值為 6 億美元，遺憾沒有能夠參與首次公開上市。

2019 年 5 月，維亞生物在香港交易所主板上市。2021 年 6 月 30 日，市值約為 192 億港元。

基金經理觀點

1. **維亞生物所處的 CRO 行業是發展非常好的領域：**首先，全球 CRO 市場發展迅速，在過去 10 年平均年增長率約 10%，中國市場約 30%。其次，藥物發現與開發的長時間及高成本一直是行業痛點，CRO 服務公司可以通過提供專業服務，一定程度上加快研發進度。另外，CRO 具備勞動密集型行業特徵，比較適合中國企業，這也是中國企業在此領域全球崛起的重要原因。最後，維亞生物作為蛋白結構細分領域的領導者，有一定的競爭優勢。

2. **獨特的商業模式：**維亞生物實施「服務換現金」和「服務換股權」兩種業務模式。「服務換現金」業務實現賺取短期藥物發現服務費用，實現穩定收入；「服務換股權」業務則可以利用自身專業判斷，選擇高潛力的生物醫藥初創公司，實現「孵化 + 投資」帶來的潛在收益。這種模式即有利於創業公司，也有利於維亞生物。

3. **經驗豐富的科學家團隊結合熟悉資本市場的高管：**維亞生物董事會主席和首席執行官毛晨博士，在 CRO 行業有超過 20 年的行業經驗，曾在美國派克—修斯研究所的結構生物學部擔任部門主任。華風茂先生擔任首席財務官，負責公司與資本市場相關業務，他擁有豐富的資本市場運作經驗。

五 呼吸製劑

長風藥業

長風藥業股份有限公司（簡稱：「長風藥業」，"CF PharmTech"）始創於 2007 年，在中國蘇州及無錫運營，創始團隊成員主要為留美歸國科學家梁文青博士及李勵博士。長風藥業專注於呼吸系統領域疾病的藥品開發，產

品覆蓋哮喘、慢性阻塞性肺病、過敏性鼻炎等治療領域，擁有定量吸入氣霧劑、乾粉吸入劑、霧化吸入劑、鼻噴霧劑等吸入製劑研發及生產平台。

2021 年 5 月，公司的核心產品之一「吸入用布地奈德混懸液」在中國獲批准上市，商品名為暢起®。此外，公司的氮卓斯汀／氟替卡松複方鼻噴劑也於 2020 年完成了臨床試驗並提交了上市申報。同年 6 月，沙丁胺醇霧化劑完成了生產申報。7 月，酒石酸左沙丁胺醇霧化劑獲得了臨床批件。

公司擁有近 500 名員工，其中 30% 以上為研發技術人員，是目前中國最大規模的專注於呼吸道領域疾病治療的生命科技公司。2020 年 8 月，公司投資 13 億元人民幣在蘇州建立全球研發中心。產能方面，公司的生產線均於 2020 年 8 月完成調試升級，目前產能已提升到每年 5,500 萬支。

筆者基金 2019 年參與了長風藥業的 E 輪投資，是領投機構之一。2020 年 1 月，長風藥業完成 E 輪 6.3 億元人民幣融資；7 月，完成了 F 輪 3.6 億元人民幣融資。

基金經理觀點

1. **吸入製劑市場在中國處於高速增長趨勢，長風藥業是此領域領導者之一**：主要是因為吸煙人數多、環境污染、人口老齡化，以及大眾對呼吸系統疾病的認知提升帶來就診率增加。中國吸入製劑市場長期被進口產品佔領，佔有率超過 90%。中國企業崛起是大勢所趨。

2. **長風藥業是中國有能力進入美國市場的吸入製劑企業**：以梁文清博士為首的創始團隊在吸入製劑領域耕耘多年，具備在美國及中國兩個最大市場的經驗。長風藥業在資本市場首次公開上市以後，可以加大國際合作，加速產品創新進程，參與國際市場競爭。

3. **長風藥業產品具備較高的患者可及性**：吸入用布地奈德混懸液的原研

藥品是英國阿斯利康研製生產的 Pulmicort®[14]。這個產品 2020 年在中國的市場規模超過 80 億人民幣，其中阿斯利康佔據 95% 的市場份額。長風藥業的產品已經通過中國藥監部門的藥品一致性評價，並且進入部分省份醫保目錄。

六　ADC 藥物

榮昌生物　09995.HK

榮昌生物製藥（煙台）股份有限公司（簡稱：「榮昌生物」，"RemeGen Co."）成立於 2008 年，是一家處於商業化階段的生物製藥公司，致力開發針對自身免疫、腫瘤、眼科等重大疾病領域的創新藥物。

截至 2021 年 7 月，公司已建立三個生物製藥研發平台[15]，並開發出了十多種候選藥物的產品管線，涵蓋抗體藥物偶聯物（ADC）、融合蛋白、單抗和雙抗。其中，核心產品包括：1/ 維迪西妥單抗，於 2021 年 6 月在中國獲批上市[16]，為首個獲批的國產 ADC 新藥；2/ 泰它西普，於 2021 年 3 月在中國獲批[17]，是一種全球首創的新型 TACI-Fc 融合蛋白，用於自身免疫類疾病的治療；3/ RC28，為首創的 VEGR/FGF 雙靶點融合蛋白，對於糖尿病性黃斑水腫和糖尿病性視網膜病等適應症即將在中國開展臨床 II 期試驗，對於濕性老年性黃斑部病變已開展臨床 Ib 期試驗。

2020 年 1 月，榮昌生物在香港交易所掛牌上市，IPO 募資高達 5.9 億

14　於 1991 年在英國獲得批准，2000 年在美國獲得批准。

15　抗體—藥物偶聯物（ADC）平台、抗體和融合蛋白平台及雙功能抗體平台。

16　適用於至少接受過兩種系統化療的 HER2 過表達局部晚期或轉移性胃癌（包括胃食管結合部腺癌）患者的治療。

17　主要適應症為系統性紅斑狼瘡（SLE），治療視神經脊髓炎頻譜系病（Neuromyelitis Optica Spectrum Disorder，NMOSD）和類風濕關節炎（Rheumatoid arthritis，RA）的臨床 III 期試驗也在中國進行中。此外，2020 年 1 月，泰它西普治療 SLE 的臨床 II 期獲 FDA 批准開展，治療 IgA 腎病（IgA nephropathy）的臨床 II 期於 2020 年 12 月獲 FDA 批准開展。

美元，創下了 2020 年全球生物技術 IPO 募資的最高紀錄。2021 年 6 月 30 日，市值約為 580 億港元。

基金經理觀點

1. **榮昌生物是中國抗體藥物偶聯物（ADC）領域第一品牌**：ADC 是近幾年崛起的突破性生物製藥領域。榮昌生物研發出中國首個獲批的國產抗體偶聯新藥，打破了 ADC 藥物領域無原創國產新藥的局面，並且填補了全球 HER2 過表達胃癌患者後線治療的空白。

2. **產品所針對適應症為目前遠未被滿足的治療領域**：1/ 在系統性紅斑狼瘡（SLE）領域，全球患者約 770 萬人，中國約 100 萬人。在相當長的時間，患者沒有任何有效藥品可以使用。GSK 的貝利木單抗是近 50 年被批准的唯一治療藥品，但是臨床數據顯示應答率有限，不足 60%。榮昌生物的泰它西普以其優秀的療效及安全性獲得中國 NPMA 審批。2020 年，此藥品在美國 FDA 獲得「快速通道資格」。2/ 在 IgA 腎病領域，目前全球還沒有獲得正式批准的治療方法，中國患者約為 200 萬人，而榮昌生物的泰它西普已獲得美國 FDA 及中國 NPMA 批准進入臨床 II 期。

3. **世界級的生物製藥管理團隊**：創始人、首席執行官兼首席科學家房健民博士在中國、美國有 20 多年的創新藥物研發經驗。首席醫學官何如意博士曾在美國 FDA 公司工作 17 年，擔任審評工作，後來在中國藥監局藥品審評中心擔任首席科學家。

4. **里程碑式的 License-out 使其被列入全球 ADC 領域第一梯隊**：2021 年 8 月，公司與西雅圖基因（SGEN.US）達成一項全球獨家許可協定，以開發和商業化維迪西妥單抗 [18]。公司從此次交易中獲得的潛在收入總額

---

18 西雅圖基因獲得維迪西妥單抗在榮昌生物區域以外的全球開發和商業化權益，榮昌生物將保留在亞洲區（除日本、新加坡外）進行臨床開發和商業化的權利。

將高達 26 億美元，以及在淨銷售額從高個位數到百分之十幾的梯度銷售提成。這一交易數額體現公司海外授權的能力。

雲頂新耀 01952.HK

雲頂新耀有限公司（簡稱：「雲頂新耀」，"Everest Medicines"）於 2017 年由醫療私募股權公司康橋資本（CBC Group）孵化創立。公司專注於後期臨床階段的創新藥開發，致力於在全球範圍內引進授權許可（In-licensing），開發和商業化創新性療法，以滿足大中華區及亞太區其他新興市場尚未得到滿足的醫療需求。

截至 2021 年 7 月，公司有七項藥物處於臨床 III 期，兩項 NDA/BLA 已提交予 NMPA，覆蓋癌症、免疫性疾病、心腎及抗感染領域。其中，針對癌症的 Trodelvy® 從 Immunomedics[19] 引進，是 FDA 批准的第一款 TROP-2 靶向的抗體藥物偶聯物（ADC），這款藥物的 BLA 已在中國獲受理，並獲得優先審評、NDA 已在新加坡提交；Nefecon 從 Calliditas 引進，用於 IgA 腎病[20]（IgAN）的治療，是第一批在中國被納入突破性治療品種的非抗癌症藥物之一，公司將在藥物於美國獲批後[21] 在中國尋求 NDA 批准，獲批後將是首個針對 IgA 腎病的治療藥物；抗感染領域方面，公司共開發了三種抗菌藥物[22]，其中 Xerava® 由 Tetraphase（目前為 La Jolla 製藥公司的全資子公司）引進，在新加坡已獲批、NDA 在中國已獲受理。免疫學方面，公司的 Etrasimod® 從 Arena 引進，治療潰瘍性結腸炎的適應症已在中國、韓國及中

---

19 該公司 2020 年 9 月被吉利德收購。
20 IgA 腎病在歐美國家是一種罕見病，美國僅 10 萬病患，而在中國則高達 200-800 萬人，但目前缺少確切治療方案，臨床上也通常使用適應症外用藥（off-license use）。
21 目前 NDA 已在美國提交。
22 包括 Eravacycline（Xerava®）、Taniborbactam（VNRX-5133 及 SPR206，他們一個共同特點為可以治療多重耐藥（multi-drug resistance，MDR）的革蘭陰性病菌（gram-negative bacteria）感染。相對於陽性細菌，陰性細菌感染疾病在中國更為常見，但現存抗生素的效用有限。

國台灣地區進入 III 期試驗臨床 [23]。

2020 年 10 月，雲頂新耀在香港聯交所上市。2021 年 6 月 30 日，市值約為 230 億港元。

基金經理觀點

1. **高效、相對低風險的商業模式：**通過引進產品，公司在亞太地區的研發可實現與歐美同步，例如：中國台灣地區、韓國、新加坡等地不需要做額外的臨床試驗，僅使用美國的臨床數據及獲批資料，便可申請批准上市。自從中國加入 ICH 後，藥物審批也可參考境外臨床數據，大大降低藥物開發風險。

2. **國際化目標明確，產品市場潛力巨大：**公司將業務方向定為：針對大中華區、亞太區及其他新興市場未被滿足的醫療需求。中國醫藥市場規模為全球第二大，預計到 2030 年可達 3.2 萬億元人民幣。亞洲其他地區如東南亞、韓國等市場潛力巨大，其中韓國市場預計到 2030 年將達 920 億美元。另一方面，公司產品覆蓋癌症、免疫性疾病、抗感染等領域及 IgA 腎病，這些領域市場規模預計到 2030 年分別達到 6,600 億、1,667 億、557 億元及 237 億人民幣。

3. **被強大資本孵化：**在 In-licensing 模式下，引進方需要具備雄厚的資金實力。不同於傳統藥企，雲頂新耀由康橋資本所主導孵化，對資本運營更加熟練，三年間便完成了三輪融資，合計 4.2 億美元，運營資金壓力相對較低。公司從創建到上市僅用了三年時間。

4. **公司大力引進精英人才：**在每一個治療領域聘請一位資深首席醫學管 (CMO) 以加速臨床進度，在業內較為少見。

23　其他正開發適應症還包括了克羅恩症（Crohn's disease）及自體免疫性皮膚病，這些疾病在中國被漏診較多且治療不足。

七 疫苗

康希諾生物 06185.HK　688185.SH

康希諾生物股份有限公司（簡稱：「康希諾生物」，"CanSino Biologics"）於 2009 年在天津成立，是由原跨國製藥企業團隊[24]創立的國家級高新技術企業，專注於人用疫苗的研發、生產和商業化。

截至 2021 年 7 月，公司研發管線中已有 16 種創新疫苗產品，涵蓋 13 種疾病領域的預防，其中上市的產品包括：1/ 與中國人民解放軍軍事學院生物工程研究所合作研發的埃博拉病毒疫苗 Ad5-EBOV，2017 年在中國獲批上市；2/ 新冠疫情爆發後，與軍事科學院生物工程研究合作開發的腺病毒載體重組新冠病毒疫苗克威莎®，於 2021 年 2 月在中國獲批附條件上市，是中國首個獲批的的腺病毒載體新冠疫苗；3/ 自主研發的 A 群 C 群腦膜炎球菌多糖結合疫苗美奈喜®，2021 年 6 月在中國獲批。此外，公司的中國首創四價腦膜炎球菌結合疫苗曼海欣®已獲得 CDE 的新藥註冊「優先審評資格」。

公司建立了基於腺病毒載體疫苗技術、蛋白結構設計和重組技術、結合技術和製劑技術等四大核心技術平台，擁有多項疫苗核心知識產權及專有技術。同時，公司還建有疫苗生產基地，符合國際標準，可為已上市的新型疫苗產品提供生產。

康希諾生物於 2019 年 3 月香港交易所上市，2020 年 8 月在科創板上市，成為科創板開板以來首只「A＋H」股。2021 年 6 月 30 日，市值分別為約 1,620 億港元及 1,350 億人民幣。

24　研發團隊曾在賽諾菲巴斯德、阿斯利康和惠氏等全球大型製藥公司工作，為領導創新國際疫苗研發的科學家和疫苗行業資深專家。

基金經理觀點

1. **康希諾生物處於前所未有的時代：**疫苗被各國視為戰略性資源，是一個國家公共衛生防護能力重要組成部分。鑒於全球地緣政治衝突加劇、去全球化勢力的擴大，疫苗領域受到前所未有的重視。康希諾在香港聯交所首次上市，再到中國內地上市，資本市場極大推動了公司發展。

2. **新冠疫情的突發是助力公司實現里程碑事件：**公司新冠病毒疫苗克威莎®已獲得多國的緊急使用授權及中國附條件上市，是對公司疫苗研發能力的又一次強力證明。這款疫苗也成為公司第一個進入商業化階段的產品[25]。2021 年上半年，公司收入為 20.6 億人民幣，淨利潤為 9.37 億人民幣。

3. **創新性產品管線佈局有利於康希諾生物迅速崛起：**公司在研產品 DTcP 加強疫苗有望填補 4-6 歲兒童百白破加強免疫空白市場；MCV4 有望成為中國首款腦膜炎四價多糖結合疫苗。

---

25 埃博拉病毒疫苗作為應急儲備，需要根據國家特別需求安排生產。

第五章

持續學習
永無止境

引言

根據最近三年的投資熱點，筆者精心篩選了五個所關注的投資專題，包括：罕見病與孤兒藥、病毒與疫苗、視覺健康、癌症精準醫療及溶瘤病毒。筆者系統性梳理了這幾個領域的歷史、投資邏輯及主要企業，並且相信在可預見的未來，有一批獨角獸將從這些領域中誕生。

從 30 年前進入藥學院學習開始，筆者一直在生命健康領域耕耘。即便如此，撰寫這幾篇專題也是一個學習的過程。因此，命名這個章節為「持續學習，永無止境」，意思是，從事生命科技領域的投資，最好保持好奇心、持續學習。

第 7 節
罕見病與孤兒藥 [1]

2021 年 2 月 28 日是第 14 個國際罕見病日。根據世界衛生組織的定義，患病人數佔總人口 0.065%-0.1% 的疾病，可以被定義為「罕見病」（Rare diseases）。據統計，世界上有 6,000-8,000 種罕見病，每年新增數量為 250 多種，影響多達 4 億患者，佔全球約 6-8% 的人口。因此說「罕見病不再罕見」。

在政府監管部門、患者組織、各種研發機構及生命科技公司的共同努力下、伴隨着人類對於生命科學認知的深入、以及研究向「個性化」治療的發展，針對罕見病診斷、治療和預防的藥物，也稱為「孤兒藥」（Orphan

---

1　在此，特別感謝 BCG consulting group 和吳淳博士的報告分享及圖表使用授權。

drugs），成為近 10 年的研發熱點。美國 FDA 批准的孤兒藥的數量不斷上升，在 2020 年，高達 31 個，佔當年全部批准新藥的 58.5%，創 10 年新高。這些療法中包括了 12 種 First-in-class。因此說「孤兒藥不再孤兒」。

罕見病與孤兒藥的發展歷程及關鍵因素

罕見病與孤兒藥的起步始於上世紀 80 年代，至今只有 40 年時間。這個領域的發展主要由以下因素導致：

1. **因素之一：法律、法規對於行業範式的改變起到關鍵作用。**

鑒於孤兒藥的研發難度大、研發成本高、目標人群市場小、獲利不確定性大，製藥企業最初不太願意涉足這個領域。1983 年以前，在美國上市的藥物僅有 30 多種涉及罕見病的治療。《孤兒藥法案》（Orphan Drug Act）的頒佈，以及「孤兒藥資格認證」（Orphan Drug Designation，ODD）對製藥行業產生深遠影響。這個法案對罕見病的定義包括：1/ 在美國患病人數低於 20 萬；2/ 患病人數超過 20 萬，但是在美國尚沒有治療該疾病的方法，並且該藥物不能獲得預期利潤。FDA 分別在 1991 年、1992 年、2011 年、2013 年對孤兒藥的規則進行了修訂。一系列的優惠政策，包括：藥物在獲准後享受七年的市場獨佔期、開闢「孤兒藥」審批綠色通道、研發費用的 50% 享受抵免等等，大力促進了孤兒藥領域的發展。截至 2021 年，在《孤兒藥法案》被實施的 38 年間，FDA 一共授予了 5,808 項孤兒藥資格，批准其中 952 項。在罕見病的療法方面，一系列具有突破性、創新性的技術得以被應用，例如：在 RNAi 領域、基因治療領域的一些創新療法都是孤兒藥，這些創新療法醫治及延長了大批患者的生命。

罕見病的定義在不同市場的含義不完全相同，例如：在歐盟，其定義為患病率低於 0.05% 的慢性、漸進性且危及生命的疾病。在日本，其定義為患病率低於 0.04% 的疾病。2021 年 9 月 11 日，《中國罕見病定義研究報告 2021》發佈：中國罕見病最新定義是指新生兒發病率小於 0.01%、患病率小於 0.01%、患病人數小於 14 萬的疾病。

2. **因素之二：從歷史規律來分析，罕見病與孤兒藥的興起與所在經濟體的實力正相關。**

　　大概規律是，當經濟體在人均 GDP 突破 1 萬美元的節點附近，這個社會開始解決高價格藥物問題，以立法的形式來促進更多罕見病患者受益。在 2019 年，中國首次越過了這個關鍵里程碑，人均 GDP 突破 1 萬美元。鑒於中國 14 億人口的龐大基數，這對全球的「罕見病與孤兒藥領域」將產生深刻及長遠影響。

圖表 1：歷來全球人均 GDP 變化 [2]

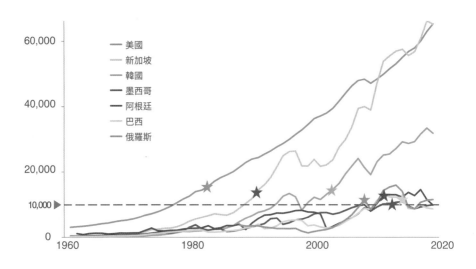

3. **因素之三：罕見病與孤兒藥是行業發展趨勢，由「大眾化治療」轉向「精準治療」，目標是「個性化治療」的重要組成部分。**

　　在 20 世紀 80、90 年代，行業的主要研究領域涉及患者人數廣泛的疾

2　美國 — 孤兒藥法案 (1983)，新加坡 — Medicines Act (1991)，韓國 — Orphan Drugs Guideline (2003)，俄羅斯 — 高花費疾病計畫 EDP (2008) ，阿根廷 — Law 26.689 (2011)，墨西哥 — Article 224 revision (2012)，巴西 — National Policy for Rare Diseases (2014)。圖表來源為：BCG 罕見病產業報告 — 產業迷思與挑戰篇，2021 年 5 月。

病，例如：心血管、高血脂、腸胃、抑鬱症等，屬於「**大眾化治療**」（General Medicine）範式。然而，當時普遍存在的問題是：一種藥品只對部分患者有效，很多時候有效率低於 50%。醫生常用的方法是，根據用藥指導（Formulary）給患者開不同作用機理的藥方，是典型的試錯法模式（Trial and Error）。21 世紀初，治療癌症的靶點藥品的出現、高通量測序技術的突破性進展、早期篩查及伴隨診斷的應用，極大促進癌症療法進入「**精準治療**」（Precision Medicine）範式，暨「基因測序 + 體外診斷 + 靶向藥物」。隨着人類對於疾病認知的深入以及生命科技的進步，未來適應症分類將愈來愈細，罕見病的概念將逐步淡化，最終實現人類的「**個性化治療**」（Individualized Medicine）範式。目前證據為：一些比較常見的罕見病患病人數已經高於部分癌症亞型患者人數，例如：視網膜色素變性、重型及中間型地中海貧血等。

全球已知的罕見病中，只有 5% 存在有效治療方案，臨床未滿足的需求巨大。大多數導致罕見病的作用機理相對清晰，因此，孤兒藥的研發成功率相對較高。

圖表 2：罕見病和所有疾病的臨床成功率和耗時對比[3]

研發成功率高、耗時短

罕見病[1]和所有疾病臨床成功率（2011-2020）

罕見病[1]　■ 所有疾病

	臨床I期到II期	II期到III期	III期到NDA/BLA	NDA/BLA到獲批	臨床I期到獲批
成功率高	67% / 52%	45% / 29%	60% / 58%	94% / 91%	17% / 8% (2X)

	孤兒藥		非孤兒藥
耗時短	<5年	臨床II期到上市	6-8年
	~11個月	FDA平均獲批時間	~16.6個月

1. 不包括罕見腫瘤，定義為美國患病率低於20萬人的疾病。
　資料來源：BIO, Phama Intelligence, QLS. ABPI LINC，案頭檢索，文獻分析，BCG分析。

4.　**因素之四：戰略位置日益突出，資本市場推波助瀾。**

　　生物製藥公司最初利用罕見病領域耗時較短、研發成功率較高的優勢，開展臨床試驗及商業化應用。隨後，這些公司逐步擴展產品適應症，以獲取更多的商業利益。由於孤兒藥資格認證在法律上獲得保護，例如：在美國，同一適應症，獨佔市場七年；在歐洲，獨佔市場十年。這些製藥公司將申請孤兒藥認證作為市場戰略，以擴大銷售，例如：瑞士羅氏製藥的 Avastin® 是拿到孤兒藥資格認證最多的藥品。

　　再接着，這些大型製藥公司依靠資金雄厚的優勢，對有商業價值的產品、甚至整個專注於罕見病的公司進行收購。罕見病成為全球生物製藥及生命科技行業戰略性佈局的一部分，這促使相關交易金額及數量快速增長。

3　圖表來源為：BCG 罕見病產業報告—產業價值篇，2021 年 5 月。

正如 20 年前，這些製藥巨頭積極佈局癌症領域一樣，現階段的罕見病佈局方興未艾。

圖表 3：全球前 20 生物製藥及生命科技罕見病累計交易額

（含預付款及里程碑付款）[4]

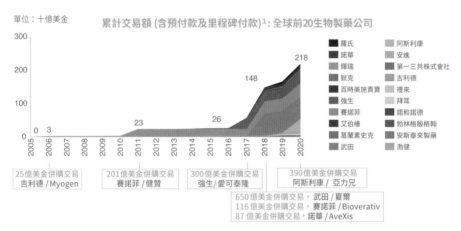

1 包括合作、授權許可和併購交易。
註：全球前20製藥公司指Rx銷售額最高的公司；包括：羅氏、諾華、輝瑞、默克、百時美施貴寶、強生、賽諾菲、艾伯維、葛蘭素史克、武田、阿斯利康、安進、第一三共株式會社、吉利德、禮來、拜耳、諾和諾德、勃林格殷格翰、安斯泰來製藥、渤健。
不包括未披露的交易價值。
資料來源：公司公開資料，BCG分析。

在另一方面，作為獨立上市、專注於罕見病的生物製藥公司，資本市場回報普遍高於行業平均水平。

4　包括合作、授權許可、併購交易。圖表來源為：BCG 罕見病產業報告—產業價值篇，2021 年
　　5 月。

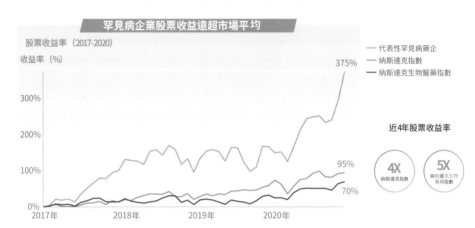

圖表 4：罕見病企業股票表現 [5]

註：收益率的計算基於2017年1月3日至2020年12月31日的市場交易數據；罕見病企業包括Alexion、Vertex、BioMarin、Crispr、Alnylam、Ultragenyx、Bluebird bio、Sarepta、Amicus、Ionis、Editas。
資料來源：Capital IQ，BCG分析。

罕見病及孤兒藥的代表性公司

在這 40 年的發展歷史中，罕見病領域的創新公司為人類健康作出卓越貢獻。一些公司依然保持獨立性，為上市公司，例如：美國福泰製藥（Vertex）、美國阿里拉姆製藥（Alnylam）；一些公司已經被更大規模的全球性生物製藥及生命科技集團兼併，成為其組成部分，例如：美國健贊生物 [6]（Genzyme）、愛爾蘭夏爾製藥 [7]（Shire）。兼併與收購是這個行業發展永恆的主旋律，通過以下案例，讀者可以大致了解這一領域的發展歷程。

1. 福泰製藥 [8]（Vertex）VRTX. US

The Billion-dollar Molecule 是在製藥行業中被廣泛閱讀的一本書，它描述了 Joshua Boger 創建一家聚焦孤兒藥的傳奇生物製藥公司福泰製藥的故

5　圖表來源為：BCG 罕見病產業報告—產業價值篇，2021 年 5 月。

6　現在成為法國賽諾菲的一部分。

7　現在日本武田製藥的一部分。

8　此部分內容參考了《製藥巨擘的成功密碼—小故事，大策略，為你解讀跨國藥企背後的秘密》。

事。 截至 2021 年 6 月，福泰製藥的市值高達約 522 億美元，是全球前 30 的製藥公司。它聚焦孤兒藥，並且超過 95% 的銷售來源於一個適應症，囊性纖維化病（Cystic Fibrosis，CF）。福泰製藥的成長歷程、資本市場的成功可以作為生物製藥投資範例來學習。

直到 1989 年，人類憑藉剛剛興起的基因測序技術，才第一次了解 CF 的病因是離子跨膜轉運障礙。該基因約有 2,000 種突變，其中 127 種突變會導致患病，因此需要聯合使用藥品治療。福泰製藥通過一系列產品獲批上市，奠定其在 CF 領域的絕對領導地位：2012 年，在美國獲批的 Kalydeco®，是一種 CFTR 增效劑，通過增強細胞表面 CFTR 蛋白的門控活性，來增強缺陷型 CFTR 蛋白的功能，主要針對 g551d 突變患者，在全球大約有 4,900 名。2015 年，在美國獲批的 Orkambi®，為 CFTR 校正器，主要針對 F508del 突變的 CF 患者，在全球大約有 25,000 名。2018 年，Symdeko® 獲批上市。2019 年 10 月，福泰製藥針對 CF 治療的 Trikafta® 獲得美國 FDA 批准，用於治療 12 歲以上的 CF 患者，它由三種有效成分構成。

創始人 Joshua Boger 是個技術天才，他依靠計算機技術和有機化學原理，在分子層面理解疾病，再基於分子結構來設計藥物。這個 "Structure-based rational drug design" 模式在製藥行業內被廣泛採納。

福泰製藥開始構建其他創新技術平台：2019 年 6 月，支付 2.45 億美元預付款從 Exonics 公司獲得 DMD 和其他神經肌肉性疾病的基因編輯治療技術。9 月，投資 9.5 億美元收購 Semma 公司，進入幹細胞治療 1 型糖尿病領域。

圖表 5：Vertex 股價變化及研發歷程[9]

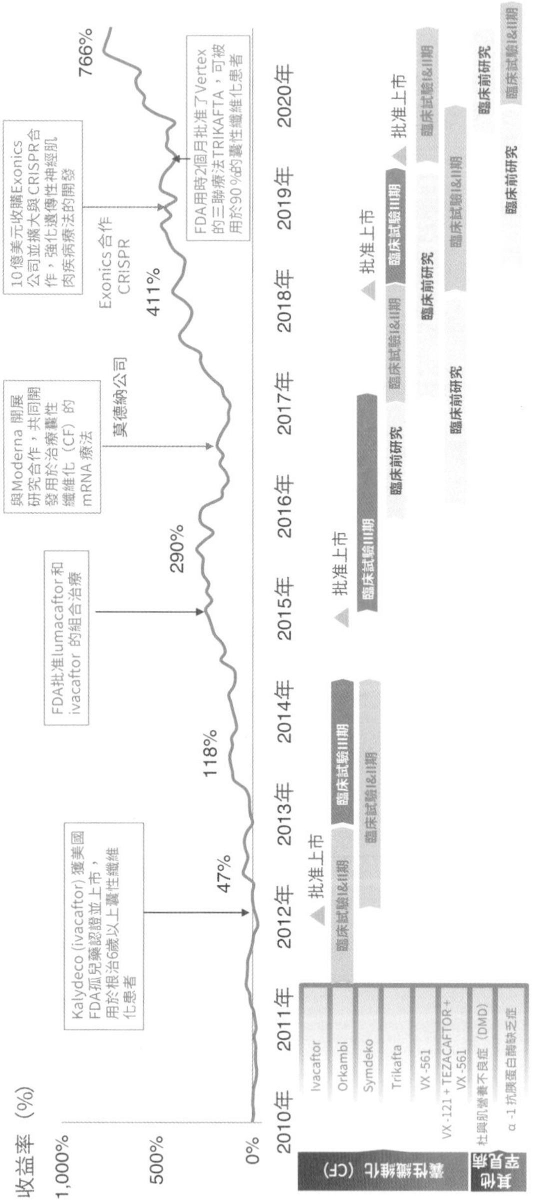

註：收益率的計算基於2017年1月3日至2020年9月30日的市場交易數據；
資料來源：Capital IQ，BCG分析。

9　圖表來源為：BCG 罕見病產業報告—產業價值篇，2021 年 5 月。

2. 健贊生物（Genzyme）

創立於 1981 年，最初為美國國立衛生研究院（NIH）提供經過修飾後用於臨床試驗的酶，公司科學創始人是 Henry Blair。1983 年，荷蘭人 Henry Termeer 加入並且塑造了這家傳奇式的生物公司。戈謝病（Gaucher's disease）是一種人體無法正常分解脂質而引起的致命疾病。如果病情得不到控制，脂肪就會在骨髓、肝臟、脾臟堆積，引起器官膨脹，患者終身痛苦，最終致死。1991 年，Ceredase® 獲得美國 FDA 批准上市，這是人類歷史上第一個治療戈謝病的藥物。治療費用大約是每年 15 萬美元，是那個時代最昂貴的藥品。Henry 說服保險公司及政府接受這一定價，以確保患者具備長期支付能力。同時，健贊生物也因此持續獲利及健康運營。後來，在 Henry 的大力推動之下，健贊生物為美國馬薩諸塞州的生命科技產業聚集做出重大貢獻。

2011 年，法國賽諾菲以每股 74 美元的價格，支付 201 億美元現金，全資收購健贊生物。

法國賽諾菲通過一系列收購，奠定其在罕見病及孤兒藥領域的領導地位：201 億美元收購健贊生物；48 億美元收購 Ablynx，獲得血液罕見病藥品 Cablivi®；116 億美元收購 Bioverativ，一家專注血友病的生命科學公司。

3. 夏爾製藥（Shire）

創立於 1986 年，起源於英國，後遷至愛爾蘭。初創時期，夏爾製藥以鈣片研發為主，用於治療骨質疏鬆。後來，公司通過一系列併購進入罕見病領域及多動症（ADHD）領域。在 20 世紀 90 年代，其針對兒童多動症的藥品 Ritalin® 及 Adderall®，在美國市場銷售表現突出。2009 年，為了應對 Adderall® 的專利斷崖，夏爾製藥推出長效藥品 Mydayis®。Adderall® 藥效持續時間為 12 小時，而 Mydayis® 可持續 16 小時，只需在清晨服用一次。

真正進入罕見病領域，是始於 2016 年，夏爾製藥耗資 320 億美元收購 Baxalta，鞏固了其在罕見病、血液、免疫、腫瘤領域的優勢。2019 年，日

本武田製藥以 620 億美元完成收購 Shire 製藥，獲得在罕見血液病、罕見新陳代謝病、神經系統領域的佈局。這是 2018 年度全球生物製藥及生命科技領域金額最大的交易。武田製藥也憑藉這次收購成為真正全球化的生物製藥公司。目前，公司在全球 40 個臨床階段項目中，約 50% 的項目為孤兒藥。

4.　**Spark Therapeutics**

創立於 2013 年，起源於美國費城。兩位女科學家 Jean Bennett 和 Kathy High 為公司作出傑出貢獻。公司的第一筆資金不是來源於風險投資基金或者製藥企業，而是來自於費城兒童醫院。

2015 年，公司在美國納斯達克上市。2017 年 12 月，Luxturna® 在美國獲批，是全球第一個治療單基因疾病的基因療法，適應症為成人 RPE65 突變相關的視網膜營養不良，這是一種罕見的遺傳眼科疾病。基因治療的標價為每隻眼睛 42.5 萬美元。

2019 年 3 月，全球生物製藥及生命科技領導者瑞士羅氏製藥以 43 億美元收購 Spark Therapeutics，用於豐富其孤兒藥產品線。根據羅氏製藥數據：2017 年，在公司 82 種臨床管線中，有 10 種為罕見病藥物，佔比為 12%；2018 年，佔比為 13%；2020 年，佔比為 16%。羅氏製藥通過兼併及自身研究，奠定其在罕見病及孤兒藥領域領導地位。

5.　**Alexion Pharmaceuticals**

創立於 1992 年，起源於美國康州。創立初期，公司嚴重缺乏資金，甚至面臨破產。1996 年，公司在美國首次公開上市。Soliris® 奇跡般地挽救了公司。2007 年，這個藥品獲得美國 FDA 批准，用於治療陣發性睡眠性血紅蛋白尿症（PNH）。該疾病導致嚴重貧血，無法根治，約三分之一的患者在五年內死亡。臨床研究數據表明，Soliris® 可以大幅度延長患者的預期壽命。2011 年，Soliris® 獲得批准適用於治療一種嚴重的罕見腎病，非典型溶血尿毒綜合症（aHUS）。2015 年，另一款藥物 Strensiq® 獲得 FDA 批准，

適用於治療低磷酸酯酶症（HPP），這是一種極為罕見的遺傳性代謝疾病，患者身體多個系統受到嚴重影響，最終導致危及生命的併發症。在全球，每100萬人中才出現不到20名患者。

2015年5月，公司以84億美元價格收購Synageva Biopharma，獲得產品Kanuma®，用於治療溶酶體酸性脂肪酶缺乏症（LAL-D），這是一種遺傳性、代謝性疾病，由基因突變引起。歐洲EMA在2015年8月，加速其審批上市。美國FDA授予Kanuma®「突破性治療藥物資格」、「孤兒藥資格」、「生物製劑許可申請優先審評資格」，2015年12月批准其上市。

2020年12月，公司被歐洲阿斯利康以390億美元的價格收購，成為其在罕見病領域佈局的重要組成。2021年7月20日，公司從美國納斯達克退市。

6. 阿里拉姆製藥公司（Alnylam Pharmaceuticals）ALNY. US

創立於2002年，起源於美國波士頓，是核酸干擾領域的全球先行者、領導者之一，利用這一技術在罕見病治療領域構建了豐富的產品管線。2004年，在美國納斯達克首次公開上市。2018年，公司研發的Onpattro®成為首款獲得FDA批准的siRNA藥物。2019年，Givlaari®獲得FDA批准。2020年，Oxlumo®獲得FDA批准。在公司研發產品線中，基本以罕見病適應症為主。截至2021年6月，公司的市值約為200億美元。

中國的罕見病與孤兒藥現狀

中國罕見病及孤兒藥領域處於起步階段，主要圍繞患者、醫生、及費用支付三大挑戰，具體表現在：患者漏診、誤診現象普遍、專科醫生少、藥品少、藥品貴、報銷難等。這些問題在其他國家的罕見病發展過程中也出現過，解決這些問題主要與政府對於此事的重視程度、促進性法律法規的制訂、經濟發展程度相關。

市場規模：中國已經公佈的 121 種罕見病，覆蓋患者超過 350 萬人，其中有 10 種罕見病的患病人群在 10 萬人以上，例如：突發性肺纖維化、多發性硬化、早發性帕金森症等。截至 2020 年，中國罕見病患者人數超過 1,680 萬人。根據罕見病聯盟組織針對 33 種罕見病、2 萬餘患者的調研分析：在中國，近 60% 罕見病患者年齡不到 20 歲；並且，患者多在嬰兒期發病，60 歲以上患者不到 3%。這就意味着，如果對這些罕見病患者積極治療，可以有效地、大幅度延長生命，例如：囊性纖維化在治療藥物出現之前，患者壽命不超過 1 歲；藥物治療後，患者平均壽命達到 37 歲。血友病患者在有效藥物治療出現之前，平均壽命為 30 歲；在藥物治療後，患者壽命達到 68 歲。

政策扶持：在中國政府、患者組織、醫院、製藥企業等各方努力之下，罕見病與孤兒藥在中國有較大進步。2018 年 5 月，中國衛健委牽頭發佈《第一批罕見病目錄》，包括 121 種疾病，動態更新時間不短於 2 年。2019 年 2 月，衛健委發佈《關於建立全國罕見病診療協作網的通知》，及《罕見病診療指南（2019 版）》。同年 10 月，發佈關於罕見病病例診療信息登記工作的通知，組織開發罕見病診療服務信息系統。2020 年 3 月，罕見病用藥保障被納入國務院《關於深化醫療保障制度改革的意見》[10]。目前，批准上市的 68 種孤兒藥中，有 46 種被納入《國家醫保目錄》，涉及 23 種適應症。

我們有理由相信：中國政府將罕見病與孤兒藥領域作為扶貧安康、社會和諧的組成部分，制訂相關規定在財務、稅收、醫保報銷等方面加大扶持力度，鼓勵製藥企業、醫院及非盈利患者公益組織共同推進發展。

支付問題：根據波士頓諮詢報告，2020 年，中國的基本醫療支出約為 21,000 億元人民幣，其中藥品為 39%，約 8,000 億元人民幣。假設藥品支出按照 6.5% 增長，到 2030 年，基本醫療保險藥品支出約為 15,000 億元人民幣。如果罕見病藥物按照總支出的 1.5%-3% 計算，中國大約只需要 200-

---

10　首批遴選 324 家協作網醫院，由北京協和醫院牽頭。

400 億元人民幣預算，就可以覆蓋罕見病藥物基本保障。

血友病：在中國，最成熟的罕見病為「血友病」。「血友病之家」統計，中國有血友病患者 13 萬人，登記 3 萬人，其中 1 萬人獲得治療。血友病為終身疾病，注入凝血因子為唯一有效治療方法。

商業戰略：一些中國企業在中國申請藥物批准的同時，也積極向美國 FDA 申請「孤兒藥」認證。從 2014 年以來，中國藥企一共獲得 70 多個美國 FDA「孤兒藥」認證。尤其在 2020 年，共有 19 家企業獲得 35 項 FDA「孤兒藥」認證，其中，在香港上市的「獨角獸」亞盛醫藥憑藉 4 款藥物獲得 9 項「孤兒藥」資格。

中國罕見病與孤兒藥主要公司

亞盛醫藥 06855.HK

創立於 2009 年，是一家立足中國，面向全球的生物科技研發企業。2019 年 10 月，公司在香港聯交所上市，截至 2021 年 6 月，市值約為 120 億港元。創始人楊大俊博士專注癌症學、細胞凋零機理與新藥研究 30 年，同時兼任中山大學腫瘤防治中心教授、中國藥促會研發專業委員會副主任委員。首席科學顧問王少萌博士 2001 年獲任美國密西根大學終身教授，於 2011 年獲任美國《藥物化學雜誌》主編，2015 年續任。

亞盛醫藥在 2020 年獲得九項「孤兒藥認證」及一項「快速審評通道」。截至 2019 年，公司在全球擁有授權專利 80 項及專利申請 200 餘項。其核心產品為 HQP1351，用於治療耐藥性慢性髓性白血病，已經在中國遞交新藥上市申請，並且獲得「優先審評」；在美國獲得 FDA「快速通道」及「孤兒藥認證」資格。

第 8 節
病毒與疫苗

2020 年 1 月，百年一遇的全球新冠肺炎疫情大規模爆發。上次類似規模的疫情發生在第一次世界大戰期間的 1918 年，在美國的軍營中，也被稱作「世紀大流感」(The Great Influenza)[1]。本次新冠疫情是現代人類歷史上所面臨的最嚴重的全球性公共安全危機之一，對於地緣政治、生活方式、工作方式、種族主義及民族主義、生物製藥及生命科技領域產生深遠影響。對於疫苗行業，這次疫情中創新技術 mRNA 的崛起，結構性地改變了行業格局，範式轉移 (Paradigm shift) 再次發生。需要指出的是，當目睹全球主要國家對於抗擊疫情的反應和措施、以及眾生百態，筆者感歎：雖然生命科技在過去 100 年有較大發展，但是人性的弱點沒有甚麼變化，人類社會文明也不如我們想像的那樣進步。

基礎知識

為了方便理解這個投資領域，先陳述一些病毒及疫苗基本知識，這些知識有益於辨別部分媒體及無良政客們散佈的虛假信息。

病毒是一種肉眼難以看清，需要借助顯微鏡才能觀察到的微小生物，可感染人類、動物及植物[2]。病毒是無法獨立繁殖的，需要宿主細胞存在而繁殖[3]。法國科學家 Louis Pasteur 可能是第一個將病毒的病原微生物稱為

1　推薦閱讀：The Great Influenza: The Story of the Deadliest Pandemic in History—John M. Barry 以及 Influenza: The Hundred Year Hunt to Cure the Deadliest Disease in History—Dr Jeremy Brown。

2　《牛津高階英漢雙解詞典》第九版解釋：a living thing, too small to be seen without a microscope, that cause infectious diseases in people, animals, and plants。

3　《疫苗的史詩：從天花之猖到疫苗之殤》，Jean-Francois Saluzzo，中國社會科學出版社 第二頁。

"Virus" 的科學家，從此微生物被分為細菌（Bacteria）及病毒（Viruses）兩大種類。病毒體積太微小，直到 1940 年電子顯微鏡的出現，人類才比較了解它們的存在。

疫苗接種（Vaccination）起源於 1796 年英國醫學家 Edward Jenner，他被稱為「疫苗之父」，他所發明的「牛痘接種法[4]」使人類戰勝了天花[5]。

需要強調的是：疫苗與其他藥物有着較大的區別：1/ 大部分預防性疫苗是依靠政府的大訂單獲利，因此，醫生和患者對於產品沒有太多選擇；2/ 針對嬰幼兒的疫苗多為強制性，這是公共健康的基礎；3/ 由於傳染性疾病的特點，政府對於疫苗接種有較大的影響力，因此，政府官僚體系的決策（與科學界一致或者不一致）都會影響公眾對於疫苗的接種程度及普及率；4/ 治療性疫苗與預防性疫苗在研發、銷售渠道、市場推廣等方面都有較大區別。

疫苗可分為抗病毒疫苗及抗細菌疫苗。在 20 世紀 30 年代，全球只有兩種抗病毒疫苗被使用：天花疫苗、狂犬疫苗。這是因為病毒的培養困難較大，導致病毒學的發展落後於細菌學，尤其在疫苗應用方面。當時已經有很多細菌疫苗，例如：傷寒疫苗（1896 年）、霍亂疫苗（1896 年）、鼠疫疫苗（1897 年）、白喉疫苗（1923 年）、破傷風疫苗（1927 年）、結核病疫苗（1927 年）及百日咳疫苗（1926 年）[6]。自 50 年代起，得益於培養技術的進步，細胞培養促使病毒學跨越式發展，抗病毒疫苗產業初步成型。在 70 年代，隨着分子生物學時代的到來，人類發現病毒的一個基本特性為：病毒在繁殖時具備高頻突變的能力，可以迅速演變，並且當病毒跨越物種屏障時，它的變異頻率更高。相比之下，細菌則較為穩定。

4　牛痘病毒是一種可引起牛產生輕微牛痘病灶的病毒。人若感染該病毒，只會產生輕微不適，並產生抗牛痘病毒的抵抗力。由於牛痘病毒與引起人類天花病的天花病毒具有相同抗原性質，人接種牛痘苗後，也可以同時獲得抗天花病毒的免疫力。

5　天花是由天花病毒引起的一種烈性傳染病。感染者發病後皮膚會出現丘疹，然後轉化為水皰及膿皰。可以通過飛沫和直接接觸感染的天花病毒，傳染性很強，18 世紀，在歐洲蔓延的天花導致 1.5 億人死亡。

6　《疫苗的史詩：從天花之猖到疫苗之瘍》，Jean-Francois Saluzzo，中國社會科學出版社 第三頁。

隨後，研究者將病毒疫苗分成兩大類：減毒活疫苗及滅活疫苗。減毒活疫苗的原理為：通過使病原體變異後，在人體內生長繁殖，最終使人類獲得免疫性，病毒變得無害。採用這類技術，可預防眾多疾病，例如：黃熱病、麻疹、水痘、脊髓灰質炎（口服）、日本腦炎等。滅活疫苗的原理為：採用化學或者加熱的方法中和對人體具有致病性的病原微生物，使其無法在人體內繁殖。這類疫苗包括：狂犬疫苗、流感疫苗、甲型肝炎疫苗、注射型骨髓灰質炎疫苗等，技術的優勢是製備比較容易；缺點是免疫力較低，需要多次接種。

行業發展歷程

讓我們回顧現代疫苗行業在過去 40 年左右的發展歷程。上世紀 80 年代末，疫苗處於行業邊緣化的地位。疫苗被視為人道主義色彩的公益產品，許多國家都有獨立的疫苗生產機構供應全國，而私人機構很少參與這一領域。之後的變革對於疫苗領域產生深遠影響，範式轉移由此發生：1/ 蘇聯的解體及全球化。突發的政治經濟變化使蘇聯陣營的國家們不再願意發展疫苗，他們希望在國際市場上購買物美價廉的疫苗。這為西方製藥企業提供非常好的商業機會；2/ 肺炎球菌結合疫苗（Prevenar®）在上市後就獲得史無前例的成功，成為「重磅炸彈」產品，年銷售超過 10 億美元。行業開始意識到疫苗是可以成為獲利豐厚的產品；3/ 人們逐漸意識到健康水準與經濟發展的直接關係。蓋茨基金會為此作出卓越貢獻，慷慨捐贈疫苗幫助眾多發展中國家，希望提高這些國家的公眾健康，促進經濟發展。在另一方面，基金會為疫苗行業注入前所未有的發展活力；4/ 由於疫苗的稀缺性及壟斷性，疫苗價格開始攀升，這個行業開始變得有利可圖，西方資本主義製藥企業開始在全世界購買疫苗試驗室及工廠。有些製藥企業兼併收購不太成功，就隨後退出疫苗領域，例如：瑞士諾華製藥曾經收購凱龍疫苗

（Chiron），後又將整個疫苗業務賣出。截至 2020 年，全球疫苗領域基本被四家超過百年歷史的跨國製藥集團壟斷：英國葛蘭素史克、美國默沙東、法國賽諾菲及美國輝瑞製藥。疫苗行業的規模大約 330 億美元，佔全球生物製藥及生命科技行業的 3%。這四家公司獲得全球疫苗市場 90% 的收入。在發展中國家，例如：中國、印度、俄羅斯等，也有各自的疫苗企業，但是主要以本國市場為主。同時，在已經上市銷售產品的創新性以及產品研發的豐富性方面，發展中國家的疫苗企業依然同這四家全球行業領導者有較大差距。這四家企業在全球有較好的佈局，以合作、合資、直接生產等形式開拓及滲透發展中國家市場，例如：默沙東在中國的疫苗有獨家代理；葛蘭素史克在中國有疫苗的合資公司；賽諾菲在美國、法國、中國、墨西哥都設有原液生產基地。

這段期間疫苗的發展方向也呈現以下趨勢：1/ 由單類型疫苗到**多聯疫苗**。多聯疫苗可大幅度減少嬰兒的接種次數，簡化接種方案，因此有效提高了產品的市場滲透率。多聯疫苗主要以百白破的聯合疫苗為主；2/ 伴隨着生物科技在安全性、生產及免疫原性的技術積累，**多價疫苗**是全球疫苗發展重點。在 2000 年以後，這類產品的數量明顯增多。肺炎疫苗是其中代表品種，肺炎鏈球菌包含 90 多種亞型，十價疫苗較七價疫苗有着更高的血清型覆蓋率。目前，肺炎疫苗的覆蓋率不到 50%，市場依然有較大增長空間；3/ 伴隨着技術升級，**新疫苗品種**已取代舊疫苗品種，例如：GSK 的二代帶狀皰疹疫苗 Shingrix® 在安全性上遠優於上一代品種；Heplisav-B® 是 25 年來首款 FDA 批准的乙肝疫苗，其使用的新型佐劑增強了保護能力，減少了接種次數[7]；4/ **癌症疫苗**成為各家企業的研發重點。2010 年，美國 Dendreon 公司研發出全球第一個前列腺癌治療性疫苗 Provenge®，這是里程碑事件，疫苗由防禦性屬性向治療性屬性轉變。在 2020 年美國臨床腫瘤學

7　其使用新型佐劑 CpG1018 增強了保護能力，減少了接種次數，並適用於成人注射提供長久保護。

會（ASCO），這款前列腺癌症疫苗的現實世界研究結果表明：在常規口服藥治療方案的任意進程中添加 Provenge®，可以降低死亡率 45%，總生存率延長 14.5 個月。

2020 年，新冠疫情的大爆發是引爆點（The tipping point[8]），全球疫苗行業再次發生「範式轉移」，背景如下：1/ 去全球化發生及各地極端民族主義、種族主義盛行。在全球化時代主宰世界的美國開始去全球化，強調「美國第一」。英國、德國、瑞典等歐洲國家開始反移民。部分西方發達國家轉向熱衷於意識形態的鬥爭；2/ 疫苗、檢測試劑、個人防護設備等開始被視為國家戰略性物資，相關產業被視為國家戰略性領域。各國開始思考、實施重置全球供應鏈，實現製造本地化；3/ 以 Trump 為代表的部分西方發達資本主義國家政客為了自己選票，罔顧科學常識，利用全球互聯網煽動仇恨及民粹主義給全球抗擊疫情帶來史無前例的挑戰，這是人類社會文明的倒退。就連從來不發表政治評論的科學界三大刊物《柳葉刀》、《新英格蘭醫學雜誌》及《自然》雜誌都對美國總統 Trump 提出公開批評；4/ 在這次疫情中，傳統四大疫苗公司的應對如下：美國輝瑞與德國 BioNTech[9] 合作；美國默沙東放棄兩款候選疫苗的開發計劃；葛蘭素史克及賽諾菲合作開發，目前尚未成功。結論是：這四家全球疫苗領導者在創新技術上沒有突破，對於此次抗擊新冠疫情沒有突出貢獻。令人意外的是，兩個生命科學新秀異軍突起：美國 Moderna 及德國 BioNTech，他們的 mRNA 產品最先被美國 FDA 批准使用。在納斯達克上市不到三年，他們的市值就進入了全球前 30 的生物製藥及生命科技公司之列。還需要指出的是，這兩家公司的技術最初是以治療癌症為主要方向[10]；5/ 由於世紀大流感的爆發，主要生產 Covid-19 疫苗的公司預計 2021 年銷售額如下：美國輝瑞 335 億美元，美國 Moderna

---

8　此字彙源於：Gladwell, Malcolm, 1963-. The Tipping Point: How Little Things Can Make a Big Difference. Boston :Back Bay Books, 2002。

9　創始人為土耳其移民後裔。

10　基於兩位科學家—來自奧地利的 Katalin Kariko 及美國的 Drew Weissman 30 年的研究。

180 億美元。全球疫苗市場規模預計達到 1,000 億美元；6/ 我們必須清醒地意識到：由於氣候變化對於人類及動物生存環境的巨大影響，人類爆發大規模傳染性疾病的概率及頻率會大幅增加。應對全球性的危機必須要有全球協調一致的解決方案，各國政府如果不從「人類命運共同體」的角度去認知，而是採用「零和遊戲」的思維，那麼受傷害的是全人類，沒有任何國家、個人是例外。

行業領導者及投資機會

1. 葛蘭素史克 GSK. US

源於英國，自 20 世紀 60 年代開始從事疫苗業務。如今，共有 30 多個疫苗品種獲批上市，用於預防 21 種疾病，每年可供應 10 億劑疫苗。公司疫苗研發中心在比利時，生產基地在法國、德國及匈牙利。2015 年，GSK 以 52 億美元價格收購諾華製藥的全球疫苗業務[11]，豐富產品組合。公司在腦膜炎疫苗系列、流感疫苗系列、重組帶狀皰疹病毒疫苗、肝炎疫苗系列、10 價肺炎疫苗的研發實力處於全球領先，這些產品的年銷售額均在 5 億美元以上。2017 年，重組帶狀皰疹疫苗 Shingrix® 獲得美國 FDA 批准上市，這是新一代的重組蛋白疫苗，可以預防 90% 以上的帶狀皰疹及帶狀皰疹後神經痛併發症；2020 年，Shingrix® 銷售額為 19.9 億英鎊。GSK 研發產品線非常豐富，有 1/3 的疫苗品種是針對於發展中國家流行的疾病，包括世界衛生組織重點提出的三大傳染病：愛滋病毒、結核病、瘧疾。除此之外，還包括 COPD 疫苗及呼吸道合胞病毒（RSV）預防疫苗等有較大商業價值的品種。

---

11 流感疫苗除外。

2.　默沙東 MRK. US

源於德國，於 1891 年由美國默克與沙東合併而成。1960 年至今，公司已研發及生產 40 多種疫苗，包括麻疹疫苗、乙肝疫苗、水痘疫苗、HPV疫苗等。1981 年，公司研發出全球首個基因重組乙肝疫苗。2014 年，九價HPV 疫苗 Gardasil® 在美國獲批上市，可以預防 90% 以上的宮頸癌。2020年，HPV 疫苗銷售額為 39 億美元；水痘疫苗 Varivax® 銷售額為 19 億美元；23 價肺炎球菌疫苗 Pneumovax 23® 銷售為 11 億美元。

3.　賽諾菲 SNY. US

源於法國，賽諾菲巴斯德 (Sanofi Pasteur) 是賽諾菲集團旗下疫苗公司。其歷史可以追朔到 1885 年，路易巴斯德 (Louis Pasteur) 研發出狂犬疫苗[12]。公司產品線非常豐富，有多達 20 多種病毒及細菌性疫苗，包括：水痘、霍亂、白喉、甲肝、乙肝、乙腦、肺炎、破傷風等。重要品種有：五聯疫苗Pentacel®，年銷售額超過 20 億美元；流感疫苗 Fluzone® 及 Flublok®，全球市場份額領先，年銷售額約 20 億美元。

4.　輝瑞製藥 PFE. US

源於美國，成立於 1849 年，疫苗歷史始於 1892 年天花疫苗的研發。2009 年，輝瑞製藥收購美國 Wyeth 獲得 13 價肺炎疫苗 Prevnar®；2014 年，收購美國 Baxter 的疫苗業務；2015 年，收購英國 GSK 的兩款疫苗。輝瑞疫苗收入主要來自 13 價肺炎疫苗，年銷售額約 60 億美元，是全球銷售前十藥品中唯一疫苗品種。肺炎是全球兒童感染性死亡的首要原因，肺炎球菌是肺炎最重要的病原之一，是引發中耳炎、腦膜炎、菌血病的主要病原菌。輝瑞製藥研發的治療前列腺癌疫苗處於臨床 I 期。2020 年，輝瑞與BioNTech 聯合開發 mRNA 新冠肺炎疫苗。截至 2021 年 7 月中旬，已供應

12　1888 年路易巴斯德創立的疫苗研究機構是公司的前身，後通過一系列合併 2004 年名稱改為賽諾菲巴斯德。

10 億劑疫苗，並還有 21 億劑的合約。根據公司預計，全年 mRNA 疫苗收入將達 335 億美元。

　　小結：這四家全球疫苗領導者在疫苗領域的研發歷史悠久，伴隨及主導疫苗的發展歷程。首先，它們在市場上銷售的產品非常豐富，已經獲得全球醫生、患者、護士的高度認可；其次，它們的研發產品兼顧防疫性疫苗及治療性疫苗，也覆蓋發達國家市場及發展中國家市場；再者，這些公司通過自我研發或者兼併、收購已經鑄成強大的競爭壁壘。經驗積累、技術的競爭優勢在未來一段時間內依然存在。鑒於以上判斷，對於任何新的疫苗領域進入者，競爭都非常激烈。因此，筆者認為人類疫苗領域的投資機會應為：1/ 投資於創新技術突破，例如：mRNA；以及 2/ 投資有極大潛力的中國市場。

mRNA 的崛起

　　2021 年 9 月《自然》專題文章 "The Tangled History of MRNA Vaccines[13]" 比較詳細地描述這項突破性技術的發展歷史，文章強調：是幾百名科學家歷經幾十年的努力工作，才借助此次疫情大爆發使 mRNA 價值得以體現。

　　2005 年，科學家 Katalin Kariko 及 Drew Weissman 共同發明出修飾核苷 mRNA 技術來抑制 mRNA 的免疫原性，並即申請了專利，並將這一突破性研究發表在《Immunity》，促成了 mRNA 療法的誕生。2007 年，Derrick Rossi 利用這一技術應用在幹細胞研究。2010 年，Rossi 同知名的美國 MIT 教授、美國三院院士（Robert Samuel Langer）及著名的美國劍橋風險投資集團（Flagship Pioneering[14]）的首席投資執行官 Noubar Afeyan 創

13　Dolgin E. The tangled history of mRNA vaccines. Nature. 2021 Sep;597(7876):318-324. doi: 10.1038/d41586-021-02483-w. PMID: 34522017.

14　原為 Flagship Ventures。

立了 Moderna。在德國，Sahin 及 Tureci 夫婦利用風險投資資金創立了 BioNTech，利用 mRNA 技術來發展腫瘤疫苗。

傳統疫苗的產量是一個嚴峻問題，製造工程耗時數月。相比之下，mRNA 技術可以在數週內完成大量生產。在 Moderna 成立不久，蓋茨基金會就投資了 mRNA 的疫苗計劃，這款疫苗主要用於治療由賽卡病毒及 HIV 引起的疾病。

2020 年 1 月，中國科學家公佈了新冠病毒基因序列。Moderna 和 BioNTech 都在第一時間開始了 mRNA 疫苗的研發工作。疫苗的設計都是將編碼新冠病毒樹突狀蛋白的 mRNA 包裹在脂質體內，當疫苗注射到體內時，體內的細胞可以通過 mRNA 合成大量的病毒蛋白，並且誘導免疫系統識別該蛋白，從而產生對新冠病毒的免疫記憶，以抵抗病毒感染。12 月 2 日，BioNTech 的疫苗在英國上市，為全球首款新冠疫苗，並在 12 月 11 日獲得了美國 FDA 批准的緊急使用權。12 月 18 日，Moderna 的疫苗在美國也獲得新冠疫苗的緊急使用權。

1. **BioNTech SE** `BNTX.US`

創立於 2008 年，總部位於德國美因茨，專注於開發信使核糖核酸（mRNA）個性化療法，針對癌症、傳染病和慢性感染病等。公司主要產品包括：1/ Comirnaty®，與美國輝瑞於 2020 年合作開發，為美國和歐洲獲批的首個 mRNA 新冠疫苗。截至 2021 年第一季度，新冠疫苗的全球供應使得公司實現收入 20.5 億歐元，同比增加 73 倍；2/ 個性化新抗原 BNT122，一種試驗性 mRNA 癌症疫苗，處於臨床 II 期，與 Keytruda® 聯用治療黑色素瘤。除此之外，公司已與美國輝瑞、比爾蓋茨基金會等合作開展對流感、愛滋病毒、結核病等其他感染領域的疫苗開發。2019 年，公司於美國納斯達克上市。截至 2021 年 7 月，市值約為 750 億美元。

2.　Moderna Inc. MRNA. US

　　創立於 2010 年，總部位於美國馬斯諸塞州劍橋，專注於癌症免疫治療，包括基於 mRNA 的藥物發現、藥物研發和疫苗技術。公司核心產品包括：1/ mRNA-1273，是一款 mRNA 新冠疫苗，獲得了 FDA 的緊急使用授權批准，為公司第一款獲批的疫苗。截至 2021 年第一季度，mRNA 新冠疫苗收入為 17 億美元，使得公司總收入同比增長 240%；2/ mRNA-1647，是一款針對巨細胞病毒 (CMV)[15] 的研究性 mRNA 疫苗，處於臨床 II 期。2018 年 12 月，公司於美國納斯達克上市。截至 2021 年 7 月，公司被納入標普 500 指數，股價較年初漲幅超過了 150%，市值達到 1,400 億美元。

　　幾點常識有助於理性理解，辨別是非：1/ 有效率的不同主要是因為採用不同的技術路線，因此需要在同一技術路線中比較產品差異。但是這一點非常有挑戰，因為現實中很難做兩個疫苗產品的對比試驗；2/ 只有嚴肅的臨床試驗結果，並且數據公開、透明，才有實際參考價值。大部分關於疫苗傳聞毫無意義，並且經常斷章取義，只會使公眾產生恐慌心理及對於科學不信任的態度；同時，必須注意到臨床試驗大部分是由疫苗公司贊助的；3/ mRNA 為突破性新型技術，它的臨床副作用目前並不清楚，必須長期觀察；4/ mRNA 的穩定性是一大挑戰，因此需要在零下數十度才可儲存數月；並且，需要在全程溫度監控條件下冷鏈運輸。這種條件即便對於美國這樣高度發達的國家都是挑戰，目前絕大部分的冷藏藥品在零上 2-8 度即可。對於發展中國家，如何保持超低溫冷鏈運輸、儲存是非常大的挑戰；5/ mRNA 疫苗的價格大約 20-30 美元一支。發達經濟體相對比較容易承擔，但是對於地球上大部分發展中國家，這筆開支都是嚴峻而現實的問題。

15　世界上 1/150 的新生兒會出現先天性 CMV 感染，它是造成先天缺陷的首要感染性原因。

中國疫苗市場

灼識諮詢公司報告顯示，2019 年中國疫苗市場的規模大約為 425 億人民幣。在銷售前十的品種中，進口疫苗佔六席。2019-2030 年，疫苗市場的複合增長率預計超過 10%。中國疫苗市場的集中度非常低，只有中國生物技術股份有限公司超過 10%，且 29 家疫苗企業中有 19 家企業僅簽發一種疫苗。大部分疫苗企業是從代理商起步，研發積累薄弱。2019 年 12 月 1 日起實施的《中華人民共和國疫苗管理法》對於疫苗研發、生產、流通、預防接種及監督管理做出系統性規定，有利於創新及提升集約度。

近幾年，個別中國疫苗公司在品種創新、市場佔有率、公司市值都有顯著提升。這次新冠疫情的大爆發更是極大促進了疫苗領域，有些上市疫苗公司市值已經達到 1,000 億人民幣，例如：智飛生物（300122.SZ）、沃森生物（300142.SZ）、康泰生物（300601.SZ）、康希諾（688185.SH）、萬泰生物（603392.SH）等。但是必須清醒地意識到：這些公司的市值更多的是享受中國市場發展的紅利，它們在具備全球競爭力方面還有不少差距。建議它們積極地參與全球投資、併購，長期持續地投資在品種研發上。

截至 2021 年 7 月，中國科興疫苗及中國國藥疫苗已被 WHO 納入緊急使用清單。中國對外援助和出口疫苗的數量超出了其他國家的總和，出口對象也主要是發展中國家。截至 2021 年 9 月，中國已對外捐贈疫苗超過 2,600 萬劑，向 105 個國家和 4 個國際組織提供了 9.9 億劑疫苗、原液，居全球首位。

在香港資本市場上，有兩家與中國相關的疫苗公司值得關注：一家為康希諾，在本書「優秀案例」章節有詳細介紹；另一家為艾美疫苗，簡介如下：

艾美疫苗

創立於 2011 年，起源於北京。從事人用疫苗的研發、生產、銷售及疫

苗物流配送，是中國最大的民營疫苗全產業鏈集團之一。2020 年，公司取得了約 6,000 萬劑的批簽發量，是僅次於中國生物（CNBG）的第二大疫苗製造企業。公司也是唯一在全球擁有全部五種經過驗證的人用疫苗平台技術 [16] 的中國疫苗企業。公司產品覆蓋全球前十大疫苗品種，在產疫苗包括乙型肝炎疫苗、狂犬病疫苗，是中國第一大乙肝疫苗及第二大狂犬疫苗的生產商。在研疫苗包括四種抗 COVID-19 疫苗（分別採用 mRNA、滅活病毒、重組腺病毒載體和重組蛋白技術）、一種手足口病 EV71-CA16 二價疫苗、三種肺炎球菌病疫苗等，大部分針對人口基數大的主要疫苗可預防傳染病。

基金經理觀點

1. **全球疫苗市場發生範式轉移**，新的範式已經發生：1/ 全球 2021 年疫苗市場將達到 1,000 億美元。2/ 中國、俄羅斯、印度等新興市場國家的疫苗產業會藉機在全球市場崛起。3/ 有一定規模的發展中國家將建設自己的疫苗研發生產能力。4/ 疫苗成為了世界主要國家的戰略性產業。

2. **西方資本主義發達國家的自私與虛偽本性暴露無遺。** 1/ 發達國家與發展中國家的疫苗分配不合理。2/ 加拿大、美國等國家寧願囤積遠超於自身需要的疫苗，甚至浪費幾千萬劑也不分享給其他國家。3/ 西方七國會議的疫苗諾言至今沒有兌現，它們只是在「開空頭支票」。4/ 疫情面前，沒有盟友。

3. **關於病毒的來源問題。** 任何有理智的人去了解一下 100 年前的「世紀大流感」、「愛滋病毒」及「埃博拉病毒」的來源，就會得出相對理性的結論，而不是被無恥邪惡政客洗腦。在病毒領域，人類的認知非常有限。

4. **有些人使用「個人主義」、「集體主義」或者「自由國家」、「集權國家」的藉口來粉飾自己疫情防控的無能。** 它們之間沒有因果聯繫。大災難面前

---

16 包括細菌疫苗平台技術、病毒疫苗平台技術、基因工程疫苗平台技術、聯合疫苗平台技術及 mRNA 疫苗平台技術。

必須以結果為導向，就是降低死亡率、減少發病率。「人權」及「以人為本」不是空洞的口號，要讓事實與數據說話。

5. **公益性是疫苗的基本特徵，這是由疫苗的防疫屬性決定。**在百年一遇的疫情面前，空談「專利」保護並且主要的出發點不是治病救人，而是地緣政治，凸顯了所謂資本主義民主國家逐利的本質，以及自以為是的虛偽。

6. **這次全球性危機，對於人性是一次嚴峻的考驗。**病毒的天性以及人類對於自然環境的破壞，基本可以預計類似的疫情將會更加頻繁地爆發。人類真正的敵人是病毒，而不是人類彼此，人類與病毒的鬥爭將是永恆。人類彼此信任的缺失，將注定這場與病毒戰鬥的結局。

備註

現有的疫苗技術路線包括滅活疫苗、病毒載體疫苗、mRNA 疫苗、重組蛋白疫苗及減毒活疫苗等，前三種當前的應用最廣、產量最大，以下為各自主要特點：

	減活疫苗	病毒載體疫苗	mRNA 疫苗
作用機制	直接將抗原蛋白注射進入人體，引起免疫反應	通過去除病毒本身有害物質，保留感染能力，將目標物質遞送進入細胞內，由細胞產生抗原蛋白，進而引起特異性免疫反應	將編碼病毒抗原的 mRNA 注入體內，由人體自身細胞產生對應的抗原，以此激活特異性免疫
特點	工藝成熟、質量穩定、安全性高、易於儲存和運輸	可誘導細胞免疫、生產成本低	研發及生產週期短、免疫原性較好
臨床 III 期的接種有效率[17]	51%-91%	66%-92%	94%-95%
儲存溫度要求	2℃-8℃	2℃-8℃	-80℃-60℃（輝瑞—BioNTech）-25℃-15℃（Moderna）
每劑價格[18]	30 美元（科興）	2.15-5.25 美元（牛津—阿斯利康）10 美元（強生）	19.5 美元（輝瑞—BioNTech）25-37 美元（Moderna）

---

17 數據來源：Tregoning, J.S., Flight, K.E., Higham, S.L. et al. Progress of the COVID-19 vaccine effort: viruses, vaccines and variants versus efficacy, effectiveness and escape. Nat Rev Immunol (2021). https://doi.org/10.1038/s41577-021-00592-1。

18 數據來源：https://www.biospace.com/article/comparing-covid-19-vaccines-pfizer-biontech-moderna-astrazeneca-oxford-j-and-j-russia-s-sputnik-v/。

第 9 節
光明使者：視覺健康投資的邏輯與思考[1]

對光明的嚮往是人類的本能，是人類共有的文化特徵。視覺健康領域的投資不但前景廣闊，更是功德無量。

視覺健康的重要性

視覺是通過視覺系統的外周感覺器官（眼）接受外界環境中一定波長範圍內的電磁波刺激，經中樞神經有關部分進行編碼加工和分析後獲得的主觀感覺。人類至少有 80% 以上的外界資訊經視覺獲得，因此是最重要的感覺器官。

人類和靈長類動物的大腦皮層內有至少 32 個區域[2] 參與視覺資訊處理，人類通過視覺與認知來了解與改造世界。眼科是醫院中具體檢查視覺健康的科室。從投資者的角度，「視覺健康」是更合適的稱謂。

疾病的普遍性

視覺疾病的普遍性超過大部分公眾的認知。世界衛生組織（WHO）發佈的《世界視力報告》顯示：2020 年，全球人口約為 78 億，有 26 億人患有近視性屈光不正，其中 19 歲以下的近視人數達到 3.1 億；18 億人患有老視；40 至 80 歲的人群中，7,600 萬人患有青光眼；全球 30 歲以上人群中，

1　在此，特別感謝劉欲曉女士對此章節內容的貢獻。劉女士擁有超過 20 年的投資、併購、商業運營及管理經驗，是睿盟希國際視覺科學基金的創始人及 CEO，致力於全球範圍內挖掘並投資視覺科學領域。

2　即佔大腦皮層一半以上的區域。

年齡相關性黃斑變性（AMD）患者人數約有 2 億人；1.5 億人患有糖尿病視網膜病變（簡稱：「糖網」）；全球沙眼患者有 250 萬人。白內障佔 39%、未經矯正的屈光不正佔 18%、青光眼佔 10%，這三種疾病是致盲的主要原因。同時，根據 WHO 預測，全球近視人數和高度近視人數將不斷攀升，預計 2030 年分別達到 33.2 億人和 5.2 億人；而 AMD 和青光眼的患病人數也將在未來十年持續上升，在 2030 年分別達到 2.4 億人和 9,540 萬人。人口老齡化、生活方式的改變將導致視覺患者的數量持續上升。值得指出的是，當科學家們、投資基金經理們把注意力聚焦在癌症的時候，其他疾病的嚴重性反而被低估。

視覺疾病的解決對於減少貧富差距有現實意義

截至 2020 年，全球有 11 億人患有未經治療的視力損害。預計到 2050 年，這一數字將增至 18 億人，其中絕大多數居住在中低收入國家。需要強調的是，超過 90% 的視力喪失可以通過現有的、成本效益較高的干預措施來預防或治療。最新評估表明：解決可預防的視力喪失問題，每年可以給全球帶來 4,110 億美元的經濟效益，有助於實現聯合國的可持續發展目標、減少貧困和不平等，以及改善教育和工作機會。因此，「視覺健康領域投資」是一件重塑社會公平、提升人類福祉、提高全球經濟效益的光明事業。

現有治療方案的有限性

傳統上，治療眼科疾病的手段非常有限，主要依賴眼藥及手術。眼藥的有效成分也有限，大致包括抗生素、抗炎藥、人工眼淚、抗眼壓升高、抗血管新生等。同時，眼藥的創新迭代相比其他領域較為緩慢。

在全球範圍內，完全專注視覺領域疾病治療的行業領導者較少，其中兩家為美國愛爾康（Alcon，ALC.US）及日本參天製藥（Santen Pharmaceutical，4536.JP）。

1.　近視（Myopia）

全球按照區域，東亞地區的近視發病率約為 50%，遠高於世界平均發病率，並且有不斷上升的趨勢。據 2018 年調查結果，中國 6 至 18 歲青少年的近視率全球第一，到達 54%，高中生近視眼患病率高達 81%。中國高度近視人數高達 4,000 至 5,000 萬[3]。臨床醫學充分證明，長期的高度近視將會產生致盲性的病變，例如：青光眼、視網膜脫離、黃斑變性、白內障、眼底新生血管等。

目前，預防近視的措施主要是增加戶外活動、減少近距離用眼時間。控制及延緩近視的措施包括：佩戴框架鏡，適用於各種年齡階段的人群，但是效果較差；佩戴角膜接觸鏡，如角膜塑形鏡、軟性角膜接觸鏡等，限 8 至 18 歲患者使用；手術治療限 18 歲及以上患者。

低濃度阿托品滴眼液（Atropine）在臨床證明能延緩近視進展程度。1999 年至今，新加坡國立眼科中心（Singapore National Eye Centre，SNEC）針對阿托品治療近視展開一系列研究，其中 0.01%、0.1% 和 0.5% 阿托品滴眼液均可一定程度上控制近視進展，但是 0.01% 濃度的副作用明顯較小，並且停藥後反彈速度相對更慢。新加坡國立眼科中心推出的藥品 Myopine® 已經有 15 年臨床應用歷史，並且在亞洲、歐洲多個國家及地區應用。值得指出的是，硫酸阿托品是一個非常古老的藥品，主要劑型包括片劑、注射液、滴眼液，在臨床上用於搶救感染中毒性休克、治療有機磷農藥中毒等；在眼科治療中，用於散大瞳孔、麻痹睫狀肌等。

角膜塑形鏡，全稱為塑形用硬性角膜接觸鏡（俗稱 OK 鏡）。它採用一

3　數據來源：國盛證券：《眼科黃金賽道，未來 10 年看誰獨領風騷》。

種與角膜表面幾何形態相逆反的特殊設計，通過戴鏡產生的機械力學及流動力學作用，對於角膜實施合理、可調控的、可逆的程式化塑形，引起角膜上皮層變薄（大約 20um）以及中周部位變厚，角膜中央基質層變厚而中周部基質層變薄，改變角膜的屈光力，達到校正視力的作用。中國衛生健康委員會發佈《近視防控指南》指出，角膜塑形鏡對於近視的控制優於佩戴框架眼鏡。

軟性角膜接觸鏡，俗稱隱形眼鏡。通過對接觸鏡的特殊光學設計，例如：離焦設計、非球面設計等。使得佩戴在角膜表面後，改變外界光線的路徑，在形成清晰視力的同時可以控制近視的進展。由於其良好的安全性和有效性，美國 FDA 已經批准相關產品用於近視控制。

屈光手術包括角膜屈光手術、人工晶狀體植入手術，是唯一可以在非帶鏡條件下恢復視力的解決方案。但是其局限性在於對於醫生的手術經驗有一定要求，價格偏高，有可能出現角膜和眼內結構損傷及相關併發症，或者一段時間後出現近視回退現象。

2. 乾眼症（Dry eye syndrome）

乾眼症，也稱為角結膜乾燥症，是指由多種因素引起的慢性眼表疾病。由於淚液的質、量及動力學異常，導致淚膜不穩定或眼表微環境失衡，伴有眼表炎症反應、組織損傷及神經異常，造成眼部多種不適和（或）視功能障礙。世界範圍內，區域不同，乾眼病的發病率差異較大，大約 5.5%-33.7%，平均 20%；亞洲乾眼病發病率居全球前列[4]。

乾眼症的主要治療手段分為藥物治療和非藥物治療。藥物治療又可依據病因、局部病變程度、全身疾病等狀況，選擇潤滑眼表和促進修復藥物，例如：人工淚液、促進淚液分泌的滴眼液；抗炎治療，例如：糖皮質激素、免疫抑制劑、非甾體類抗炎藥等；抗菌藥物。非藥物治療包括物理治療、

4　數據來源：國盛證券：《眼科黃金賽道，未來 10 年看誰獨領風騷》。

強脈衝光治療、熱脈動治療、淚道栓塞或淚點封閉、治療性角膜接觸鏡等，對於常規治療效果不佳可以考慮手術治療。近年來，免疫治療藥物的興起對中、重度乾眼，尤其是免疫相關性乾眼較為適宜。全球有兩款藥品最為常用：艾爾建公司的 Restasis®5，諾華製藥的 Xiidra®6。在中國，興齊藥業 (300573.SZ) 的環孢素滴眼液也於 2020 年經由國家藥監局獲批。

3.　白內障 (Cataract)

白內障是全球第一大致盲眼疾病。白內障是由任何原因導致晶狀體出現混濁，並影響成像品質，使視力發生障礙的疾病，常見原因是老化、遺傳、外傷及中毒等。儘管引起晶狀體混濁的原因不同，但晶狀體混濁的結果大多是由於晶狀體細胞排列混亂、造成晶狀體折光性變化所致，這種變化並不可逆。根據中華醫學會眼科分會統計，中國 60 至 89 歲人群白內障發病率為 80%，90 歲以上人群發病率 90%。至今，通過手術植入人工晶狀體以取代已經變混濁的天然晶狀體是治療白內障的唯一有效手段。

全球人工晶狀體生產眼科醫療器械公司眾多，包括美國的愛爾康、美國強生集團、美國博士倫、德國蔡司 (Zeiss)、日本豪雅 (HOYA)、荷蘭 Ophtec、英國 Rayner 等，其中前四家大約佔全球市場的三分之二。

4.　青光眼 (Glaucoma)

青光眼是一組威脅和損害視神經及其視覺通路，最終導致視覺功能損害，主要與病理性眼內壓力升高有關的眼病，是全球僅次於白內障的致盲性疾病。

依據引流房水的前房角解剖結構是否被周邊虹膜堵塞，將原發性青光眼分為開角型及閉角型青光眼。開角型青光眼眼壓升高時房角始終保持開放，但是無法正常引流房水功能，導致 24 小時眼壓峰值超過 21mmHg；閉

5　2003 年上市，是首款抗炎乾眼用藥。

6　以 53 億美元收購。

角型青光眼患者一般存在解剖結構的異常[7]，前房角被周邊虹膜組織機械性阻塞，導致房水流出受阻，造成眼壓升高。

　　青光眼的治療方式包括藥物治療、激光治療及手術治療，可以聯合應用。根據美國眼科學會（AAO）發佈的《Primary Open-Angle Glaucoma PPP》，藥物治療是開角型青光眼最基本的降低眼壓的方式，其中前列腺素衍生物藥物的有效降壓幅度為 25%-33%，是首選藥物。前列腺類藥物的主要產品有：輝瑞製藥的拉坦前列素滴眼液 Xalatan®，這是第一款被美國 FDA 批准的用於治療青光眼的前列腺類藥品；愛爾康公司的曲伏前列素滴眼液；艾爾建公司的貝美前列素滴眼液；日本參天製藥及美國默沙東的他氟前列素滴眼液，具備高選擇性、高親和力，降壓幅度高達 37%。

　　鐳射已被廣泛應用於青光眼的治療中，如選擇性鐳射小梁成形術（SLT）、鐳射周邊虹膜切開術、氬離子鐳射周邊虹膜成形術、睫狀體光凝術等。AAO 青光眼治療指南中推薦 SLT 作為開角型青光眼初始治療首選方式之一，或者首選藥物治療後，減少藥物種類和藥物用量的輔助治療方法之一，可有效降低眼壓，並實現可重複的治療方式。

　　青光眼微創手術治療（Microinvasive glaucoma surgery，MIGS）旨在減少傳統小梁切除術手術對眼表的損傷、避免術後濾過泡瘢痕化等問題。作為更安全、更便捷、可重複治療的手術方式，是更具有前景的抗青光眼手術。

5. 眼底血管新生性病變（Choroidal and retinal neovascularization disorder）

　　眼底血管新生性病變是由於視網膜血管、脈絡膜的毛細血管在各種病理因素的刺激下，經歷出芽、遷移、增殖、基質重塑等過程而產生的新生毛細血管床。由於其管壁發育不完整、血管脆性大，極易發生滲出和破裂出血，繼而結締組織增生形成瘢痕，最終導致不可逆性盲的發生，常見於濕性年齡相關性黃斑變性（AMD）、糖尿病黃斑水腫（DME）、視網膜靜脈阻塞（RVO）、病理性近視（PM）等。

7　如周邊房角狹窄。

黃斑區集中 90% 的視覺感光細胞，黃斑區發生任何不可逆性病變可以導致失明。眼底新生血管性疾病主要治療目的為抑制血管新生，消除出血、水腫、滲出，最大程度保存並改善患者視力，主要治療方法包括藥物、鐳射、手術等。近 20 年來，對新生血管的干預手段發展迅速，特別是抗血管內皮生長因子 (VEGF) 藥物的出現，其治療效果已得到大量臨床證據的證實。目前臨床治療的抗 VEGF 藥物，有諾華製藥的雷珠單抗，德國拜耳公司的阿柏西普。中國成都康弘的朗沐®於 2013 年首先通過當時中國 SFDA 審批上市。針對抗 VEGF 的仿製藥及改變劑型和給藥途徑的再開發仍然是眼科領域的重要方向。

6. 角膜盲 (Corneal blindness)

角膜盲是全球第三大失明原因。角膜作為最表淺和最重要的屈光間質之一，極容易受到外界各種損傷，從而導致角膜盲。角膜移植是角膜盲復明的主要手段。全球每年有 150 萬至 200 萬新增角膜失明病例，存量的雙眼角膜失明患者總數約 1,270 萬例。中國單眼角膜盲約 299 萬患者，雙眼角膜盲約 44 萬患者。

全球範圍內，供體角膜的短缺一直是制約角膜移植的關鍵因素。每年全世界僅能實施 185,000 台角膜移植手術，平均每 70 個需要角膜移植的等待患者中，只有 1 個患者得到角膜。並且，一部分移植手術後患者會因移植排斥反應和複雜炎症反應而導致移植失敗，需要再次移植。再者，由於供體數量少，能夠獨立完成手術的醫師匱乏，手術培養週期長等因素，嚴重限制了角膜移植的成功開展。

角膜移植的現代技術在近 20 年得到快速發展，尤其成分角膜移植技術，例如：板層角膜移植、角膜內皮移植、角膜緣幹細胞移植術的快速發展和應用成為今後角膜移植的方向。儘管目前角膜移植手術技術已非常成熟，但是由於供體緊缺，其風險性和局限性慢慢凸顯出來。而人工角膜的出現成為角膜盲患者恢復視力的選擇。

全球眼科醫生嚴重短缺，尤其在發展中國家

在美國及德國，每 100 萬人口中有 81 名眼科醫生；在中國，每 100 萬人口中，僅有 21 名眼科醫生。眼科醫生的嚴重短缺對於中國或者印度這樣人口眾多的發展中國家是一項艱巨的挑戰。尤其類似 Covid-19 的疫情未來可能會再次爆發的情況下，可以解決眼科醫生短缺的視覺健康項目值得關注。

視覺健康投資邏輯

筆者基金歸納 AAA 的維度來審視視覺健康領域的投資項目，也就是 "Available"、"Accessible"、"Affordable"。不只是從技術創新的角度評估，也從產品的可用性、廣大醫護的可及性、患者經濟可承擔性的維度評估項目。任何一項好的診斷或治療方案都應具備以上特性，最終以患者為中心，提供更具成本效率的解決方案，這是價值醫療的核心。

視覺領域的創新是一個跨學科的複合性創新領域，橫跨機械、電子、物理、光學、生物工程、材料、分子生物等，此外也包括對神經科學、認知領域的探索。近些年，數字醫療、可穿戴設備拓寬了視覺治療技術的適用性。

視覺領域的投資需要關注三個細分領域創新：基因治療、人工智能、數字醫療。

1. **基因治療（Gene therapy）**

眼睛是非常適合基因治療的靶器官。視網膜神經細胞為不可再生組織，由於天然存在的「血─眼屏障」使得眼睛作為一種免疫豁免器官和全身宿主的大部分免疫反應隔絕，這種特性和眼球本身的小尺寸特點，賦予基因治療的獨特優勢。視網膜細胞可以維持轉基因產物的生產，而且分佈的體積

也很小，這些都是影響轉染效率及臨床成功的因素。

第一個成功獲批的眼科基因治療產品 LUXTURNA® 由 Spark Therapeutics 公司研發，於 2017 年 12 月獲得美國 FDA 的上市許可，用於治療因雙拷貝基因 RPE65 突變相關的視網膜功能障礙，主要針對疾病為 Leber 先天黑矇（Leber congenital amaurosis）。

2. 人工智能（Artificial intelligence）

一張眼底照，即可解讀各種眼底疾病，不僅預示着眼底的變化，更可能預測周身疾病的發展和變化。人工智能可以分析海量數據，協助醫生確定疾病臨床模式，預測疾病進展，指導臨床護理並優化操作和資源。截至 2021 年 6 月，美國 FDA 與中國 NMPA 各批准了兩家眼科人工智能企業針對糖尿病視網膜病變診斷或篩查的解決方案。儘管這些公司商業模式依然處於探索階段，但人類對於使用人工智能來更好的滿足視覺健康抱有很高期待。其中，鷹瞳科技（Airdoc）2021 年 11 月 5 日（02251.HK）在香港上市，有潛力成為這個領域的獨角獸。

3. 數字醫療（Digital eyecare）

視覺健康行業在這次疫情中受到衝擊，從中國到美國、再到歐洲，相當數量的視光診所、眼鏡門店在疫情高峰期停止或者限制性營業。現有的互聯網醫療主要圍繞門診導流、初步問診、處方藥品流通等環節，一些核心要素，例如：見醫生、檢查、住院、手術、治療、監測依然需要在醫院或者診所進行。

視覺健康行業兼具醫療屬性及消費屬性，因此除了醫療級的標準外，患者對於過程的體驗性、便利性要求更高。而「視光」的光學屬性、影像屬性使得愈來愈多的檢查，甚至治療已經數字化。這些特性可以在視覺健康領域，用數字化再造業務流程和醫患關係，為病人提供更具標準醫療品質的便捷服務。

基金經理投資項目簡介

1. Belkin Vision

始創於 2013 年，是一家提供非侵入性、全自動、青光眼鐳射治療設備的以色列臨床階段的醫療器械公司。創始人 Michael Belkin 教授是以色列視覺健康的領軍人物，Daria 是首席執行官。公司所研發的設備利用直接選擇性鐳射小梁成形術（DSLT），通過其獨有的高速影像捕捉的眼動、強大的算法及軟件操控、以及特殊的鐳射光源設計，1 秒鐘內有 100 至 120 束鐳射攝入，每束鐳射攝入前都會完成安全位置矯正。DSLT 產品操作簡單，不僅降低了醫生對設備使用的學習曲線，而且為青光眼治療帶來了更高的操作效率，使得選擇性鐳射小梁形成術（SLT）治療門檻大大降低，可以作為所有眼科醫生甚至視光師都能掌握的一線治療方案，惠及更多的青光眼病患，提高患者依從度。長期隨訪結果顯示，在青光眼治療上，SLT 激光治療優於滴眼劑治療，社會經濟成本更優。而公司的初步人體臨床試驗顯示，DSLT 治療效果與傳統的 SLT 相比等同。但是，DSLT 副作用更小，操作更便捷，病人依從性更高。

2. EyeYon Medical

始創於 2011 年，是一家專注於以突破創新性技術解決角膜內皮水腫的以色列初創公司，由資深眼科醫生 Ofer Daphna 博士、資深角膜外科醫生 Arie Marcovich 博士和公司首席執行官 Nahum Ferera 共同創辦。核心產品包括可以替代人源供體角膜內皮移植物的人工材料角膜內皮 EndoArt®，以及治療性角膜接觸鏡 Hyper CL®。EndoArt® 能夠從根本上緩解角膜移植供體不足的情況，降低手術學習難度，將對角膜移植領域帶來重大突破。

EndoArt® 於 2020 年獲得美國 FDA「突破性醫療器械認證」；2021 年 3 月，獲得中國 NMPA 的創新醫療器械認證，是唯一同時獲得 FDA 和 NMPA 創新認證的同類眼科產品。2021 年 5 月，EndoArt® 獲得歐洲 CE 認證。

基金經理觀點

1. 鑒於視覺健康對於個體及社會的重要意義，以及人口結構、工作生活方式的改變，視覺領域存在巨大的、未被滿足的臨床需求。因此，此領域應被配置在基金投資組合。

2. 「3A 投資邏輯」是該領域投資所堅持的原則。

3. 與眼科醫生、視覺健康投資基金合作，提高投資項目成功概率。

第 10 節
癌症精準醫療：伴隨診斷、早期篩查及監測 [1]

行業背景

癌症是由於基因突變引起的細胞異常增殖，是全球的主要臨床挑戰之一，也是重大的公共衛生安全問題。根據世界衛生組織的數據，2020 年全球癌症患者約為 1.35 億，亞洲患者大約佔 48.8%，中國癌症患者大約為 3,200 萬。

根據不同的癌症類型，癌症早期篩查可以提高 5 至 7 倍的生存率。大部分的早期癌症可以被有效治癒，對於患者及家庭是重大的福音；同時，癌症早期篩查可以大幅度降低社會整體的健康支出。

精準癌症治療需要通過伴隨診斷及疾病監測來實現。突破性創新技術二代測序（Next-Generation Sequencing，NGS），也稱為高通量測序（High-throughput Sequencing）技術的出現，大幅度降低大規模測序的費用，促成液體活檢的大規模應用，使癌症精準治療成為可能，例如：在過去 20 年，首次人類基因測序的單個基因組成本為 4.5 億美元；目前測序單個基因組的成本降到 600 美元 [2]。預計在 2024 年，成本將降低到 100 美元。人類已進入全基因組時代，美國的 Illumina 公司（ILMN.US）是當之無愧的測序行業的領導者之一，其他包括美國賽默飛（TMO.US）、中國華大智造、瑞士羅氏診斷（ROG.SW）。

傳統的癌症檢測技術包括：醫學影像檢查、腫瘤標誌物檢測，以及組織活檢。醫學影像是以非入侵方式取得人體內部組織影響的技術，主要檢

1　在此，特別感謝陳一友博士及周勵寒博士對此章節內容的指導與審閱，他們分別是諾輝健康（6606.HK）創始人兼董事長，以及 MiRXES 創始人兼 CEO。

2　截至 2020 年 12 月，參考 Novaseq 6000。

測方式包括：計算機斷層掃描成像（Computed tomography，CT）、磁共振成像（Magnetic resonance imaging，MRI）、X-ray、超聲成像等。醫學影像一直是癌症檢測及診斷的主要手段，然而影像學檢測時間較長，對於設備、設施及醫生有較高要求，在實際操作中難以成為大規模篩查的手段。蛋白腫瘤標誌物是一組經過臨床研究證實，與惡性腫瘤發生高度相關的蛋白，常見蛋白包括癌胚抗原（CEA）、甲胎蛋白等。腫瘤標誌物對於癌症的預測效果較差，容易出現假陰性結果。組織活檢是指通過器械從人體內提取組織，進行病理學檢驗，例如：胃鏡檢測、腸鏡檢測等。這類方法的優勢是準確性高，缺點是入侵性強、檢驗步驟繁瑣、患者意願性較低。

液體活檢是新興的非入侵式的檢測手段，是提取人體中的非固體組織樣本進行檢測的方法。液體活檢主要包括對於血液、尿液、唾液等體液以及糞便的收集與檢測。自 20 世紀 90 年代起，伴隨着血漿非細胞 DNA 的發現、高通量測序技術的突破、樣品收集技術的改進，液體活檢的商業化進展得到加速，主要應用在生育健康和遺傳病測試。香港中文大學盧煜明教授及團隊實現了全球首次探測到胎兒 cfDNA 的里程碑。2015 美國《麻省理工學院技術評論》（MIT Technology Review）雜誌公佈的「10 大突破性創新技術」，將液體活檢列於其中，並且提到正是由於盧煜明教授的突破性技術才產生了更加安全、更加簡便的唐氏綜合症檢驗方法。

液體活檢技術主要使用循環腫瘤細胞 DNA（Circulating tumor DNA，ctDNA）或者循環非細胞 DNA（Circulating cell-free DNA，ccfDNA）進行檢測。循環腫瘤 DNA 指由腫瘤細胞釋放、可能帶有特定突變非細胞 DNA。循環腫瘤細胞（Circulating tumor cell，CTC）也是比較常見的液體活檢樣本類型。對於 CTC 的分類及鑒定可以用於預後診斷及對於抗藥性的檢測。歐洲及美國的液體活檢技術起步比較早。即便如此，近 20 年，美國 FDA 只批准了六個液體活檢產品上市，包括了從 2004 年批准了採用 CTC 技術路線的 CellSearch® 液體活檢檢測系統，到 2020 年批准了採用 ctDNA 技術路

線的 Guardant360®。CellSearch® 可以從血液樣本中識別循環腫瘤細胞，每個樣品僅需要 7.5 毫升全血，識別循環癌症腫瘤的準確率達 99%。該系統 2004 年被美國 FDA 批准適用於預測轉移性乳腺癌，2007 年批准適用於預測結直腸癌，2008 年批准適用於前列腺癌的預後檢測和存留期評估。2012 年，被中國 NMPA 批准適用於轉移性乳腺癌評估。

2019 年全球液體活檢市場規模為 113 億美元，預計到 2023 年將達到 240 億美元[3]。液體活檢與傳統組織活檢相比有較多優勢，例如：安全性高、非入侵、可重複、可實時監測等。液體活檢是癌症精準的主要技術手段，可以實現疾病診斷、分子分型定類、抗藥性機制發現、療效檢測等。液體活檢在伴隨診斷、微小殘留病檢測及早期篩查等方面已經被廣泛使用，覆蓋了癌症診療全週期，產生了臨床及商業價值，以下三個領域吸引了生命科技投資的關注：

1. **伴隨診斷**：基於高通量測序技術的液體活檢伴隨診斷，可以對腫瘤進行全面的基因組檢測，配合靶向抗體藥物和免疫治療方法，與具備特定分子特徵的癌症患者進行配對，提高治療效果。傳統的癌症分類主要是基於腫瘤發生的位置，目前的方式則是在此基礎上基於不同的基因突變。同一種癌症，可以有不同的突變分型，醫生可以據此選擇不同的靶向及免疫治療方法。靶向治療癌症已經成為癌症精準治療的主要手段之一，在臨床用藥前，醫生可利用伴隨診斷來判斷患者是否有特定的靶點。

2. **微小殘留病檢測**：在癌症治療得到緩解後，可通過高通量測試檢測發現常規方法難以發現的癌症微小殘留病灶，主要用於手術後防止癌症復發。

3. **早期篩查**：癌症早期篩查及發現是降低癌症治療負擔最為有效的途徑，為高危人群提供癌症早期篩查，可有效提高患者生存率及生活品質，

---

3   根據 BCC Research 和 LEK Consulting 估計。

降低死亡率及發病率，例如，在積極治療的情況下，1 期大腸癌的 5 年存活率高於 90%，而 4 期大腸癌的 5 年存活率低於 10%。

美國市場主要領導企業

1.　**Exact Sciences** EXAS.US

創始於 1995 年，總部位於威斯康辛州，於 2001 年 2 月在美國納斯達克上市，主要產品為用於結直腸癌篩查的 Cologuard®，以及用於乳腺癌及結直腸癌基因檢測的 Oncotype Dx®。公司在臨床開發領域與全球知名的梅奧診所[4] 合作，在市場推廣及銷售領域與輝瑞製藥合作。Cologuard® 在 2014 年 8 月獲得美國 FDA 批准上市，為第一個、且截至 2021 年為止唯一一個上市的結直腸癌症早篩產品。2019 年，公司同 Genomic Health 合併，將 Oncotype Dx® 納入產品線。

Cologuard® 測試技術有多重創新性，包括糞便 DNA 分離、糞便 DNA 穩定技術、DNA 生物標誌物檢測、血紅蛋白生物標誌物穩定技術以及數學演算法，多標記方法是 Exact Sciences 技術平台的顯著特徵。

全球每年有 78 萬人診斷出新發肝癌，其中肝細胞癌（Hepatocellular carcinoma，HCC）約佔原發性肝癌的 90%[5]。Exact Sciences 的基於血液中六種生物標誌物的 HCC 體活檢測試於 2019 年獲得美國 FDA 的「突破性醫療器械認證」。

2.　**Guardant Health** GH.US

公司是美國癌症精準治療的領導企業之一，總部位於美國加州。自

4　世界著名私立非營利性醫療機構，於 1864 年由梅奧醫生在明尼蘇達州羅賈斯特市創建，是世界最具影響力和代表世界最高醫療水平的醫療機構之一，在醫學研究領域處於領跑者地位。
5　現階段，診斷指南一般建議高風險人群每六個月進行超聲檢查，並且配合甲胎蛋白（AFP）測試。

2012 年創立開始，便備受投資機構關注與追捧。2018 年 10 月 4 日，公司在美國納斯達克證券交易所上市，當日漲幅近 70%。

公司主要產品 Guardant360® 測試主要為中晚期癌症患者提供全癌症基因組學參考。同時，公司與生物製藥企業或者研究機構合作，提供回顧性樣本分析、患者篩查、臨床入選及癌症用藥伴隨診斷，加快臨床開發速度及協助藥品商業化。2020 年，公司在癌症檢測與監測的收入為 2.36 億美元，研發服務收入為 5,041 萬美元。

中國市場及主要領導企業

2020 年，中國癌症新發病例 456.9 萬例，死亡病例 300 萬例，分別佔全球新發與死亡病例的 24% 及 30%。根據世界衛生組織癌症研究機構（IARC）數據及中國癌症中心數據，中國癌症患病人數及死亡人數均呈上升趨勢。癌症是中國主要死亡原因之一，主要癌症類型包括：肺癌、胃癌、腸癌、肝癌、乳腺癌、甲狀腺癌、食道癌等。中國癌症患者的五年生存率約為 39%，低於美國癌症患者五年生存率 68%，主要是由於及時診斷及治療的機會有限，約 60% 的中國癌症患者在被發現及診斷時已是中晚期。

與傳統的化學藥治療方法相比，靶向治療、免疫治療具備副作用小，效果佳的優勢。在 2019 年，中國靶向治療及免疫治療僅佔各類癌症治療的收入約 27%。中國 NMPA 對全球及中國的創新產品，尤其是臨床急需的藥品及療法審批加快，以及將療效優越的藥品列入醫療保險報銷目錄，提高了醫生及患者對這些創新產品的可及性。

在使用靶向治療及免疫治療之前，需要對患者進行癌症基因分型分析，因此會加快 NGS 伴隨診斷產品的增長。2019 年，中國僅有 6% 的晚期癌症患者及被推薦使用癌症基因分型檢測的患者使用 NGS 癌症伴隨診斷；而在發達國家，例如：美國，這一比例約為 24%。

以下三家中國癌症精準治療公司都是生命科技獨角獸：

1.　諾輝健康 06606.HK ：中國癌症早篩第一股

　　始創於 2013 年，由畢業於北京大學的三名同班同學陳一友、朱葉青、呂寧創立，總部位於中國杭州。公司的遠景是通過篩查及早期檢測實現癌症的預防與治癒，是唯一被批准進入中國國家創新醫療器械審評「綠色通道」資格的液體活檢企業。

　　諾輝健康為中國首批研發非侵入性癌症早篩產品的生物科技公司，其核心產品為常衛清®。該產品基於 FIT-DNA 技術，用於結直腸癌早篩，已獲得了 NMPA 頒發的創新 III 類醫療器械註冊證。中國是全球結直腸癌發病率最高的國家，高危人群高達 1.2 億人，發病率及死亡率皆居前五名。如果及時發現癌前病變並切除病灶，患者的五年生存率將顯著提升 90% 以上。傳統的結直腸癌早篩方法為結腸鏡檢查，但存在可及性較差的問題。諾輝健康的早篩產品為非侵入性，提高了在結直腸癌高危人群中的滲透率，在臨床及公共衛生方面均具有重大意義，可解決未滿足的臨床需求。

　　常衛清® 的臨床驗證自 2018 年 9 月啟動，歷時 16 個月，累計入組患者5,881 名，實施了前瞻性、大規模、多中心註冊臨床試驗 Clear-C。以臨床「金標準」的腸鏡檢查為基準，Clear-C 將常衛清® 與傳統的結直腸癌臨床篩查手段 FIT 進行頭對頭比對研究[6]。2020 年 9 月，臨床試驗結果表明：常衛清® 對結直腸癌的檢測敏感度達到 95.5%，高於便隱血檢測[7](FIT) 的 69.8%的敏感度；在結直腸癌篩查的陰性預測達到 99.6%，表明對於結直腸癌及息肉的漏診可能性極小。

　　公司已經建立針對潛在競爭對手的時間優勢、臨床優勢及成本優勢。同時，公司擁有自主創新的 DNA 穩定劑的專利，方便糞便運輸，無需冷藏。

6　頭對頭試驗（Head to Head）是「非安慰劑對照」的試驗，是以臨床上已使用的治療藥物或治療方法為對照的臨床試驗。

7　傳統的結直腸癌臨床篩查手段。

自成立以來，諾輝健康備受資本追捧，獲得國際、中國知名投資機構的青睞，筆者基金參與了公司 2020 年 6 月的融資。公司於 2021 年 2 月 18 日，在香港聯交所成功上市。該次公開發售獲超額認購達 4,133 倍，當日收盤價為 84 港元，較招股價大幅高出 215%。截至 2021 年 6 月，市值約 340 億港元。

2. 燃石醫學 BNR.US：中國腫瘤 NGS 第一股

始創於 2014 年，總部位於北京，是中國 NGS 伴隨診斷市場的領導者，擁有最大的市場份額。其產品為人 EGFR/ALK/BRAF/KRAS 基因突變聯合檢測試劑盒，用於非小細胞肺癌基因檢測。該產品於 2018 年 7 月獲得 NMPA 的 III 類醫療器械證書，是在中國第一個獲批的 NGS 試劑盒。公司目前有三種癌症早期篩查產品進入臨床試驗階段，分別針對肺癌、結直腸癌和肝癌。

公司與全球 20 多家公司合作，在中國市場採用「診斷 + 藥物」的聯合開發及推廣模式。公司的試驗室獲得中國廣東省的高通量測序試驗室技術審核，以及美國 CLIA 及 CAP 試驗室資格認證。

自成立以來，公司獲得了國際及中國知名基金的投資，並於 2020 年 6 月 12 日在美國納斯達克證券交易所上市，首日股價較開盤價大漲近 50%。截至 2021 年 6 月 30 日，公司總市值約 31 億美元。

3. 泛生子 GTH.US

始創於 2013 年，總部位於北京，在中國及美國擁有研發中心及運營中心。上市產品包括：全癌種基因檢測的 Onco PanScan®，可以一次性檢測 825 個癌症相關基因，用於評估用藥方案、監控復發轉移、實時動態檢測、實現癌症全過程監測與管理；HCCscreen®，為基於高通量測序的肝癌早篩液體活檢產品，2020 年 9 月獲得美國 FDA「突破性醫療器械」認證。

公司於 2020 年 6 月 19 日在美國納斯達克交易所上市。截至 2021 年 6 月，公司的市值近 18 億美元。

第 11 節
溶瘤病毒 [1]

　　癌症是全球公共健康的主要挑戰之一。2020 年，全球新發癌症約有1,923 萬例，其中，中國有 457 萬例 [2]。各類實體瘤癌症發病率處各癌症種類前列，尤其在中國，新發病例數前五的癌症均為實體瘤，佔總新發癌症數的 58.7% [3]。雖然在過去十幾年間，針對實體瘤的治療方案在逐步改進，但現有療法的適應症覆蓋面、應答率、有效性以及副作用等各方面，遠沒有達到可以治療所有患者的程度。舉例說明：傳統的化療方案雖然適應症覆蓋面廣，但是副作用極大，治療精確度低；而抗體類藥物靶向治療，雖可提高治療的精確度，與化療相比副作用降低，但依然會有大量病人在治療後期因無法耐受副作用，或者因腫瘤出現耐藥性而停藥；免疫療法，例如 PD-1/PD-L1 抑制劑，有效性強、副作用小、發展前景廣闊，然而卻尚未實現高應答率。有一些患者，即使腫瘤出現了 PD-1/PD-L1 的高表達，也無法響應藥物。為了解決這些未被滿足的醫療需求、克服現有療法的缺點，對於新型療法的研究與開發從未停歇。溶瘤病毒療法有望達到高療效、低副作用的效果；並且，與其他療法聯用可以提高應答率，是潛在優良治療方案。溶瘤病毒領域的生命科技公司有望成為獨角獸。

　　溶瘤病毒（Oncolytic virus，OVs）是指天然存在的、或者基因編輯後，可以有選擇性殺滅腫瘤細胞的病毒總稱。原則上，腫瘤細胞內的生理代謝環境與正常細胞不同，溶瘤病毒因其特性，可以感染腫瘤細胞，並選擇性

1　在此，特別感謝蔡志君先生對此章節內容的貢獻。蔡先生為浙江大學碩士研究生，就職於中國溶瘤病毒先驅企業康萬達（Converd），擁有 15 年的醫藥產業從業經驗，工作經歷橫跨創新藥研發、新藥項目融資、原研項目引進、醫藥行銷管理等。

2　World Source: Globocan 2020, World Health Organization, International Agency for Research on Cancer. https://gco.iarc.fr/today/data/factsheets/populations/900-world-fact-sheets.pdf.

3　China Source: Globocan 2020, World Health Organization, International Agency for Research on Cancer. https://gco.iarc.fr/today/data/factsheets/populations/160-china-fact-sheets.pdf.

地在腫瘤細胞內複製，導致腫瘤細胞的溶解和死亡；同時，在正常細胞內不能或者只能少量複製，避免影響正常細胞。溶瘤病毒療法就是利用溶瘤病毒這個特點，將其作為抗腫瘤的療法。溶瘤病毒療法抗腫瘤特異性強、效果好、副作用小、發展前景廣闊，並且有被監管機構批准的先例，例如：上海三維公司的安柯瑞®，被中國藥監局於 2005 年批准，與化療藥物聯用治療鼻咽癌；安進公司的 T-Vec，被美國 FDA 於 2015 年批准治療無法手術切除的復發性惡性黑色素瘤，也是唯一被 FDA 批准的溶瘤病毒藥物；2021 年 6 月，日本第一三共公司宣佈，其研發的 Delytact® 獲得厚生勞動省的有條件性限時批准，是全球首款獲批治療腦膠質瘤的溶瘤病毒療法。

20 世紀初，臨床醫生就觀察到癌症病人因為偶然的病毒感染而使腫瘤縮小的現象，推測某些種類的病毒會優先感染殺死腫瘤細胞。於是，在 1950 年後近 20 年的時間，利用各種野生型病毒治療腫瘤的臨床試驗大量湧現。這是最早的對於溶瘤病毒療法的嘗試。然而，因為野生型病毒療效欠佳，一直未能發展成為有效的治療手段。20 世紀 90 年代後，由於分子病毒學高速發展，使得基因改造溶瘤病毒成為可能，為溶瘤病毒療法的發展帶來了全新的機會，溶瘤病毒療法的開發進入了第二階段，例如：Virttu Biologics 公司的 HSV1716 就是以單純皰疹病毒（Herpes simplex virus，HSV-1）為基準，去除了神經毒基因 ICP34.5 而失去了感染神經細胞的能力，進而成為新型溶瘤病毒。21 世紀之後，溶瘤病毒的開發又加入了新元素：將各種外源性的基因加入溶瘤病毒，用以增強溶瘤病毒的選擇性和療效，這開啟了這種療法發展的第三階段。

溶瘤病毒大體可以分為兩類：天然病毒株及人為改造的病毒株。天然病毒株指野生型病毒或者自然變異的病毒株，病毒本身毒力難控制，對腫瘤細胞的殺傷能力有限，更重要的是，容易激活人體免疫系統而被人體直接清除，無法達到殺滅腫瘤的效果。而人為改造的溶瘤病毒則可克服天然病毒株的一些缺點，如可剔除某些致病基因、插入外源性治療基因、甚至可加入新的抗癌機制，因此更受歡迎。

　　若以遺傳物質種類進行分類，溶瘤病毒可分為 DNA 病毒與 RNA 病毒：DNA 溶瘤病毒包括腺病毒、痘病毒、皰疹病毒等；而 RNA 溶瘤病毒則有呼腸孤病毒、麻疹病毒、新城疫病毒等。現在比較常用的溶瘤病毒為腺病毒、單純皰疹病毒、呼腸孤病毒、柯薩奇病毒、痘病毒、逆轉錄病毒、新城疫病毒等。以腺病毒、單純皰疹病毒、痘病毒以及柯薩奇病毒等作為載體的溶瘤病毒療法已處於臨床試驗階段。

　　溶瘤病毒作用機理分為三個部分：1/ 溶瘤病毒可引發病毒介導的腫瘤殺傷。如同病毒感染細胞的一般過程，溶瘤病毒可以選擇性地在腫瘤細胞內複製，利用腫瘤細胞內的原料、能量以及空間進行大量複製，最終裂解腫瘤細胞。腫瘤細胞裂解後，釋放的大量子代溶瘤病毒，則可以繼續感染附近的腫瘤細胞。這個循環過程即可減滅腫瘤細胞；2/ 溶瘤病毒感染腫瘤細胞可以激活人體自身免疫系統，引發全身性抗腫瘤免疫反應。溶瘤病毒侵入腫瘤微環境中之後，會對原有的免疫平衡[4]產生強烈擾動，刺激腫瘤微環境中原有的免疫細胞，啟動或加強此微環境中的抗腫瘤免疫反應。同時，溶瘤病毒感染了腫瘤細胞之後，腫瘤細胞可能會釋放炎症因子，激發人體固有的免疫反應。而腫瘤細胞被感染後裂解，腫瘤細胞內所有物質釋放，此過程也成為全息「抗原釋放」。這些物質就是直接與此腫瘤相關的抗原，促進人體免疫系統對腫瘤抗原識別，激活人體適應性免疫反應。這些激活人體本身免疫系統活躍性的因素，可大大提高免疫系統識別腫瘤的能力，進而調動自身免疫系統來殺死腫瘤細胞；3/ 腫瘤細胞被溶瘤病毒感染後裂解，可以釋放細胞毒性穿孔素和顆粒酶，進而殺死附近的腫瘤細胞，擴大殺傷力，這個過程被稱為「旁觀者效應」(Bystander effect)。

　　從免疫系統反應機制分析，溶瘤病毒療法有幾個突出的優點：1/ 溶瘤病毒與多種抗腫瘤藥物及療法（包括化療藥物、靶向療法、細胞療法）有天

4　比如免疫逃逸等。

然協同性，溶瘤病毒可將無法對其他免疫療法回應的「冷腫瘤」變成可以對藥物回應的「熱腫瘤」，且兩者聯用沒有明顯疊加的毒性，因此可創造出更優異的抗癌療法。適應症主要有黑色素瘤、神經膠質瘤、乳腺癌、非小細胞肺癌、結腸癌、膀胱癌、頭頸部癌和前列腺癌等；2/ 溶瘤病毒可以通過改造調控，控制其對正常細胞的影響，所以此療法預期副作用小。現有的臨床數據表明：溶瘤病毒與其他療法相比，總體顯示出更好的安全性；3/ 溶瘤病毒的改造也有多種可能，可進一步增強對腫瘤細胞的殺傷力，例如：可將病毒改造成可以傳遞抑癌基因，或者加入免疫調控功能等；4/ 溶瘤病毒療法適用於絕大部分實體瘤。中國實體瘤的未滿足醫療需求狀況與歐美相比更為嚴峻，鑒於此，溶瘤病毒療法在中國市場潛力更大。

溶瘤病毒療法臨床試驗進度顯示，現階段絕大多數候選產品處在臨床前與早期臨床階段，處於臨床後期階段以及已上市的產品屈指可數。上市產品尚未出現「重磅炸彈」，安進的 T-Vec 每年銷售大約 7,000 萬美元。

溶瘤病毒療法前景廣闊，但技術尚未成熟，在應用上依然面臨挑戰：1/ 從現有數據分析，溶瘤病毒的療效還比較弱。溶瘤病毒感染腫瘤細胞且在其中複製的效率有限，腫瘤細胞被溶瘤病毒誘導的細胞壞死或程序性死亡，敏感性也有待提高；2/ 溶瘤病毒對人體本身也是異物，免疫系統可能很快對其產生抗病毒反應，而將溶瘤病毒從體內清除；3/ 溶瘤病毒對腫瘤細胞的選擇性有限，同時由於其獨特的藥物動力學與藥物代謝學特性，體內病毒複製往往無法控制，可能引發副作用，對溶瘤病毒給藥方式的選擇帶來影響。

溶瘤病毒療法多數為腫瘤局部遞送，直接將高濃度溶瘤病毒遞送到腫瘤周圍，讓其發揮最大作用，但是也因此降低便利性，並非適合所有病況，所以一定程度上限制了溶瘤病毒療法的發展和使用。便利性較佳的系統性給藥[5]則面臨許多核心挑戰，例如：溶瘤病毒直接進入循環系統後，濃度會

5　如靜脈注射。

被大大稀釋，真正能夠滲入腫瘤有限，影響治療效果。另外，這種療法也可能導致病毒在人體內穩定性變差、激發人體免疫系統反應被清除，或被血液中抗體中和等。許多企業在尋求解決溶瘤病毒系統性給藥的方案，例如：英國 PsiOxus Therapeutics 公司，以改造腺病毒作為載體的 Enadenotucirev 已在美國和歐洲開展了多個靜脈系統給藥的 I 期臨床試驗；公司也與美國百時美施貴寶合作，與納武利尤單抗聯用開展治療多種實體瘤的臨床試驗。

溶瘤病毒的另一難點在於生產工藝。不同溶瘤病毒種類有各自特點，因此生產過程必須針對各個病毒的狀況進行開發，對於培養條件優化、病毒產量的提高以及純化方案等問題要逐個解決，難點也各不相同：例如，嚙齒源細小病毒（H1-PV）可以適用於懸浮培養工藝，可在無血清條件下進行生產，有助於提高產量和不受血清源污染的安全性，然而在分離提純過程成本較高，耗時較長；對於呼腸孤病毒的生產，尋找無動物源細胞培養基則是難點；對於痘病毒，貼壁式培養細胞則是比較常用的生產方法，這對提高產量來說有巨大挑戰。因此，針對每一種溶瘤病毒，企業都需要仔細鑽研，尋找最合適的生產方法。

溶瘤病毒療法因為其獨特性引起廣泛關注。美國安進公司與默沙東在此方面均有佈局。在中國，有多家公司參與研發，包括康萬達、濱會生物、亦諾微等。提供相關服務的 CDMO 企業包括和元生物、賽諾生等。

筆者認為溶瘤病毒療法處於發展的初級階段，機遇與挑戰並存。期待此療法在實體瘤治療中佔有重要地位。

筆者基金研究過以下企業，在此舉例：

CG Oncology

　　CG Oncology 在美國加利福尼亞州於 2010 年成立，專注於溶瘤病毒療法的研發與轉化。CG0070 為核心產品，以腺病毒為載體，針對適應症為非肌肉浸潤性膀胱癌（Non-muscle-invasive bladder cancer），單獨使用療法已發展至臨床試驗 III 期，臨床效果顯著。同時，公司與默沙東和百事施貴寶均有合作，將 CG0070 分別與可瑞達®和歐狄沃®聯用，針對非肌肉浸潤性膀胱癌。2020 年 3 月，與日本 Kissei 製藥就其 CG0070 達成協定：Kissei 製藥將獲得 CG007 在中國以外亞洲地區（含日本）的獨家開發和商業化權利，交易價值最高達 1.4 億美元；此外，加上專利使用費，包括 1,000 萬美元的許可費和 3,000 萬美元的股權投資。

第六章

未來可期

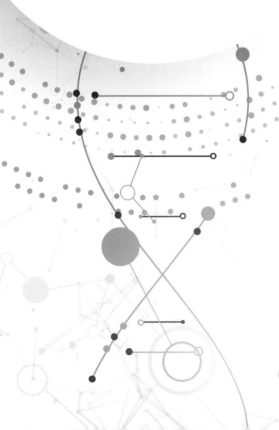

引言

　　生命科技領域的創新永無止境。在之前的章節中，筆者對於比較成熟的技術已經作了系統性介紹。在這一章節中，將介紹幾類比較有特色、有潛力的技術，這些技術有機會成為「突破性療法」，它們代表着未來。術業有專攻，筆者邀請在微小核酸（miRNA）疾病診斷、微生物治療的發展及應用、藥物 3D 打印技術、人工智能創新藥研發及合成紅細胞藥物等領域的專家分別撰寫。這幾位行業意見領袖（Key Opinion Leaders，KOL）中大多數是生命科技獨角獸或者潛在獨角獸的創業者。

第 12 節
微小核酸（MicroRNA）引領新型疾病診斷
周礦寒博士

MicroRNA 生物學原理與歷史性里程碑介紹

　　微小核酸（MicroRNA/miRNA）是在 21 世紀初被發現的一類新型生物分子，是一類短鏈非編碼 RNA[1]，通過與靶信使 RNA（mRNA）的 3' 端非翻譯區結合來調節靶基因的表達。

　　迄今為止，已經發現了 48,000 種以上的 miRNA[2]，其中包括 2,693 種人類來源的 miRNA[3]。大多數真核生物 miRNA 的功能是在轉錄後調節基因表

1　長約 22 個核苷酸。

2　根據 miRBase 序列資料庫第 22 版。

3　Kozomara 等人，2019。

達[4]。在與靶 mRNA 分子鹼基配對後，miRNA 通過 mRNA 的斷裂，降低轉譯率，從而阻斷 mRNA 翻譯或調節 mRNA 代謝[5]。由於單個 miRNA 能夠靶向的 mRNA 多達 400 種，可以預計超過一半的人類基因直接受 miRNA 的調控[6]。因此，miRNA 在生物學進程的各個生理與病理方面都具有關鍵性的調節作用。miRNA 功能失調表達是許多病理進程的特徵，包括癌症、代謝紊亂、炎症、心血管、神經發育和自身免疫疾病[7]。

自從首次發現人類 miRNA 以來，在短短 20 多年間，這個領域已經實現了長足發展。關於 miRNA 在發育和疾病，尤其是癌症中的相關作用已經積累了相當的洞悉，從而使其成為了新型診斷和治療方法開發的有力工具和目標。在幾乎所有的人類癌症中，miRNA 表達的失調與癌症的形成息息相關[8]。除了 DNA 突變外，在疾病的全病程中，miRNA 表達還存在動態和即時的變化。並且，多項功能性研究已經證實，miRNA 失調與許多癌症病例存在着一定的因果關聯，miRNA 在其中能夠起到抑癌基因或致癌基因（OncomiRs）的作用。目前，已經有若干種 miRNA 靶向療法進入了臨床開發階段[9]。

雖然大多數 miRNA 存在於細胞內，但很大一部分 miRNA 也存在於細胞外環境中，包括各種生物體液—稱為細胞外或循環 miRNA[10]。miRNA 首次在患者血清中被分離得到，驗證了其取樣非常的簡單方便，從而揭示了 miRNA 作為癌症診斷和預後分析的生物標誌物的潛力[11]，並且它們的分析揭

4　Gebert 和 MacRae，2019。

5　Ameres 和 Zamore，2013。

6　Friedman 等人，2009。

7　Rupaimoole 和 Slack，2017。

8　包括持續增殖信號、逃避生長抑制因數、侵襲和轉移能力、無限複製潛能、血管生成、抗細胞死亡、免疫逃逸等。

9　其中抑癌基因 miR-34 類比物已進入癌症治療的 I 期臨床試驗，靶向 miR-122 的 miRNA 拮抗劑已進入治療肝炎的 II 期臨床試驗階段。

10　Pritchard 等人，2012a。

11　Lawrie 等人，2008 年；Mitchell 等人，2008 年。

示了不同疾病組的特定模式[12]。此後，多項研究證實了在多種人類疾病（包括不同種類的癌症）中，存在着疾病特異的 miRNA 表達特徵[13]，並證明可在各種體液中檢測到此類特徵表達[14]。愈來愈多的刊物報告了循環 miRNA 在癌症診斷和預後方面的應用潛力，多項臨床試驗也因此展開[15]，並且有多項旨在加深了解循環 miRNA 功能的研究項目，及致力於促進 miRNA 分析標準化的項目也在開展中[16]。有趣的是，最近的研究表明，腫瘤來源的 miRNA 有可能調節非腫瘤細胞使腫瘤受益[17]。由於 miRNA 穩定存在於各種體液中，並且能夠反映起源組織的病理生理狀況，因此 miRNA 作為一組有潛力的新型生物標誌物受到了廣泛關注，可用於早期疾病診斷、疾病進展、復發監測以及治療藥物監測。

循環 miRNA 的起源、穩定性與功能性

循環 miRNA 作為癌症生物標誌物的診斷和預後潛力，主要源於其在極端儲存處理條件下仍能夠表現出極高的穩定性和耐受性。長期以來的研究已經證明，與 DNA 和其他類型的 RNA 相比，在通常會引起大多數核酸降解的極端條件下[18]，循環 miRNA 仍能夠保持極好的穩定性[19]。此外，研究表明，在人血清樣本中 miRNA 的保存期限可以長達十年，並且非冷藏乾血清印跡也可以保存 miRNA，因此可以作為一種更安全、便捷的方式來保存、運輸和儲存用於 RNA 檢測的血清樣本，及唾液或尿液等體液樣本。

這種穩定性的形成，一方面是因為循環 miRNA 附着在蛋白質和脂蛋白複合物上並受其保護，另一方面是因為 miRNA 被裝載在稱為外泌體或微泡

---

12 Chen 等人，2008 年。

13 Izzotti 等人，2016 年；Larrea 等人，2016 年；Matsuzaki 和 Ochiya，2017 年。

14 Godoy 等人，2018 年；Weber 等人，2010 年。

15 Anfossi 等人，2018。

16 例如：細胞外 RNA 聯盟（ERCC；https://exrna.org/），CANCER-ID（www.cancerid.eu）。

17 Ruivo 等人，2017。

18 如煮沸、極低或極高 pH 值、儲存過長時間、反覆凍融循環，以及由化學試劑或酶引起的斷裂。

19 Chen 等人，2008 年；Gilad 等人，2008 年；Mitchell 等人，2008 年。

（30-100nm）的內吞來源的細胞外囊泡內，從而為 miRNA 提供高穩定性。外泌體可以通過內體膜的向內出芽形成，產生細胞內多泡體（MVB），隨後與質膜融合，將外泌體釋放到外部。含有 miRNA 的外泌體不僅存在於血液中，還存在於唾液等其他類型的體液中[20]。

愈來愈多的證據表明，腫瘤細胞分泌 miRNA 與其影響周圍微環境以獲得自身利益的能力有關[21]。在細胞核中轉錄並輸出到供體細胞的細胞質後，miRNA 前體分子與特定蛋白質結合從而具有穩定性，並通過與這些特定蛋白質結合，從而與 MVB 和外泌體結合。與質膜融合後，MVB 能夠將外泌體釋放到細胞腔室及血液系統中循環。通過細胞內吞作用，外泌體可以將 miRNA 轉運進入受體細胞。外泌體 miRNA 經與細胞內 miRNA 形成的相同機制處理後，從而引起細胞內的廣泛變化，導致細胞生理狀態的改變[22]。

miRNA 診斷應用的歷史與現狀

在過去十餘年間，有許多 miRNA 診斷檢測技術得到了開發與商業轉化，如：以色列企業 Rosetta 推出的癌症起源測試（Cancer Origin Test®），是第一個獲得美國醫療保險（Medicare）報銷覆蓋的 miRNA 診斷測試[23]，可識別 42 種不同的腫瘤類別；ThyraMIR® 測試，由 Asuragen 公司開發[24]，可對甲狀腺結節進行評估分類，是第二個獲得 Medicare 報銷覆蓋的組織 miRNA 檢測產品。2020 年，美國醫療保險和醫療補助服務中心（CMS）將其報銷額度從 1,800 美元提高到了 3,000 美元。

20　有趣的是，一組研究人員已經證實存在有腫瘤來源的外泌體，並發現了一項卵巢癌循環外泌體的 miRNA 表達特徵。與患有良性疾病的女性相比，這一項 miRNA 表達特徵與患癌女性的原發性腫瘤 miRNA 表達存在顯著相關，並且在正常對照組中未發現該 miRNA 表達特徵。

21　根據循環 miRNA/ 外泌體 miRNA 與其供體細胞 miRNA 的表達差異程度，會非隨機性地出現循環 miRNA/ 外泌體 miRNA 包裹的現象。事實上，研究表明，細胞向內和向外所釋放的 miRNA 中，近 30% 並不表達其供體細胞 miRNA 的表達譜，這表明細胞會將某些特定的 miRNA 留在細胞內或通過外泌體向外釋出。

22　最近，研究發現有另一種可能涉及 nSMase2 通路的機制，表明高密度脂蛋白（HDL）會運輸循環 miRNA，並能夠通過將 miRNA 轉移到受體細胞來改變基因表達。

23　於 2012 年 5 月獲得 Medicare 覆蓋。

24　最早由 Asuragen 公司開發，隨後 Interpace Biosciences 負責了該產業的商業轉化。

2014 年以來，美國、新加坡、日本和中國均啟動了大規模的全國性項目，研究資金合計超過 3 億美元，加速了 miRNA 作為癌症生物標誌物的發現和轉化進程。

2018 年，一款針對七個 miRNA 組合的 PCR 測試產品被 NMPA 批准用於肝癌的輔助診斷[25]，作為肝癌的輔助診斷工具。

2019 年，由 MiRXES 公司開發的 GASTROClear® 成為了全球第一款經過大規模、多中心、前瞻性篩查臨床試驗驗證的 miRNA 測試產品，共有 5,248 名受試者入組，是分子診斷癌症篩查領域過去十年中規模最大的臨床試驗之一。GASTROClear® 作為分子診斷篩查測試產品獲得了新加坡國家衛生科學局（HSA）批准上市，應用於胃癌的早期診斷。除此之外，另外僅有兩項分子診斷篩查產品獲批，並且進行了類似規模的前瞻性臨床試驗，分別為：美國精密科學的 Cologuard®，入組 9,989 名受試者，獲得美國 FDA 批准；中國諾輝健康的常衛清®，入組 5,881 名受試者，獲得中國 NMPA 批准。以胃鏡和病理檢查兩項臨床金標準作為對標基準線，GASTROClear® 的 12 個 miRNA 組合 PCR 測試的總體準確度為 0.85（AUC），與目前臨床使用的生物標誌物[26] 相比，臨床表現顯著更佳。最令人振奮的是，GASTROClear® 在 I 期胃癌的診斷靈敏度為 87.5%，甚至可以診斷出 60% 的 0 期胃癌或高度不典型增生。基於新加坡人口大規模篩查開展的成本效益分析表明，採用該檢測方法，增量成本效益比[27]（ICER）可達到 44,531 美元／質量調整壽命[28]（QALY），低於 WHO-CHOICE 所設定的閾值約 50,000 美元，以及基於低劑量螺旋 CT 的肺癌篩查方案[29]，具有更優的成本效益。

25　特別是在 AFP 水準未升高的高危患者中。

26　如幽門螺桿菌血清學檢測、血清胃蛋白酶原、'ABC' 法、癌胚抗原和癌抗原 19-9。

27　是一種經濟衡量方法，用於研究具有單獨成本和不同結果的業務替代方案。

28　英文為（Quality-adjusted life-years，QALY），是一種衡量健康的指標，其將生命的持續時間及生活品質的變化結合起來。

29　根據美國國家肺部篩查試驗 NLST 研究結果，最低風險十分位數為 75,000 美元 /QALY，最高風險十分位數為 53,000 美元 /QALY。

2020 年 10 月，美國 FDA 向 miR Scientific 公司的 Sentinel® PCC4 測試授予了「突破性設備」的認證[30]，從而為前列腺癌早診與精準管理提供支持。

通過大規模多中心的前瞻性臨床研究而不斷積累的臨床證據，以及亞洲和美國臨床監管機構的批准和認可，miRNA 檢測技術的臨床價值和實用性得到了愈來愈多的認可。根據各公司公開披露的 miRNA 研發管線資訊，預計在未來的 5-10 年間將有大量基於組織和生物體液的 miRNA 測試，會通過體外診斷試劑盒（IVD）和臨床試驗室自建項目（LDT）兩種形式進入到臨床實踐中，為包括癌症早篩早診、心血管病的診斷和分型，及其他慢性疾病的診斷和療效追蹤做出突出的貢獻。

---

30 這是一種基於尿液樣本的 miRNA 檢測產品，該產品可將患者患前列腺癌的風險作出無證據、低、中或高風險的分類判定。

第 13 節
微生物在生物製藥領域的應用

趙奕寧博士

近十年來，生物製藥領域正興起一種新穎的但極具發展前景的治療方法，那就是微生物組療法（Microbiome Therapy）。各種研究顯示人體健康與微生物組有着密切的關係，人體內的微生物是人體不可或缺的重要組成部分。人體腸道微生物基因數量是人體基因數量的 100 倍以上，人體腸道微生物參與人體代謝，免疫等多種人體正常功能的運行。研究表明，腸道微生物佔人體微生物總數的將近 80%。目前研究發現，腸道菌群紊亂會引起多種腸道和腸道外疾病，如炎症性腸病（IBD）、腸易激綜合症（IBS）、肥胖（Obesity）、代謝綜合症（Metabolic syndrome）、中樞神經系統疾病（CNS）、自身免疫系統疾病（Autoimmune diseases）、腫瘤（Tumor）等。儘管在某些疾病中已經發現腸道菌群會發生特異性的改變（某些嚴重的腸道疾病、腫瘤和肥胖），但由於腸道菌群的多樣性及其他微生物、化學物質的存在，很難在疾病和特異性菌群改變之間建立明確的因果關係。不過基於對「腸道菌群紊亂在疾病發生中作用」的認識，醫生們產生了用健康人腸道細菌來治療人類疾病的想法。1958 年，美國 Ben Eiseman 醫生及其同事首次用健康人的糞便成功治癒了四例嚴重的偽膜性腸炎患者，開啟了現代醫學關於糞菌移植（Fecal microbiota transplantation，FMT）的征程 [1]。正常人體糞菌中包括近 1,000 多種細菌，糞菌移植的原理就是將原來已損害的腸道屏障通過細菌移植而達到修復作用。

隨着全世界對 FMT 的重視，它將會得到更為迅速的發展。近年來，

1　Cui B T , Wang M , Ji G Z , et al. Fecal microbiota transplantation: from the 4~(th) century to 2013[J]. World Chinese Journal of Digestology, 2013, 21(30):3222.

Petrof 等從健康人糞便分離出的 33 種細菌，培養後製成細菌混合物，利用常規 FMT 途徑成功治癒兩例 RCDI 患者，揭示用人工組合菌群治療（Synthetic microbiota transplantation，SMT）代替 FMT 的可能性[2]。如果可以通過人工培養特定的細菌，並組合成最佳比例和數量級的菌群，實現標準化 SMT，不但可以確保細菌來源的安全性和可控性、進行有效質控、減少供體篩查環節，同時還可以將人工合成的細菌做成凍乾粉或膠囊，以處方藥的形式直接口服或經內鏡直接輸入腸道進行治療。因此，SMT 將是 FMT 或者腸道菌群干預治療的重要發展方向。基於 FMT 的療效，帶給科學家的啟示和腸道菌群宏基因組的研究，發現和開發新的菌群干預靶標或途徑，是一個重要的新技術轉化領域[3]。

　　成立於 2017 年的奕景生物科技（Intuition Biosciences）是中國較早專注於腸道微生態活菌藥物研發的公司之一。目前，腸道微生態活菌藥物（Live biotherapeutic products，LBP）可分為糞菌移植、單一菌株活菌藥物，及多菌株活菌藥物。奕景生物開發的是多菌株口服膠囊藥物，更關注在微生態系統（Microbiome Ecosystem Therapeutics，MET）的功能的建立，從而發揮各菌株間的協同效應，它的整個工藝製備過程包括：通過對於特別的健康供體的糞便中指定菌株進行逐個分離、純化、培養、放大生產，直到凍乾後再以一定比例進行菌株混合，裝入膠囊成藥。MET 與 FMT 最大的不同就是不需要每一次都要新的供體，一旦提取了一次菌株，逐個製備成菌種庫（Strain bank）以後，就能不斷放大。因此，正如之前所提到的，MET 的安全性和品質比 FMT 都能夠得到更加精準地把控，而且能夠真正實現成藥性和工業化量產。然而，伴隨的難點就是如何定義哪些是有益菌、哪些是無用的，如何確保這些菌株的配比能在人體內正常釋放等。所以在做臨

2　Sean Munoz, Mabel Guzman-Rodriguez, Jun Sun, Yong-guo Zhang, Curtis Noordhof, Shu-Mei He, Emma Allen-Vercoe, Erika C. Claud & Elaine O. Petrof (2016) Rebooting the microbiome, Gut Microbes, 7:4, 353-363, DOI: 10.1080/19490976.2016.1188248.

3　Mimee, Mark & Citorik, Robert & Lu, Timothy. (2016). Microbiome Therapeutics — Advances and Challenges.

床的同時，很多精力投入到了 CMC 工藝上來克服這些困難。奕景生物的核心技術能力目前已經能做到：1/ 創建了一個確定的複雜的微生物群落，包括難以培養的厭氧菌；2/ 擁有微生物生態系統開發的完整技術平台和多個方面的智能財產權；3/ 能夠開發多代產品，以治療不同的疾病；4/ 能夠在更多的研究數據出現時調整供體和細菌組成；5/ 用於不同微生物製劑和生長條件的體外功能性測試（例如，營養、藥物、去恆化器）與純粹的基因組檢測相對比；6/ 恰當使用代謝組學來定義和測試生態系統；7/ 伴隨診斷平台作為質控過程及住院患者的試驗 / 登記的一部分[4]。

　　一個健康的中國人的微生物組一定和生活在美國和歐洲的人有着顯著的差異。因此，我們必須要針對中國病人的情況量身定製微生物組治療方案，這點非常重要。故此奕景生物的主旨之一就是將這些頂尖技術和產品帶入中國並在中國建立全球生產研發、生產平台，為國際市場提供臨床及商業產品。

　　腸道微生物治療領域真正在中國起步的時候，基因檢測行業已經興起並逐漸成熟了，無論從 16RNS 還是到 Metagenomics，從公司到醫院，都具備了一定的檢測能力。這對於腸道微生物產業的發展是一個巨大的利好消息，只有上下游的打通才能夠讓患者儘早受益。雖然中國腸道微生物治療領域屬於起步階段，但是我們相信在國外 Seres 公司臨床 III 期 SER-109 的 CDI 利好的數據出來後[5]，中國的產業發展也會加大步伐。在此，筆者呼籲中國腸道微生物組領域的公司們一起加強合作，推動這個領域一起健康持續的發展和壯大。

4　Allen-Vercoe, Emma；Carmical, Joseph Russell；Forry, Samuel P.；Gail, Mitchell H.；Sinha, Rashmi (2019). Perspectives for Consideration in the Development of Microbial Cell Reference Materials. Cancer Epidemiology Biomarkers & Prevention, 28(12), 1949—1954. doi:10.1158/1055-9965.epi-19-0557.

5　https://ir.serestherapeutics.com/news-releases/news-release-details/seres-therapeutics-present-ser-109-phase-3-ecospor-iii-study.

第 14 節
藥物 3D 打印

成森平博士

3D 打印技術 (Three Dimension Printing，3DP) 的理念起源於 19 世紀末美國的照相雕塑和地貌成形技術，直到上世紀 80 年代末由麻省理工學院開發才有了雛形。它根據電腦輔助設計三維立體數位模型，在電腦程式控制下，採用「分層打印，逐層疊加」的方式，通過金屬、高分子、黏液等可黏合材料的堆積，快速而精確地製造具有特殊外型或複雜內部結構的物體。

全球藥物 3D 打印技術的研究和開發概況

藥物 3D 打印是近年來新興的一個技術領域。1996 年 6 月，麻省理工學院的 Michael Cima 教授首次報導了粉末黏結 3D 打印技術 (Powder binding，PB) 可應用於製藥領域。之後，3D 打印技術憑藉其在產品設計複雜度、個人化給藥和按需製造等方面相比於傳統製劑技術的優勢，吸引了不少藥物公司和研究機構對此進行探索。按照技術原理區分，目前主要有黏合劑噴射成型技術 (Binder Jetting)、粉末床熔融成型技術 (Powder Bed Fusion) 和材料擠出成型技術 (Material Extrusion) 這三類 3D 打印技術被應用於製藥。

黏合劑噴射成型技術是最早被應用到製藥領域的一類 3D 打印技術，其中最具代表性的是 3D 打印藥物專業公司 Aprecia 所開發的 ZipDose 製藥技術。作為 3D 打印藥物領域的開創者之一，Aprecia 成立於 2003 年，他們根據麻省理工學院的粉末黏結 3D 打印原理，歷經近 10 年，開發了可大規模生產的 ZipDose 製藥技術。ZipDose 適用於製備高劑量、需要快速起效的治療中樞神經系統疾病類藥物，由黏合劑黏接成型的藥片內部疏鬆多孔，在遇水後數秒內快速崩解，有助於提升吞嚥困難的老年患者和兒童患者的

服藥順應性。2015 年 7 月 31 日，Aprecia 使用 ZipDose 技術開發的第一款
抗癲癇 3D 打印藥物產品 Spritam（左乙拉西坦）獲得美國 FDA 批准，標誌
着 3D 打印作為一種新興製藥技術獲得美國監管機構的認可。但由於活性
藥物成分左乙拉西坦的商業競品較多，Spritam 在市場上反響平平。其後
Aprecia 根據自身的技術優勢，轉型成為一家藥物製劑技術平台公司，在商
業模式上以新藥產品合作開發和生產為主，與大型跨國藥企和生物技術公
司開展全球化商業合作。

　　另一類應用於製藥領域的 3D 打印技術是以選擇性鐳射燒結（Selective
Laser Sintering，SLS）為代表的粉末床熔融成型技術。與粉末黏結有相似
的挑戰，選擇性鐳射燒結（SLS）在工藝上需要預製含藥和鐳射吸收劑的粉
末，並在後期進行除粉和粉末回收。其在藥物製劑內部空間設計上的靈活
性不高，但可通過調節鐳射掃描速度影響藥片的打印緊實度，一定程度上
實現對藥物釋放速率的控制。傳統 SLS 打印逐點熔融、逐層堆積的過程限
制了 SLS 在藥物規模化生產上的應用，目前尚未有產業化的報導。Merck
KGaA（德國默克）從 2020 年開始嘗試使用 SLS 技術開發和生產藥物用於
臨床試驗，並與全球最大的選擇性鐳射燒結 3D 打印設備製造商德國 EOS
旗下的 AMCM 達成合作，計劃在未來開發規模化藥用 SLS 打印設備用於
商業化生產。

　　有別於上述兩種基於粉末床原理的 3D 打印技術，材料擠出成型 3D 打
印可將含藥半固體通過擠出頭擠出後逐層堆積固化成型。通過控制打印頭
或打印平台在三維上的精確移動，材料擠出成型技術可構建複雜的幾何形
狀與內部三維結構，實現複雜的藥物控制釋放。作為最普及的一種材料擠
出成型 3D 打印技術，熔融沉積成型（Fused Deposition Modeling，FDM）
憑藉設備成本低、操作靈活等優點，被廣泛應用於藥物 3D 打印研究中。但
是 FDM 技術和印表機並非專為滿足製藥要求和藥品法規開發，在應用於藥
物製劑製備的過程中暴露出需預製線材、打印精度低（超過 ±10% 的質量

偏差）、難以實現規模化和連續化生產等諸多缺點，阻礙了 FDM 技術真正應用到製劑產品開發和商業化生產上，更多的是被用於個人化製藥，或者當做一種工具來加速具有藥物釋放需求的新藥產品早期開發。像 Merck（美國默沙東）就選擇使用 FDM 打印和灌注相結合的方式，快速製備小批量的不同釋藥特徵的藥物劑型，由早期臨床試驗篩選出具有理想藥時曲線的藥物劑型原型，但到臨床中後期和商業化生產階段時，默沙東仍然沿用傳統製藥技術進行生產。

為了更好地適用於製藥，基於材料擠出的原理，南京三迭紀醫藥科技有限公司（以下簡稱「三迭紀」，"Triastek"）和英國 FabRx 公司分別開發了全新的熱熔擠出沉積（Melt Extrusion Deposition，MED）和直接粉末擠出（Direct Powder Extrusion，DPE）3D 打印技術。FabRx 是 3D 打印藥物領域最活躍的公司之一，由英國倫敦大學學院（University College London，UCL）的兩位教授 Abdul Basit 和 Simon Gaisford 在 2014 年創建成立。成立至今他們探索和研究了多項 3D 打印藥物技術，並針對 FDM 需要預先製備含藥線材的缺點開發了 DPE 技術，通過使用粉末原料減少了在材料選擇上的限制，避免了冗繁的含藥線材處方開發過程。DPE 適用於個人化製藥場景下快速靈活地製備多種藥物劑型，在未來也可能應用到加速藥物產品早期開發上。但 DPE 並未解決 FDM 在打印精度、規模化和連續化生產等方面的缺點。

熱熔擠出沉積（MED）技術由三迭紀根據高分子藥用輔料的特徵為藥物領域的應用量身定製，並按照 MED 的工藝設計和研製專用 3D 打印設備。三迭紀由具有中美兩國創業經歷的成森平博士與美國製劑界專家和教育家李霄淩博士聯合創立，圍繞 MED 3D 打印藥物技術開發了從藥物劑型設計、數位化產品開發，到智能製藥全鏈條的專有 3D 打印技術平台。

MED 3D 打印可直接將粉末狀的原輔料混勻熔融成可流動的半固體，通過精密的擠出機構，以及對材料溫度和壓力的準確控制，將含藥熔融體

以高精度擠出，層層打印成型，製備成預先設計的三維結構藥物製劑。整個工藝過程無需製備線材，也沒有二次加熱。比直接粉末擠出（DPE）有優勢的是，MED 使用混勻擠出裝置，可有效實現原料藥和輔料粉末的混合、熔融和輸送，為連續化進料和打印提供了可能。獨特的精密擠出裝置可實現高精度打印，可將藥片質量偏差控制在 ±1% 以下。多個打印站（對應多種不同物料）協同打印和打印頭陣列等創造性的工程學技術手段，實現了隨心所欲的利用多材料構建藥物複雜的內部三維結構，以及高效率、高通量的規模化生產，是迄今為止固體製劑領域最普適和最具臨床應用價值的 3D 打印藥物技術。

這種新興技術顛覆了傳統固體製劑的開發和生產方式，以及藥物傳遞方式。透過獨特的藥物製劑內部三維結構設計，MED 可精準地實現藥物釋放時間、部位和速率的程式化控制，還可對藥物釋放方式進行靈活組合，能夠解決現有製劑技術無法解決的問題，為滿足各種臨床需求提供豐富的產品設計手段。開創的「劑型源於設計（Formulation by Design，3DFbD）」的數位化製劑開發方法，變革了傳統試錯型製劑開發方式，可大幅提高新藥產品開發的效率和成功率，降低開發時間和成本。三迭紀所研製的連續化和智能化 MED 3D 打印藥物產線，製劑生產一次成型，通過過程分析技術（PAT）即時控制品質，在產品品質和生產成本上均顯著優於傳統製劑，這種數位化的生產過程將變革藥企的生產管理模式和法規的監管方式。

2020 年 4 月，MED 3D 打印技術在美國 FDA 新興技術組（ETT）立項，ETT 認為這是一種全新的調控釋放的固體製劑生產手段，並對這種全自動的集成過程分析技術（PAT）和回饋控制的工藝創新高度認可。2021 年 1 月，三迭紀用 MED 3D 打印技術開發的首個藥物產品 T19 獲得美國 FDA 的新藥臨床批准（IND），該產品是全球第二款向美國 FDA 遞交 IND 的 3D 打印藥物產品，也是中國首個進入註冊申報階段的 3D 打印藥物產品。這是 3D 打印技術在全球藥物製劑領域的重大突破。

藥物 3D 打印行業發展態勢

1. 藥物 3D 打印因其快速、靈活和精準控制釋放的特點，將成為製藥行業的熱點。

經過多年的技術積累，藥物 3D 打印領域領軍型公司已經顯現。和傳統製藥工藝相比，這項技術在臨床產品設計、加速藥物開發和先進生產製造等方面體現出了顯著的技術優勢。這些新技術公司通過產品走通法規註冊的道路，會吸引很多傳統藥企使用這樣的新興技術來開發和生產藥物。藥物 3D 打印公司通過和傳統藥企的技術合作，共同探索更多的研發、生產和商業應用的場景，加速新技術的日臻完善和廣泛使用。

2. 藥物 3D 打印在規模化生產和個人化用藥兩個方向上都展現出廣闊的應用前景，商業潛力巨大。

因為個人化用藥需要突破更大的法規障礙，同時改變藥物商業流通的體系，可以預測規模化藥物 3D 打印會首先實現商業化的成功。歐美法規部門都在和藥企合作，積極探索個人化用藥的指導原則，助力新技術解決患者因個體差異而產生的不同臨床需求。中國和美國在藥物 3D 打印規模化方向上有首發優勢，歐洲在藥物 3D 打印個人化方向上的研究和應用則更為活躍。可以預判，3D 打印藥物的商業化落地將發生在這些主要藥物市場國家。

3. 藥物 3D 打印將成為未來固體製劑開發和生產，以及產品更新迭代的重要先進技術。

固體製劑的生產工藝已有 100 多年的歷史，全球市場規模高達數千億美元。相比其他產業如半導體、汽車等，製藥行業因其嚴格的法規監管和技術開發的高難度，自我革新和技術迭代的速度相對較慢。藥物 3D 打印是可見的最有能力改變藥物製造的技術。2017 年，美國 FDA 發佈促進新興技術用於製藥的行業指南，其中 3D 打印和連續化生產是重要的戰略方向。

4. **藥物 3D 打印是智能製藥的核心技術，將推動製藥行業邁入智能製藥新時代。**

藥物 3D 打印是基於計算機模型的數位化生產技術，它構建了數位化製藥的基礎。通過對藥用 3D 打印設備和產線的設計，其他先進的資訊化技術比如大數據、人工智能（Artificial Intelligence ， AI）、物聯網（Internet of Things ， IoT）以及精密的在線物理和化學檢測技術，均可用於製藥的生產流程和品質管理，很多生產和檢測環節都通過機器人來實現生產無人化。同時，可以通過基於數據的中央控制系統，對全球的無人化產線進行監控、反饋和管理。3D 打印藥物在研發和生產過程中產生的大量工藝和檢測數據，結合技術開發中建立的模型和演算法，使得大數據分析和人工智能技術在 3D 打印藥物開發和生產環節得以應用、反饋和優化整個流程，進而實現智能化製藥。

第 15 節
對人工智能在創新藥物研發上應用的思考 [1]

高媛瑋博士

　　創新藥的研發是一個費時費力的過程。近十年間，人工智能（Artificial Intelligence，AI）領域進步巨大，尤其是圖像識別方面，並且逐漸開始應用於人類社會生活的方方面面。如何將此領域的成果應用於新藥研發，以嘗試是否可以洞悉以傳統的方法無法得到或者需要花費更大時間成本才能得到的新資訊，則成為關注的熱點領域。

　　許多專注於 AI 助力創新藥的公司已經活躍在市場上，名聲在外，例如：IBM Watson、Exscientia、GNS Healthcare、Benevolent 等。在中國市場，此領域得到投資機構與初創企業廣泛關注。中國科技創新企業晶泰科技創建於 2015 年，致力於以數位化和智能化驅動人工智能藥物研發。2021 年，公司完成了 4 億美元 D 輪融資。而另一家企業，成立於 2014 年總部位於香港的英矽智能（Insilico Medicine），在 2021 年 2 月，公佈了其在製藥領域的里程碑成果。公司運用自身新藥靶點發現平台和設計平台，用 18 個月時間，獲得了全球首例完全由 AI 推動發現的特發性肺纖維化疾病新靶點，並且針對此靶點設計全新化合物。此化合物已進入臨床前研究階段，有望之後進入臨床。2021 年，公司完成了 2.55 億美元 C 輪融資。

　　使用電腦演算法來協助支援藥物研發早在四十年前就開始了，之前根據應用側重點不同，比較流行的稱呼有電腦輔助藥物設計（Computer-aided drug design，CADD），架構分析（Structure-activity relationship analysis，

---

[1] 在此，具體的 AI 演算法與具體應用不會被提及，如果讀者感興趣，推薦閱讀學術雜誌 Nature Reviews Drug Discovery 在 2019 年 6 月上發表了的綜述 "Applications of machine learning in drug discovery and development"，這篇文章對於現在比較流行的 AI 演算法及其具體應用做了詳盡的總結。

SAR）等等，而現在多被稱為人工智能[2]或者機器學習（Machine learning）。自上世紀 80 年代初，將計算機演算法運用於早期藥物發現就引起了廣泛關注。在 2000 年前後，此領域獲得製藥行業關注。得益於資訊處理能力強大的新計算機硬體的廣泛應用，以及算力強勁的新型演算法，強有力的運算工具為 AI 在新藥研發上的應用創造了比之前幾十年更好的條件。與此同時，人類更加深入了解生命與疾病的奧秘，積攢了更多的優質數據。這兩方面技術的發展相輔相成，現在是運用 AI 助力醫藥研發最好的時代。

例如，近 20 年來「組學技術」（Omics）取得了大幅度進展，包括基因組學（Genomics）、轉錄群組學（Transcriptomics）、蛋白組學（Proteomics），以及代謝組學（Metabolomics）。將這些群組學作為一個整體分析，則稱為「多組學」（Multi-omics），將幾個不同組學資訊彙集在一起，形成更大的資料庫，從更大的視野看待這些有相互作用關係的組學數據，會為研究生物體系，包括研究疾病機理和藥物作用等，提供更有利的支持。人工智能演算法，無論是機器學習中的監督學習還是無監督學習，都可以應用於組學類研究的數據分析及處理。

人工智能可以從藥物靶點的識別與鑒定（Target identification and validation）[3]、小分子候選藥物設計及優化（Small-molecule design and optimization）[4]、預測生物標記物（Predictive biomarkers）[5]、計算病理學

2　原則上講，「人工智能」（AI）是一個非常概括的概念，所有人類製造出來的機器表現出的智能都可以稱為人工智能，可以涵蓋所有以上提及的演算法及應用。而現在提及「人工智能」，尤其是在製藥行業，更傾向於指機器學習（machine learning）類演算法，比如 deep learning 等等，但是也並不絕對。因此，「人工智能」是有術語概念的模糊性的。同一領域的人員對詞語的運用可能有約定俗成的語義範圍，而不同領域的則可能對語義有不同理解。在投資人、初創企業、科學工作者等不同方面同仁間交流的時候，為避免誤解，有可能需要澄清。

3　藥物靶點的識別與鑒定的目標是建立藥物靶點與疾病之間的關係。

4　小分子候選藥物設計及優化的目標是為挑選和設計可以抑制或者激發藥物靶點蛋白小分子候選藥物，並且進一步優化。

5　生物標記物的預測可以通過建立藥物敏感性預測模型和發現相關生物標記物，可能增加臨床試驗的成功率，提供藥物機理的資訊，或者配對藥物與患者類型等。

（Computational pathology）等幾個方面在創新藥物研發方面提供支持。這些領域涵蓋了藥物研發幾個重要的階段，而且現在都有相關企業鑽研技術，嘗試產業化成果。從上面提及的英矽智能的例子可以看出，在一些具體的研發階段上，AI 助力可以加快早期研發的進程，節省相應過程所需要的成本。

雖然筆者對此領域的發展是非常樂觀的，但是認為 AI 變革創新藥研發目前還有相當長的路要走，需要時間、也需要 AI 與生命科技兩方面更大的共同進步。

醫藥行業中，動輒十數億美金的研發費用和十數年的研發時間，是整個行業的痛點。從表面上看，如何降低研發成本和縮短研發時間是解決這個痛點的辦法。然而，從根本上造成這種局面的，其實是新藥研發過程中的決策品質，決策與新藥研發的各個方面都相關。舉例而言，所選的藥物靶點是否正確就是非常重要的決策問題。不正確的或者是不合適的藥物靶點是不可能牽引出可以成功進入市場的藥物的。對於候選分子本身的選擇和優化是另一個關鍵決策。一個不合格的入選的藥物分子在愈早的階段淘汰，就愈節省資源。現在，即使是進入臨床 I 期的候選藥物，最後能成功上市的也不足十分之一。根據阿斯利康發表於 2018 年的研究，從經驗上分析，直接影響藥物成功率的五個方面是一個候選藥物需要有正確的靶點、合適的靶向組織、好的安全指標、適合的患者群體和應有的商業潛力，被稱　為：“5R”（Right target, Right tissue, Right safety, Right patient, and Right commercial potential of a candidate compound）。可以看出，這些均與決策相關。藥物研發的各個階段，如果能夠提高決策品質，尤其是在臨床階段提高決策品質，就可能引起又一次的「範式轉移」。此外，臨床試驗設計、臨床病人篩選等方面，都關乎決策。AI 的介入雖然展示了其在某些小段研發或者研發的某個方面的優勢，一定程度上節省了時間和資源，但是暫時還沒有看到對決策品質根本上的影響。

　　AI 目前還沒能證明可以在決策品質上產生根本影響的原因比較複雜。在此我列舉幾個，以供讀者思考和討論。第一，有一些 AI 演算法與模型的建立過程中，過分關注加快速度與減少成本，而沒有把提高決策品質作為一個重要參數。比如說，僅利用相關系數（Correlation coefficients）或者均方根誤差（Root mean squared error）作為參考參數，而沒有把項目成功率考慮進去；或者是關注藥物靶點與候選藥物結合後的活性作為參考，而沒有考慮藥效和安全參數。這些情況有可能會造成 AI 的運算結果無法直接提高決策品質。然而，對於意識到這一點的研究員，會改變所用參數以進行改善。於是，就引出了第二個令目前 AI 演算法可能無法顯著提高決策品質的因素，那就是與「決策品質」相關的因素往往比較複雜、難量化、難尋找替代參數。舉例來說，「毒性」（Toxic）就是個複雜的概念，很難用幾個參數或者定義來降維概括所有的「毒性」資訊。雖然現在 AI 在圖像和自然語言處理（Natural language processing，NLP）有很大提高，但是標記判斷「一個候選分子是否有毒性和甚麼毒性」與判斷類似於「圖片中是否有個特殊標誌」的問題相比，是個複雜得多的問題。

　　AI 演算法大多是通過「學習」現有的資料庫，以建立運算模型，作出預測，而現有資料庫的品質則直接影響模型的建立。如果資料庫中個別數據有不準確或者有偏差，則可能會對 AI 模型的建立產生不良影響。龐大的藥物研發相關資料庫得益於歷史的積累，而歷史資料庫對於各個指標的標記定義用詞等等往往有不統一的問題。這就可能需要有更多的人力努力來統一資料庫的標記。另外，人類科學發展至今，體外試驗的結果不能全然預測動物試驗的結果，而動物試驗的結果也往往無法直接關聯人類臨床試驗的結果。究其原因是生命的複雜性，即使現在我們積累了自以為海量的數據，恐怕也很難說人類已經可以窺見生命的真諦。即使有算力強勁的 AI 助力，我們也需要對生命科學更多的研究，才可能探知破解難治疾病的奧秘。引用一位研究蛋白的教授對 Alpha Go 擊敗人類圍棋冠軍的評價："Beating

human being is easy, but beating nature is hard"。

　　創新技術的發展都是在曲折中前進的。雖然 AI 助力藥物研發還有許多困難需要克服，但是任何微小的進步都是可以積累，直到發生質變。隨着時間的推移，AI 技術會更加完善，人類對生命科技的理解會更深刻。

第 16 節
合成紅細胞藥物

林向前先生、**史家海**博士

　　紅細胞是人體中數量最多的細胞，其佔全部細胞數量的 84% 左右。長久以來，來源於捐獻的血液都是人類醫用紅細胞的最主要來源。而合成紅細胞技術，顧名思義，就是利用新型技術，以在體外培養或者擴增的方式，得到人體紅細胞。更重要的是，以合成紅細胞為載體，可以建立一個藥物開發、製造和體內遞送的通用平台，具有發展潛力。

　　合成紅細胞技術起源於美國軍方的「一個都不能少」政策。戰場創傷引起的大量失血是戰地死亡的一大原因，及時輸血能挽救這些戰地死亡。血液保存期僅僅為六週，而血液從美國本土收集到運輸至戰地需要四週，這造成戰地血液保存期僅為兩週，為戰地後勤帶來巨大的壓力。因此，美國國防高級研究計劃局（簡稱 DARPA）[1] 在 2008 年向全世界召集在戰地生產紅細胞的建議。最終，美國新基製藥（Celgene）獲得了 DARPA 的合同，並在人類歷史上第一次成功利用造血幹細胞，在體外培養出了正常的人紅細胞[2]。雖然這條路在理論上可行、可以實現試驗，但是由於培養體系較為昂貴，美國國防高級研究計劃局認為與其以高昂價格提供輸血原料，還不如按照傳統獻血採集紅細胞更為划算。

　　合成紅細胞作為藥物開發、製造和遞送的載體具有以下幾個優點：1/ 紅細胞沒有細胞核、線粒體和核糖體，也就沒有任何 DNA 和長鏈 RNA。紅細胞藥物沒有致癌性，具有所見即所得的特性；2/ 紅細胞在人體內存活 120 天，因此，在紅細胞內和表面的蛋白藥物也能在體內存活 120 天，這可以極大延長蛋白藥物在體內的半衰期；3/ 紅細胞具有極好的延伸性，能達

1　Defence Advanced Research Projects Agency, DARPA.

2　新基製藥—直到 2011 年也沒能生產出大量的正常的紅細胞，後來在麻省理工學院（MIT）的 Harvey Lodish 教授的幫助下研製成功。

到極小的毛細血管；4/ 紅細胞具有很大的表面積和體積。比如說，一個紅細胞表面可以放 360 萬個抗體，紅細胞內可以放 2.8 億血紅蛋白分子，這種特性可以保障藥物的濃度；5/ 紅細胞特殊的結構使單位體積內紅細胞數量很高，人血液中，每微升含有 500 萬個紅細胞；6/ 輸血已經是一種標準的臨床醫療操作，因此紅細胞藥物可以作為貨架化的細胞藥物。

在製藥行業中流行的被稱為紅細胞藥物可以分成三類：第一類、是合成紅細胞技術，也就是綜合紅細胞本身的天然特性和藥用蛋白來治療疾病。這種類型還可以分為以下兩種：一種是先合成造血幹細胞，再在體外分化成的合成紅細胞來治療疾病，代表公司有 Rubius Therapeutics 和 Plasticell。另一種是修改體內成熟的紅細胞用來治療疾病，代表公司為 Anokion。而另外兩類也同樣被稱為紅細胞藥物，但是基本原理就與合成紅細胞完全不同了，基本與合成紅細胞並無關聯。在此，我們只做簡要介紹。第二類、是利用紅細胞包裹藥用蛋白或者小分子藥物，提高藥用蛋白或者小分子藥物的體內半衰期，代表公司是 EryDel 和 Erytech。這類紅細胞藥物利用的是傳統紅細胞破膜及載藥功能，基本沒有核心專利技術，但對於藥用蛋白和小分子藥物的體內半衰期提高不多，市場影響力不大。第三類、是利用紅細胞以提供大規模細胞膜，和不同的納米分子、脂質體或固體脂質納米粒等結合，來遞送不同藥物分子，包括蛋白、核酸、小分子等，代表公司為 Arytha Biosciences、Cello、Nanoblood 和 RxMP。在這類紅細胞藥物中，紅細胞僅僅是一類生物膜提供者，核心技術專利還是在於納米分子、脂質體或固體脂質納米粒。這類藥物的優缺點和現有的納米分子、脂質體或固體脂質納米粒類似。

Rubius Therapeutics RUBY. US

Harvey Lodish 教授、Hidde Ploegh 教授和 Flagship Venture 的 Noubar Afeyan 博士合作以 Venturelabs 模式在 2014 年初成立 Rubius Therapeutics。然後，公司入駐波士頓 LabCentral 生物孵化器，並於 2018 年 7 月在納斯達

克上市。Rubius Therapeutics 的合成紅細胞藥物管線開始有三個方向，腫瘤免疫治療、自身免疫性疾病和代謝酶缺乏型罕見病。後來，治療代謝酶缺乏型罕見病的合成紅細胞的臨床試驗不理想，這個研究方向被暫時擱置。

　　合成紅細胞治療腫瘤是通過腫瘤免疫方式，這包括兩種方法，系統性提高免疫細胞數量和抗原特異性免疫細胞擴增。系統性提高免疫細胞數量是在合成紅細胞表面表達 4-1BBL 和 IL-15TP（RTX-240），這樣的合成紅細胞能啟動 NK 細胞的擴增和活化，CD4 和 CD8 T 細胞的擴增和活化，同時還能啟動 CD8 記憶細胞的擴增和生存。因此 RTX-240 主要是作為免疫力提升的療法，可以和其他靶向性的腫瘤療法聯用。而抗原特異性免疫細胞擴增則類似一種體內抗原特異 T 細胞啟動的方法。合成紅細胞在表面上表達 IL-12、4-1BBL 和攜帶特定腫瘤抗原的 MHC1（RTX-321）。RTX-321 能和拮抗特定腫瘤抗原的 T 細胞結合，並刺激這類 T 細胞擴增和啟動。這類合成紅細胞能在體內啟動抗原特定的 T 細胞，有潛力成為通用的 CAR-T 療法的替代品，而且由於合成紅細胞上可以冰凍，並大規模生產，這也解決了 CAR-T 療法的產量、儲存和運輸的問題。

　　合成紅細胞治療自身免疫性疾病則是基於 2012 年 Jeffray Hubbell 教授的研究，他發現依附在紅細胞上的蛋白抗原能誘導 T 細胞程式性死亡，Hubbell 教授後來成立了 Anokion 公司。Rubius Therapeutics 利用蛋白融合的方法把抗原蛋白表達在合成紅細胞表面，同樣發現這樣的合成紅細胞能誘導抗原特異性的 T 細胞程式性死亡。這就稱為了一種潛在的治療自身免疫性疾病的手段，目前出於開發階段。

Plasticell

　　Plasticell 是一家歐洲公司，法國和英國的科學家在體外培養造血幹細胞和前體細胞製造紅細胞在 2011 年以前處於世界領先，法國也是第一個實現體外合成紅細胞在人體內存活的臨床試驗的國家。但是他們並不擁有合成紅細胞藥物相關的專利，因此雖然 Plasticell 具有完善的體外紅細胞製造系統，卻沒有辦法利用這些紅細胞治療除貧血外的疾病。

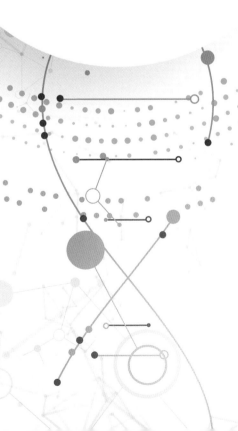

第七章

潮起香江

引言

　　香港是全球東西方文化融合最好的城市，無論是中國人、英國人、法國人、印度人等，都可以成為這個大都市的一部分，不會感受到種族歧視。香港的國際化程度在全球名列前茅。

　　香港是全球華人最宜居的城市，也是人文與自然環境交融最好的地方之一。香港是全球重要的金融中心，尤其在生命科技領域，只要是有能力的華人，都可在這裏實現創業夢想及人生價值。

　　筆者邀請了香港知名專業人士，就生命科技投資項目的法律、估值、研發、資本市場等議題，分享經驗。融入大灣區、面向全世界，香港依然是一顆璀璨的東方之珠。

第 17 節
香港科創發展概覽
呂欣怡

　　中國香港特別行政區地處中國的南部，由香港島、大嶼山、九龍半島以及新界組成。香港長久以來都是一個充滿活力的城市，也是一個重要的海外通向中國內地的門戶城市。香港是國際金融、工商服務業以及航運的中心。其經濟以自由貿易、低稅率和少政府干預見稱，是全球最自由的經濟體之一。在 2020 年，香港勞動人口近 400 萬人，香港本地生產總值為 27,107 億港幣，人均本地生產總值為 362,310 港元[1]。

1　香港統計數位一覽（2021 年版），香港特別行政區政府統計處，2021，https://www.censtatd.gov.hk/sc/EIndexbySubject.html?pcode=B1010006&scode=410。

　　粵港澳大灣區（Guangdong-Hong Kong-Macao Greater Bay Area，GBA）包括廣東省九個城市（廣州、深圳、珠海、佛山、東莞、中山、江門、惠州和肇慶），以及香港與澳門兩個特別行政區，面積約 5.6 萬平方公里，人口約 7,000 多萬，是中國經濟實力最強的地區之一。自 2015 年粵港澳大灣區的概念在「一帶一路」中提出，到 2019 年中共中央和國務院公佈《粵港澳大灣區發展規劃綱要》，香港作為其中重要的組成部分，目標是成為中國唯一一個國際科技創新中心。

　　生命科技是香港創新科技的一個優勢領域，香港政府一直在思考、探索、推動相關發展。香港擁有深厚的生命科技研究基礎，以及逐漸完善的生態系統。值得引以為傲的是，香港交易所已經成為亞洲第一、全球第二大的生物科技募資中心。特別需要指出的是，香港是全球首個臨床測試數據同時獲中國國家藥品監督管理局、美國食品及藥物管理局和歐洲藥物監管局國際權威藥物管理單位認可作藥物註冊用途的經濟體。

　　香港政府近幾年從基建、科研資金、融資及人才多方面推行以下主要措施：

- 基建方面，濕實驗室是生物醫藥研究工作是必不可少的設施。現時，香港科學園濕實驗室可出租樓面面積為 59,000 平方米，並會在 2021 年底 6W 大樓濕實驗室改建工程完成後增至約 68,000 平方米。科學園第二階段擴建計劃第一批次工程亦會提供額外約 10,000 平方米濕實驗室樓面面積。另一方面，科學園已於 2020 年 12 月開始營運的生物樣本庫和生物醫學信息平台，分別提供作收集、處理、儲存和共享生物樣本的服務，以及雲端生物醫學數據儲存和運算分析服務。香港科技園公司亦規劃醫療器械測試、藥物測試及動物研究等實驗室研究設施，以及於 2021 年內擴建設有生命科學儀器的生物醫藥科技支持中心，其總面積增加至 2,040 平方米。中長期而言，政府正全力發展位於落馬洲河套地區的港深創新及科技園，預期首八座

樓宇會在 2024 至 2027 年間分階段落成,其中一個優先發展領域便是生命科技。

- 科研資金方面,科技園公司的生物醫藥科技培育計劃為生物醫藥培育公司提供最多 400 萬元港幣資助;有鑒於從事生物科技研究涉及較複雜的法規程序,培育計劃亦會為培育公司提供最高 200 萬元港幣的特定資助,用作認證或新藥研究申請等用途。截至 2021 年 4 月底,計劃共支持 41 間企業,科技園公司已審批津貼資助超過 5,500 萬元港幣;另一方面,創新及科技基金多年來已資助逾 630 個生物科技項目,其中包括多個全球首創的科技,例如:內置馬達的微創手術機械人、無創產前診斷技術等。部分項目的研發成果已經成功商品化,相關初創企業甚至發展成為生命科技獨角獸,為世界作出貢獻。

- 融資方面,在 2018 年 4 月底實施了 18A 章制度,便利未有收入或盈利的生物科技公司在港上市。至今已有 31 間未有收入或盈利的生物科技公司循新制度在港上市。科技園公司的科技企業投資基金亦有投資在從事藥物導入、幹細胞技術,以及癌症治療研發等生物醫藥技術的初創企業。

- 人才方面,香港擁有不少世界級生物醫藥研發專家,在各自的專業領域屢獲海內外的科學大獎,研發亦被世界多國採用。香港的 16 間國家重點實驗室中,便有 9 間是從事與生物科技相關的研究。同時,創新科技署於 2018 年 6 月推出了科技人才入境計劃,快速處理輸入科技人才的申請。截至 2021 年 4 月底,計劃已批出 558 個配額,當中 58 個與生物科技相關。香港吸引全球人才的旗艦項目(InnoHK)自從推出後便獲得熱烈回應,共收到超過 60 份來自世界知名院校和科研機構提交的建議書,並有 27 宗申請獲批,其中有 15 間專於生命科技的研發中心。首批 20 間研發中心已完成實驗室裝修工程,並

已陸續啟動，預計其餘 7 間亦會於 2021 年稍後陸續啟動。

國家於 2021 年 4 月公佈的《十四五規劃綱要》提出的九大戰略性新興產業包括生物技術產業，同時提出高質量地建設粵港澳大灣區，便利創新要素跨境流動；支持香港建設國際創新科技中心和融入國家發展大局，與內地優勢互補和協同發展。

一、香港政府繼續推動包括科研物資在內的創新要素有效流通。中央政府在 2019 年 11 月已公佈兩項便利措施，即 (i) 放寬內地人類遺傳資源過境港澳的限制，讓香港的大學和科研機構在內地設立的分支機構如獲國家科學技術部 (科技部) 確認符合特定條件，可列為試點單位，獨立申請人類遺傳資源出境來港以進行研究，至今已有三所由香港的大學在內地設立的分支機構獲科技部確認符合特定條件，被列為試點單位；以及 (ii) 對進境動物源性生物材料實行通關便利，在符合相關法律法規下，簡化審批程序，便利香港的大學和科研機構在內地進行動物實驗。

二、在知識產權政策方面，知識產權保護屬地域性，不同的司法管轄區會按本身的知識產權制度及法例處理知識產權註冊申請。內地是香港科研產出的重要市場，政府一直與內地相關部門探討便利措施，為兩地 (特別是在大灣區內) 的企業和科研機構在申請知識產權註冊時提供便利，例如：香港的原授專利制度容許專利申請人以處於內地的國際寄存主管當局或相等機構寄存的微生物樣本作出申請，而無須將樣本運送至香港。

三、香港政府一直與內地有關當局保持緊密聯繫及商討以香港大學深圳醫院為試點，落實在粵港澳大灣區的指定醫療機構經廣東省審批後使用臨床急需、已在本港上市的藥物，以及使用臨床急需、本港公立醫院已採購使用的醫療儀器的政策 (港澳藥械通)。最新的工作包括成立協作平台及議定可在大灣區指定醫療機構使用的藥物和醫療儀器目錄等。

　　科技創新生態圈中不可缺少的是孵化器以及研發力量雄厚的大學。香港科學園和香港數碼港是 m 產業集群的代表。香港引以為傲的是，有多家大學在國際上排名前 100 名。這些大學為香港 50 的產業發展奠定了良好的基礎。與此同時，香港高校與時俱進，積極探索與全球產業合作，吸引獨角獸企業落戶香港，推動生命科技生態圈的建設。以下是香港在生命科技領域的優秀案例。

1. **香港科學園（Hong Kong Science Park，HKSP）**

圖表 1：香港科學園高錕會議中心 [2]

　　根據香港特別行政區政府《香港科技園公司條例》（第 565 章），香港科技園公司在 2002 年正式開始運作，是香港政府全資機構，致力於為香港策劃、建構以及營造以科技為本的創新經濟生態圈，推動香港成為科技創新中心，加強香港多元化經濟發展。

2　俗稱：「金蛋」。

香港科學園佔地約 22 公頃，位於香港新界大埔區白石角，是現在香港最大的一個創新產業研發園區。園內的科技企業領域廣泛，包括生命科技、機器人、新型材料、精密工程、通訊科技、金融科技、綠色科技、人工智能、智慧城市。截至 2021 年 1 月，已有超過 1,000 家科技企業入駐科技園，它們來自 23 個國家和地區。在園區內工作人員超過 1.6 萬人，其中從事研發工作的人員超過 1 萬人。

2015 年以前，香港科學園生命科技企業只有 30 多家。而今，這類企業超過 150 家，其中既有初創公司，也有在資本市場上市企業，涵蓋醫藥、醫療器械、診斷方法等[3]。

香港科技園一直致力於完善增強香港的創新和科技生態系統，在各個方面推動措施，促進科技產業創新和商業化：1/ 香港科學園內建有高等級實驗室、生產樞紐和工作空間，以及擁有自己的初創企業孵化器項目和培育計劃；2/ 成功從創業培育計劃[4]畢業的企業超過 770 家，並且有約 80% 仍在營業中；3/ 建立香港科技園創投基金，投資具有潛力的科技初創公司，並且幫助園區企業與其他投資機構間的關係。2018-2020 年間，園區企業總籌得資金達 297 億港幣；4/ 在香港本地和海外不斷拓展和培養人才庫，每年舉辦科學園職業博覽會幫助園區企業延攬人才，還建立了 Talent Pool 網路平台，作為園區企業推廣招聘資訊和招聘者投遞簡歷使用；5/ 為幫助園區企業吸引海外人才，專門制定了「住宿援助計劃」提供經濟支持，同時建造樓宇「創新鬥室」安排海外人才過渡住宿。

2. 香港數碼港 (Hong Kong Cyberport)

香港數碼港是創新數碼社群，位於香港島南區，佔地約 24 公頃，由香港數碼港管理有限公司管理。數碼港公司由香港政府全資擁有，願景是成

3　具體研發範圍有細胞療法、抗體類藥物研發、眼科藥物研發、CRO/CDMO 服務、醫療機器人研發、新型自動化儀器、創新診斷方法、基因檢測、AI 技術助力醫療發展等。

4　科技創業培育計劃 (Incu-Tech) 為幫助科技初創把科研成果推出市場，開拓業務而提供全面性支持包括科研支持、導師輔導和投資者配對等。

為數碼科技的樞紐，為香港和亞太地區締造新的經濟動力。如今，香港數碼港已經匯聚約 1,700 間初創企業和科技公司，分佈在金融科技、智慧生活、電子競技、數碼娛樂、網路安全、人工智能、大數據、區塊鏈科技發展等領域，並成功孵化了 5 間獨角獸公司。香港數碼港擁有全港最大的金融科技社群，有超過 350 家金融科技公司，涵蓋個人理財、支付系統及保險科技等，包括香港僅有 4 間獲發虛擬保險牌照的機構，以及首 2 間被金管局發牌的虛擬銀行。另外，香港數碼港還是許多新型風險投資（VC）和私募（PE）基金的家園。

香港數碼港致力培訓科技人才、鼓勵年輕人創業、扶持初創企業，及創造蓬勃發展的生態圈。通過與香港本地及國際戰略夥伴合作，促進科技產業發展，同時加快公私營機構採納新型數碼科技的速度，推動新經濟及傳統經濟的融合。

3. 香港城市大學

香港城市大學助力發展科技創新，在 2021 年 4 月底推出大型創新創業計劃 HK Tech 300，將在未來三年斥資 5 億港幣，支持學生科技創業，預計將培育 300 家具有香港城市大學基因的初創企業。這項計劃無論從投入資金數量，還是計劃規模，在亞洲大學中屈指可數。同時，HK Tech 300 獲得多個戰略夥伴支持，包括香港創新科技署、投資推廣署、香港科技園公司、香港數碼港、各商會、各基金等。HK Tech 300 以「創科無限，引領未來」為主題，開放予香港城市大學學生、校友和研究人員參加，同時接納非香港城市大學人員加入以城市大學知識產權為主的初創公司。這項計劃分為四階段，從招募參與者開始，提供 8 星期的培訓課程，讓創業團隊學習如何從零開始籌備全盤商業計劃，以及與潛在投資者和客戶交流的技巧。參與者可以申請「HK Tech 300 種子基金」，申請成功的創業團隊可以獲得 10 萬元港幣，作為初創企業的啟動資金。之後，創業團隊可申請「HK Tech 300 天使基金」，獲得甄選的初創公司可獲得最高 100 萬港幣的投資。

4. 香港中文大學

建立一個可以培養優秀人才的生態系統是促進生命科技領域持續發展的必要條件。高校教育需要與時俱進，與產業結合，助力人才培養，發揮影響力。香港在近年推動先進療法（Advanced Therapy Products[5]）藥物監管規則，並在 2018 年發出了監管徵求意見稿[6]，對細胞療法產品的生產提出了更高的要求。然而，香港本地缺少了解此類新型產品的生產、品質控制及法規的人才，對香港發展最新興的細胞療法產生了一定阻礙。為滿足業界需求，香港中文大學藥學院創立了新的教學課程項目「先進療法產品發展與規管課程」（Pharmaceutical Development and Regulation of Advanced Therapy Products），邀請學界業界有經驗的人士來分享知識與經歷，同時提供實踐培訓機會。此課程項目一經推出，就受到業中同仁的歡迎。

5　歐盟及香港地區將先進療法定義為細胞療法（cell therapy）、基因療法（gene therapy）以及組織工程學（tissue engineering）等新型療法。

6　https://www.advancedtherapyinfo.gov.hk/cbb/en/doc/cd-en.pdf. 2018. Drug Office Department of Health The Government of the Hong Kong Special Administrative Region. Consultation Document Regulation of Advanced Therapy Products.

第 18 節
香港資本市場概況與政策支援

周弋邦

對比眾多創新科技行業，生物科技近五年發展勢頭強勁，生物醫藥行業佔醫藥市場份額將從 2008 年的 17% 增長到 2022 年的 30%，達到 3,260 億美元的規模[1]。過去大中華區資本市場對生物科技行業的配套服務方面可以說是嚴重滯後，融資困難對生物科技行業的成長造成了舉足輕重的影響。直到 2018 年香港交易所改革了生科的上市機制及 2019 上海科創板的推出才扭轉了過去的短板。本章將精簡闡述生科的融資週期和資本市場的新格局。

生科行業特徵是投資週期長，生物創新藥由概念到產品上架八到十五年不等。每個階段的風險不確定性大，臨床 I 期成功率不到 10%，而大部分生物醫藥的研發無法成功完成 III 期臨床。重高端人才及研發，在產品商業化前，主要資產是專利，屬於典型的「輕資產」行業。在間接融資方面，銀行主要貸款於有實物抵押的企業而無法支援早期的生物科技公司。因此生科公司的對外融資依賴直接融資，在企業成功上市前，主要為創始人和股權風險投資基金。

由概念到成功研發總投入介乎 3 億到 10 億美元，每月「燒錢」的金額也是比較大。第一筆投入一般由創始人自己資金支援，很多創始人都是科學研發背景，自身資金量不大，Pre-A 的融資很多也是創始人的家人和朋友支援。但要生存下去，還是一定要獲得第三方投資機構的支援，完成 A 輪融資。生科企業一般在完成 B 輪到 E 輪等融資後對接資本市場，具體視乎細分領域、估值和資本市場氛圍等因素。

---

1 EvaluatePharma world PREVIEW 2017, Outlook to 2022. (2017 年 6 月). 取自 http://info.evaluategroup.com/rs/607-YGS-364/images/WP17.pdf。

經過多年發展，全球主要交易所現在都已經歡迎生科公司上市，近年中國上海、中國香港、美國納斯達克交易所由於其市場深度和流動性等原因對生科公司的吸引力比較大，成為最重要的上市地和融資中心。美國納斯達克發展比較早，有 171 家生科上市公司。中國香港和上海在 2018/19 年改革了上市機制後，成功吸引了眾多生科公司上市。

2018 年 2 月香港交易所推出了改革創新科技上市的諮詢函，這是在 1993 年允許中國註冊公司 H 股上市之後最大的改革。其中最重大的突破是允許生物科技公司在沒有任何收入的情況下，達到以下條件就符合上市條件：

- 生科公司至少有一個核心管線研發產品（小分子藥物、生物製劑）獲得認可藥物監管部門（中國衛健委、美國 FDA、歐洲藥品管理局等）批複通過臨床 I 期進入 II 期臨床的許可、生物科學器械達二類或者其他生物科技產品（此項建議香港交易所細化准入標準）；
- 上市市值最少為 15 億港幣；
- 上市前至少擁有兩年的財務年度記錄；管理層團隊需要大致一樣；
- 擁有充足的運營現金，至少是企業未來 12 個月（i）企業成本（含一般、行政、運營及生產成本等）及（ii）研發費用總和的 125%；
- 上市 6 個月前至少有一家資深投資機構作出相當數額的投資（根據市值大小，由 1% 到 5% 股權不等）；
- 上市集資主要用於研發，以將核心產品推向市場。

對於此與時並進的關鍵舉措，內地和國際生物科技公司、創投風投基金和互惠基金給與了廣泛支援和很多建設性的建議。諮詢迅速獲得了市場的認可和通過，正式在 2018 年 4 月 30 日實施。由於香港上市機制一向是註冊披露制，實施後的 9 個月已經有 9 家生科公司順利通過聆訊並成功在港交所掛牌上市，總集資金額達 268 億港幣。2020 年生科公司首發數目和

集資金額分別為 14 家和 400 億港元，生科行業不同細分領域包括生物藥、醫療器械、研發合同外包服務機構都陸續登陸香港。兩地同時掛牌上市的生科公司愈來愈普遍，包括香港跟內地同時上市，香港美國兩地上市，未來我們可以預期香港、內地、美國三地同時掛牌的現象。完善的發行機制和市場的深度令香港在實施新制後短短兩年，已經成為全球生科公司上市融資的第二大集資中心。

在中國內地方面，2019 年 1 月推出《關於在上海證券交易所設立科創板並試點註冊制的實施意見》，引領了中國內地 IPO 制度轉向註冊制，視為上市發行全面內地的一個重要舉措。新制主要服務國家戰略、突破關鍵核心技術、市場認可度高的科技創新企業。上市路徑有五條：

- 預計市值不低於 10 億人民幣，最近兩年利潤均為正且累計利潤不低於 5,000 萬人民幣，或者預計市值不低於 10 億人民幣，最近一年淨值為正且營業收入不低於 1 億人民幣；

- 預計市值不低於 15 億人民幣，最近一年營業收入不低於 2 億人民幣，且最近三年累計研發投入佔最近三年累計營業收入的比例不低於 15%；

- 預計市值不低於 20 億人民幣，最近一年營業收入不低於 3 億人民幣，且最近三年經營活動產生的現金流量淨額累計不低於 3 億人民幣；

- 預計市值不低於 30 億人民幣，且最近一年營業收入不低於 3 億人民幣；

- 預計市值不低於 40 億人民幣，主要業務或產品需經國家有關部門批准，市場空間大，目前已取得階段性成果。醫藥行業企業需至少一項核心產品獲准開展 II 期臨床試驗，其他符合企業定位的企業需具備明顯的技術優勢，並滿足相應條件。

港交所和上市的突破性變革為更多的生科公司打開了資本市場的大

門。不單是 IPO，我們也看到整個中國的生科投融資生態圈比改革前更為積極踴躍。在生態圈的每一個環節多有更加多的市場參與者，包括了更加多的生科公司成立、早中後期的風險投資和私募基金、IPO 時各類型基金、上市後的再融資或者老股配售等。生科公司技術的創新加上資本的助力已迅速形成龐大的力量推進企業的發展，許多新上市生科公司把募集到的資金投放到研發和產品商業化方面，在全球專利方面取得了重大的進展。

隨着生科上市機制的落地，中華交易服務有限公司於 2018 年 11 月推出了中華香港生物科技指數，追蹤在香港主機板上市的生物科技公司。隨後在 2019 年 12 月，恒生香港上市生物科技指數也相應對出；2020 年 8 月，恒生綜合行業指數允許納入根據 18A 章上市的生科公司；2020 年 12 月，深交所和上交所宣佈 8 家香港上市生物科技公司將獲納入港股通範圍。在生科發展比較早的美國，市場指數有納斯達克生物科技指數[2] 和標普生物技術精選行業指數[3]。在指數基金方面，中國內地有 6 隻生科指數基金，其中 4 隻追蹤中國內地 A 股生科指數，另外 2 隻追蹤美國生科指數。

聯通了內地投資者成為香港吸引生物公司到港上市的一個重要的亮點，市場普遍認為將有更加多的生科公司獲納入滬港通機制內，讓內地投資者可以投資香港上市的生科公司，也讓國際和香港投資者能投資上海上市的生科公司。滬港深三家交易所的互聯互通，使得整個投資者基礎極大的擴張了，將來如果進一步放開一級市場，即上市發行，是這個共同市場又一次重大突破。

加上日前中國醫藥健康板塊的上市公司總市值約 1.5 萬億美元[4]，對比美國的 5.5 萬億美元，還有巨大的增長空間，加上中國的人口是美國的 4 倍。我們相信中國香港和上海將持續成為世界上最重要的醫療和生物科技中心。

2　含 221 隻成份股。

3　含 119 隻成份股。

4　含中國內地和香港。

　　制度的突破性改革和生科投融資生態圈的優化，為生科公司開啟了新一頁的美好樂章，尾隨着生科行業持續壯大和金融市場的不斷發展，我們相信這隻是前奏，我們相信未來生物科技公司的投融資的環境將是更加亮麗的。

　　隨着更多機構和專業投資者和分析師的加入，投資者對生科公司的估值評估也發生了變化，更加關注生科公司的無形資產如專利發明和研發投入，未來的盈利能力也更顯重要。

第 19 節
生命科技項目估值相關問題

侯緒超　劉立鶴

　　創新藥物研發作為製藥產業中最為核心的一環，是一個漫長、昂貴且風險極高的過程。在美國，從化合物或者靶點發現到最終進入市場，平均需要花費 10 到 15 年的時間，以及超過 25 億美元的研發成本，而這還是假設藥物在每個研發階段都相對順利的情況下得到的結果。大多數候選藥物會因為臨床試驗失敗或未能獲得監管批准而無法成功上市。由於創新藥物研發的整個過程需要投入大量的時間和金錢，也需要面對巨大的不確定性；同時，每個階段的成功會使得創新藥企的市值暴漲，從而創造大量的投資機會，所以生物醫藥板塊一直以來長期受到投資機構的追捧。

　　對於擁有成熟產品、銷售體系完備、擁有穩定利潤的醫藥公司，例如：全球製藥巨頭，可採用相對簡潔的 PE 估值法。而對於目前沒有產品收入，企業價值完全來自於其產品研發管線的生物科技公司，則需要基於其適應症、發病率等特徵，綜合考慮產品療效和市場格局，對其在研產品獲批上市後的銷售額作出預測，最終使用風險矯正型的現金流折現法（Risk-adjusted DCF，又稱為 rDCF）進行企業估值。根據 DCF 估值理論，公司價值等於公司預期現金流按照公司資本成本進行折現，需要預測未來足夠長的時間範圍內的資產負債表和損益表，通過深入分析行業發展特性、競爭格局、公司競爭優勢，對於公司未來損益表、資產負債表和現金流量表進行預測。

　　對於創新藥企的 rDCF 估值法，目前業內較為常用的方法論涉及如下幾個關鍵參數：

- 在研產品上市成功率（Probability of success/POS）
- 患者基數（Patient pool）
- 產品滲透率（Penetration）

- 產品定價（Pricing）
- 專利年限（Patents and exclusivity）

基於這些關鍵假設進行設計的模型又被稱為 5P 估值模型，是 rDCF 在創新藥領域的一種特殊形式。此模型的整體又可以分為三個主要階段來進行分析。

第一階段：為創新藥從研發階段到產品上市的階段，這一階段關注的重點是研發投入時間及成本，現金流為負，而且產品有研發失敗的風險，需要重點關注成功率（Probability of success ， POS）。

第二階段：為產品成功獲批上市到專利到期前的階段，這一階段關注的重點是銷售收入，需要基於患者基數和治療路徑進行測算，用於確定產品收入的上限。同時，定價在這一階段尤為重要，而定價又受到競爭格局和醫保准入假設的影響。最後，基於定價變化和銷售地區的基本經濟背景，我們可以對滲透率進行測算。

第三階段：為專利到期後的永續增長階段，其中需要考慮生物類似物或者仿製藥上市帶來的峰值銷售降低，以及後續進入穩定期後的增長過程。

對創新企業的每個產品進行估值時，需要對每個產品的每個不同的適應症進行分析；同時，需要詳細考慮適應症本身未被滿足的治療需求，從而得到相對準確的產品價值。我們分析 5P 估值模型中的五個假設需要的考量如下：

1. **產品上市成功率。**POS 一直都是對估值影響最大的參數，而 POS 的測算則直接基於藥物本身的臨床數據。投資者需要盡可能的去查閱目標藥物的臨床結果，或者其在學術會議上公開的臨床數據。 Bio 、 Infroma 和 OLS 在發佈的 Clinical Development Success Rates and Contributing Factors 2011-2020[1] 有一定的參考價值，特別是對於那些無

1　BIO (Biotechnology Innovation Organization), Informa, QLS (Quantitative Life Sciences)："Clinical Development Success Rates and Contributing Factors 2011-2020"

法獲得直接臨床數據的藥物。然而，由於此文中的成功率是基於歷史臨床數據積累的歷史平均值，容易使得投資者對於潛在優質藥物的成功率產生一定顧慮，所以對於相關機制或者靶點的學術研究也是相當必要的，能夠一定程度上避免投資人對未獲得臨床數據的臨床前產品的誤判。

2. **患者基數。**大多數適應症可以通過查閱 WHO 或 GHDX 資料庫從而獲得。在患者基數的測算中，重點則是對於治療路徑的分析，需要詳細了解 FDA 對於適應症治療方案的推薦，需要對醫生進行大量的訪談了解真實世界中的用藥習慣，特別是需要詳細了解 off label 適應症的使用方式，才能獲得準確的患者基數。如果僅簡單的通過流行病學數據來確定患者基數的上限，則會造成對產品未來預期的高估，使得投資者對公司的估值產生錯誤的判斷。

3. **產品滲透率。**產品滲透率的爬坡一般會考慮兩個因素，首先是類似適應症或者類似機制的已上市產品，在過去上市週期內的表現。同時，需要考慮目前在研產品的競爭情況，如果有多款類似機制產品或者仿製藥上市，會極大的降低價格並大幅提升產品滲透率，定價和滲透率就如同天平的兩端，只有保證平衡才能最終獲得合理的假設。

4. **產品定價。**普通藥物的定價相對較為簡單，然而，目前生物科技公司大多集中在存留時間較短的腫瘤藥物領域，使得藥物定價會相對複雜。由於目前腫瘤藥物主要用於晚期腫瘤患者，很多腫瘤晚期生存情況不到一年，使得傳統的年花費計算模式不適用於腫瘤藥物。採用臨床試驗的 PFS 數據根據腫瘤藥物單支價格測算，成為了對於腫瘤適應症產品估值的主要定價邏輯。同時，高價藥的贈藥方案與醫保假設，特別是在中國市場，會對定價產生較大的影響，通過可比藥物目前的贈藥方案，以及納入醫保後的價格降幅，能得到較為合理的參照標準。

5. **專利年限**。對於非上市藥物的專利情況，投資者需要聘請專業的 IP 律師進行詳細的調查。由於專利衝突會直接導致候選藥物難以上市銷售，甚至直接影響上述所有參數所測算得到的產品價值，所以對於專利的調查是必不可少的步驟。

基於 rDCF 的 5P 估值方法，不僅可以針對創新生物製藥企業進行較為科學的估值，對於創新醫療器械耗材公司也可以適用。僅在推廣難度、獲批速度、專利問題等細節上有些許差別。

估值案例一：燃石醫學 BNR. US

燃石醫學的核心業務在腫瘤精準診斷及腫瘤早篩領域，其產品為屬於醫療器械的基因測序試劑盒；但是，其估值邏輯同創新藥物極為相似：同樣從腫瘤發病人群出發，通過對於靶向治療人群的梳理、靶點的研究；同樣需要考慮藥物管線，從而判斷未來基因精準治療的需求，從而獲得其精準診斷業務的價值。其他估值方法還包括根據峰值銷售來評估的 PS 估值方法，針對 CRO、CMO 或疫苗企業的事件驅動型 NCF 估值方法等，此處不再贅述。

生物科技公司的估值，不是單純的數字遊戲。即使是通過 rDCF 做出相對合理的估值模型，我們也需要考慮到企業的團隊、技術平台、研發思路等非量化指標。產品本身目標上市的地區也是非常重要的考察目標，因為不同市場環境下的獲批速度、定價，還有支付能力都有顯著的差別。就算是在其他國家已經上市的「重磅炸彈」藥物，由於地域化差異，在中國也不一定會獲得巨大的成功，例如：修美樂®和來那度胺在中國市場的舉步維艱，也給投資者敲響了警鐘。同時，審批政策變動和醫保談判結果已經在過去兩年對大量生物科技公司的估值產生了巨大的影響，未來潛在的集中採購更是投資人不能迴避的話題。

估值案例二：康希諾生物 06185.HK

康希諾生物的創始人團隊都是海歸技術人才，在疫苗研發方面擁有豐富的理論知識和實踐經驗。創始人宇學峰博士，在創辦康希諾生物前，是全球疫苗領導者賽諾菲巴斯德細菌疫苗開發全球總監。在 2017 年，公司的埃博拉疫苗 Ad5-EBOV 獲新藥批准。作為首批採用 18A 章節上市的生物製藥公司，當時的康希諾對於快速進入資本市場勢在必得。然而，2017 年底，長春長生疫苗事件在爆發，投資人對中國疫苗企業的懷疑達到了最高點。康希諾生物面對機構投資者，第一次遇到巨大的挑戰，拖延了整個上市進程。僅有奧博資本（OrbiMed）和禮來亞洲基金（LAV）相信康希諾團隊，成為了大型醫療基金中僅有的基石投資者。面對市場情緒的波動，世界一流投資者在面對康希諾整體的企業價值時，看到的是中國優質生物科技公司的潛力，疫情的發生使得投資人進一步發現了康希諾的價值。在港股僅有一個中國疫苗企業的情況下，康希諾的市值最高衝破 1,000 億港幣。康希諾在港股上市時，估值僅為 45 億港幣左右。雖然，從公司本身的估值角度，在上市初期，康希諾僅在緊急情況下才會被國家採購的埃博拉疫苗，和四價流腦結合疫苗兩款相對在臨床後期的產品。然而，早期投資者看中了康希諾高管團隊的背景，以及依賴其技術實力搭建的四大核心疫苗平台，對於這些技術平台賦予了溢價。疫情發生後，康希諾生物成功快速研發出腺病毒載體的新冠疫苗，也驗證了其技術平台的價值。這也使得生物科技領域投資者需要重新思考：對於技術平台型生物科技公司，基於管線的 rDCF 估值模型是否還能正確判斷企業價值？對於技術平台又該如何進行公允的價值評估呢？

第 20 節
醫藥研發的相關基本概念及統計數據
高媛瑋博士

　　從早期藥物發現開始到被監管機構批准上市的成功率低於萬分之一。作為投資者，需要了解藥物上市過程以及研發成功概率，這是項目估值的重要組成部分。

藥物的研發過程及中美藥物監管概述

　　不同種類的藥物及療法可以有不同的研發試驗設計及臨床數據。但是，它們的研發流程大體一致。

1.　藥物發現過程（Drug discovery）與臨床前研究（Preclinical studies）

　　此過程包含以下內容：疾病機理研究以識別並且確認作用靶點（target）、靶點蛋白的結構研究、活性化合物篩選以確定先導分子（lead）、先導化合物直至確定臨床候選分子（Preclinical candidate）的優化、製劑開發、以體外試驗及動物試驗評估藥物的相關特性[1]、候選分子生產過程的優化等。以上所述各個內容可以交叉並行，並無明顯的順序或者界限。目的是儘可能地在臨床試驗之前釐清候選藥物的機理、藥效與安全性，選出性質最為優越、最有可能成藥的分子，並按要求收集數據，向藥物監管機構提出臨床試驗申請[2]。

　　這個階段大致需要 1-3 年時間，篩選化學藥分子的成功率約為千分之一。這個過程所需的時間長短、花費以及成功率，針對不同種類藥物及療法，不同的公司有很大差別，這裏的數據僅供參考。

1　如藥理、毒性、藥物動力學與代謝學等。

2　Investigational New Drug Application，IND.

2. **臨床試驗（Clinical trials）**

臨床試驗申請需要提供儘量詳盡的候選藥物分子已知資訊，例如：候選分子的結構、給藥方式、在 GLP（Good Laboratory Practice）條件下動物試驗得到的毒性情況、候選分子生產狀況，以及詳細的臨床試驗計劃[3]。藥品監管機構批准臨床試驗申請之後，候選藥物便可以開始在人體上進行試驗。這個階段的主要目的是通過人體試驗驗證候選藥物的有效性與安全性，得到足夠的數據支持或者否決藥物上市。

臨床試驗分為以下四個階段：

i **臨床試驗 I 期：**主要是研究候選藥物的安全性，同時研究藥物在人體的代謝性質，為後面的臨床試驗制定給藥方案及推薦用藥劑量提供基本數據。一般招募 20-80 名健康志願者參與試驗，抗癌藥物則有可能直接招募患者。

ii **臨床試驗 II 期：**主要是獲得藥物在人體上的有效性概念驗證（Proof-of-concept），並且進一步驗證安全性，以便對候選藥物的有效性與安全性做出初步評價。有時候，臨床試驗 II 期還可以分成臨床試驗 IIa 期和臨床試驗 IIb 期，分別用於探索有效性概念驗證，以及進一步尋找用藥劑量與有效性初級終點的關係。臨床試驗 II 期一般招募 50-500 名患者。

iii **臨床試驗 III 期：**在大範圍的患者進行試驗，確證候選藥物的有效性與安全性，這期臨床試驗是最關鍵的試驗階段。根據適應症的不同，招募 1,000-5,000 名患者志願者，一般採用多中心試驗方式，可能在不同國家和地區同時進行，以獲取更多的數據。

iv **臨床試驗 IV 期：**在藥物上市後，對其有效性與安全性的社會性考察。

臨床試驗的整個過程受監管機構的監管。臨床試驗 I 期結束後，企業需要向監管部門提交臨床試驗數據與嚴格的統計學數據分析，證明候選藥

3　具體的臨床試驗中心、執行醫生、臨床試驗設計等。

物的安全性，並且提供臨床試驗 II 期的試驗計劃。在得到監管機構的不反對意見之後，才可以開展臨床試驗 II 期，之後的臨床試驗 III 期亦遵循這個步驟。

3. 新藥上市審批 (New Drug Application 或 Biologics license Application，NDA 或 BLA)

當候選藥物完成了所有臨床試驗，收集分析相關數據之後，新藥的持有人 (Sponsor) 才可以提交新藥上市審批。ICH 推薦的新藥上市審批申報材料有五個方面組成[4]：1/ 行政和法規資訊；2/ 概述部分，包括藥物品質、非臨床試驗及臨床試驗的高度概括等；3/ 藥品質量詳述；4/ 非臨床研究詳述；5/ 臨床研究詳述。中國加入 ICH 後，正在努力靠攏 ICH 的藥物審批所需數據要求。經過審評，藥物監管部門會給出批准、不批准或者修改意見。如果藥物獲得批准，則代表這款藥物可以上市銷售。

以上所述的是中國 NMPA 與美國 FDA 的新藥上市監管流程概述。歐盟地區的新藥研發流程大同小異，但是 EMA 整個審評過程有略微不同。歐盟地區是國家聯盟，原則上 EMA 並不參與臨床試驗申請的審批。在歐盟區國家進行臨床試驗，是由該國家的相關政府部門批准。相應地，臨床試驗申請所需的臨床前數據或要求也由該國政策決定。在創新藥類型的審評中，EMA 接受新藥上市審批申請 (Marketing Authorization Application，MAA)，而申請所要求的內容與 ICH 推薦的內容大體一致。而且 EMA 規定，所接受的臨床試驗數據必須遵循 ICH 要求的 Good Clinical Practice (GCP) 標準下獲得。如果一款創新藥被 EMA 批准上市，則可以獲得整個歐盟區的上市批准。

4　www. Ich.org. ICH. 2021. M4: The common technical document.

醫藥臨床試驗成功率概覽

在整個醫藥研發的過程中，臨床試驗是所需時間最長、花費最多的部分。許多投資機構在給生物科技公司估值時，也會重點關注該公司已經進入臨床階段的產品。各期臨床試驗的成功率，是公司估值的重要參考因素。

2011 年至 2020 年，候選藥物從進入臨床試驗 I 期到被成功批准上市的成功率為 7.9%，平均所需時間為 10.5 年[5]。其中，從臨床 I 期進入臨床 II 期的成功率為 52%，所需平均時間為 2.3 年；從進入臨床 II 期進入臨床 III 期的成功率為 28.9%，所需平均時間為 3.6 年；從臨床 III 期成功進入提交新藥上市申請階段的成功率為 57.8%，所需平均時間為 3.3 年；而提交新藥申請到成功被監管機構批准上市的概率約為 90.6%，所需平均時間為 1.3 年[6]。這些數據包含創新藥以及需要臨床試驗的仿製藥[7]數據。如果僅是針對創新藥的數據，這些成功概率會下降。創新藥從進入臨床試驗 I 期到被成功批准上市的成功率為 6.8%。其中，創新藥從臨床 I 期進入臨床 II 期的成功率為 51.3%；從進入臨床 II 期至進入臨床 III 期的成功率為 27.9%；從臨床 III 期成功進入提交新藥上市申請階段的成功率為 52.9%；而提交新藥申請到成功被監管機構批准上市的概率約為 89.6%。

如果將適應症分為血液病類（Haematology）、代謝病類（Metabolic）、傳染病類（Infectious diseases）、眼科類（Ophthalmology）、自身免疫系統疾病類（Autoimmune）、過敏症類（Allergy）、腸胃病類（Gastroenterology）、呼吸系統疾病類（Respiratory）、精神病類（Psychiatry）、內分泌疾病類（Endocrine）、神經病類（Neurology）、癌症類（Oncology）、心血管疾病類（Cardiovascular）、泌尿疾病類（Urology）以及其他，則相對應的進入臨床 I 期最後到最終審評成功的成功率可見以下表格。

5　統計分析為在 Biomedtracker Database 中記錄的臨床試驗。

6　www.bio.org. Biotechnology Innovation Organization. 2021. Clinical development success rates and contributing factors 2011-2020.

7　比如生物類似藥（Biosimilar）。

圖表 2：2011-2020 年統計，
不同適應症類型從進入臨床 I 期到最終審評的成功率

適應症類型	進入臨床 I 期到最終審評的成功率
血液病類	23.9%
代謝病類	15.5%
傳染病類	13.2%
眼科類	11.9%
自身免疫系統疾病類	10.7%
過敏症類	10.3%
腸胃病類	8.3%
呼吸系統疾病類	7.5%
精神病類	7.3%
內分泌疾病類	6.6%
神經病類	5.9%
癌症類	5.3%
心血管疾病類	4.8%
泌尿疾病類	3.6%
其他	13.0%
總體數據	**7.9%**

罕見病類藥物[8]的進入臨床試驗 I 期到被成功批准上市的成功率為
17.0%，而慢性高發病率類疾病藥物則為 5.9%。

另外，對於不同適應症，在各期臨床試驗所需的統計平均時間如下表
所示。

8　此處罕見病類型中剔除了癌症類罕見病，故此數據更聚焦於天生遺傳類罕見病。

圖表 3：對於不同適應症，在各期臨床試驗所需的統計平均時間

適應症類型	臨床試驗 I 期 / 年	臨床試驗 II 期 / 年	臨床試驗 III 期 / 年	新藥審評 / 年	總體平均用時 / 年
過敏症類	1.5	3.8	2.9	1.1	9.2
代謝病類	2.0	3.2	3.1	1.2	9.5
傳染病類	2.0	3.2	3.1	1.2	9.7
眼科類	2.1	2.9	3.4	1.3	9.8
免疫系統類	2.1	3.6	3.2	1.1	10.0
癌症類	2.7	3.7	3.1	0.8	10.3
呼吸系統類	2.1	3.5	3.3	1.5	10.4
精神病類	2.3	3.4	2.8	1.8	-
內分泌類	1.8	3.4	3.7	1.8	10.7
血液病類	2.2	3.4	3.7	1.8	10.7
腸胃病類	1.6	3.9	3.9	1.4	10.8
神經病類	2.1	3.7	3.7	1.6	11.1
心血管類	2.4	3.8	4.2	1.2	11.5
泌尿類	2.7	5.0	2.9	1.6	12.2
其他	1.9	3.5	3.2	1.8	10.5
總體數據	**2.3**	**3.6**	**3.3**	**1.3**	**10.5**

在新藥研發的過程中，即使候選藥物進入臨床試驗 I 期，也僅有低於 10% 的概率可以最後真正成功上市，而整個臨床試驗與審評過程也需超過十年。在藥物研發過程中，遵循的「黃金法則」是，一個不合格的候選分子，在愈早的階段被淘汰，就愈節省資源 (Fails early, fails cheap)。原因為：一個候選分子，如果在臨床 III 期失敗，則會損失整個藥物研發過程的花費資源與成本，而這個分子如果在動物試驗之前就被發現有缺陷而淘汰，則只會花費極少的早期試驗成本。臨床前的研究是候選分子能否成功上市的基礎，其機理研究與數據至關重要。

第 21 節
投資生物科技企業的法律盡職調查
周致聰

「盡職調查」是指在併購和投資過程中，對目標公司（包括業務、資產、經營、財務和法律關係等）進行仔細的調查和分析，以了解目標公司的情況，識別當中風險，合理評估目標公司的優劣和價值，以作為是否完成交易和如何進行談判的依據。如目標公司是生物科技企業，對目標公司核心產品和技術進行盡職調查，更為重中之重。本文旨在探討投資生物科技公司涉及的知識產權法律、盡職調查的內容和特別需注意的事項，並側重於專利技術方面。

與知識產權的相關風險

1. 與權屬相關的風險

投資方需確定目標公司是否完全擁有相關的知識產權，例如：需確定專利權人是否為目標公司。如果相關專利的發明人為公司的員工，須確定該員工是否以公司員工身份進行的研發。倘若專利有其他共同權利人，也須明確目標公司與其他共同權利人的法律關係。

2. 侵權風險

如果目標公司的技術或產品侵犯了任何第三方的權利，可能會導致被侵權方向目標公司提出索賠要求，令目標公司捲入無休止的訴訟，產生重大損失和債務，甚至會面臨倒閉。另一方面，如果目標公司的產品或技術被其他第三方大肆侵害，目標公司可能會產生大量維權成本，也會對目標公司業務和前景帶來未知之數。

3. 與許可相關的風險

生物科技企業除了會進行自主研發外，有些還會從第三方取得產品或技術的授權。在相關的授權協議中，目標公司的股權（特別是控股權）的變更，往往可能會觸發相關許可授權的終止。

啟動知識產權法律盡職調查

一般而言，當投資方與目標公司簽署了無法律約束力的條款書後，便會開展全面的法律盡職調查。

投資方須全面了解目標公司的知識產權。知識產權分為登記註冊類（如專利和商標）和非登記註冊類（如著作權和秘密訊息）。註冊類的知識產權可以從公共查冊的方式來進行調查，但非註冊類只能透過目標公司提供信息。無論如何，投資方需要求目標公司提供其擁有的、被許可的和向他人許可的知識產權清單。

知識產權盡職調查的三大關鍵領域

1. 確權

投資方須驗證目標公司擁有的和被許可的知識產權的擁有權和狀態。如上所述，投資方應要求目標公司提供其擁有的、被許可的及向他人許可的所有知識產權的清單，在此基礎上，投資方對目標公司的專利及專利申請的權屬調查，包含權屬是否存在爭議、是否設置有權利負擔（如擔保物權）等，同時投資方應查詢公開記錄，驗證所有權並確認已繳納所需費用，以及審查所有權鏈及許可。

2. 畫圈

由於知識產權的經濟價值取決於其排他性的權利，故此投資方需分析知識產權的範圍、有效性、排他期限和可執行性。

投資方需調查目標公司的專利及專利申請的保護力度，包括於全球範圍內的專利族、專利保護類型、法律狀態保護期和專利佈局完善程度。同時，投資方應根據具體知識產權資產對目標公司商業計劃的重要程度，進行優先排序，並對上市後被 me-too 或仿製產品挑戰其市場獨佔期的可能性和時間點作出判斷。投資方需制定檢索策略，對合作方專利及專利申請的全世界範圍內現有技術進行檢索，對檢索得到的現有技術與目標公司專利及專利申請進行對比與分析。此外，投資方需分析和評估全球專利申請歷史檔案，在此基礎上評估專利及專利申請的有效性、授權前景、能夠獲得授權的保護範圍及保護期限等。

3. 排雷

投資方需對目標公司的產品和流程進行自由實施調查 (Freedom to Operate) (簡稱 "FTO")，評估製造、使用、銷售、許諾銷售或進口目標公司的產品是否會侵犯第三方的專利或其他知識產權，以找尋目標公司的產品和流程對第三方知識產權的潛在侵權風險。

就此，投資方需閱讀目標公司提供的技術材料，清楚地理解目標公司目前的產品和流程，如有必要與目標公司進行訪談，根據對技術的了解制定 FTO 檢索策略。投資方應進行他人在先專利搜索，找到可能的阻礙型專利，以及對目標公司的產品和流程與阻礙型專利進行比對與分析。

如 FTO 調查中確定了具有一定風險的阻礙型專利，投資人應對該阻礙型專利的有效性進行調查，制定檢索策略，對阻礙型專利的全世界範圍內現有技術進行檢索，對檢索得到的現有技術與阻礙型專利進行對比與分析，分析和專利評估申請歷史檔案。在此基礎上評估阻礙型專利的有效性，判斷該阻礙型專利的穩定性，是否會阻礙對目標公司產品的製造、使用、銷售、許諾銷售或進口。

結語

　　盡職調查的結果可以影響項目的根本（即是否會完成投資），而儘早了解當中的風險，將可以增加投資方的談判籌碼。如能及早發現問題，則可以有更充足的時間去協商和解決。

　　以上僅為進行知識產權法律盡職調查的一些基本原則，但每個投資項目本身的目標、時間和成本各有不同，投資方宜聘請有經驗的律師，共同因應項目的實際需求，去決定盡職調查的範圍和深度，制定最合適的行動方案。

　　註：以上所載僅為一般法律原則的概述，並非正式的法律意見。讀者如遇到任何疑問，應就其個別情況，徵詢專業法律意見。

附錄一　生命科技領域的華裔之光　　呂欣怡

前言

中國在歐洲工業革命及全球殖民主義出現之前，一直是世界上最富有、最強大的國家之一。

中華民族是具備創新性的民族，英國劍橋大學曾在《中國科學技術史》[1] 詳細記載了華人的成就。在近代生命科技領域中，華人作出了很多傑出的貢獻。創新不是西方發達國家獨有的技能，也不是任何種族的專屬。

在這裏，筆者精選了八位華人華裔科學家，介紹他們對於人類健康作出的巨大貢獻。華人華裔普遍較為勤勞、低調，且不太願意宣傳自己。但是，在當今西方主導的商業社會，自我推銷已經成為了一種必要的生存技能。

1　《中國科學技術史》（Science and Civilization in China）是李約瑟研究所李約瑟博士和國際學者們所編著的一套關於中國的科學技術歷史的著作。

一 屠呦呦（Tu youyou）— 青蒿素

青蒿素（Artemisinin）取自於黃花蒿（Artemisia annua），是一種傳統中草藥。1969 至 1972 年間，青蒿素的提煉方法及治療瘧疾的效用被屠呦呦教授及團隊發現，她因此榮獲 2011 年拉斯克獎臨床醫學獎（Lasker Award）和 2015 年諾貝爾科學類獎，為首個獲得諾貝爾獎的中國女科學家。

瘧疾為由蚊蟲叮咬散播的寄生蟲傳染病，嚴重情況下會引起黃疸、癲癇、昏迷及死亡。在青蒿素療法出現前，瘧疾與愛滋病、癌症一起被世界衛生組織[2]（WHO）列為世界三大致死疾病之一，全球 40% 人口健康受到威脅，每年約 4 億人感染，超過 100 萬人死亡，當時常用藥物為氯喹（Chloroquine），但由於大量使用，導致部分瘧原蟲產生了耐藥性，療效急劇下降。

自青蒿素問世後，全球死於瘧疾的人數下降了 38%，其中 48 個國家（包括 11 個非洲國家）的發病率也下降了 50% 以上。青蒿素與氯喹的作用機制不同，副作用相對較小，對瘧原蟲的殺傷範圍更大，包括當時已產生耐藥性的瘧原蟲。

自 21 世紀初，青蒿素聯合療法（Artemisinin combination therapy，ACT）被 WHO 列為首選抗瘧治療方案。2017 年 ACT 的全球市場規模為 3.6 億美元，預計於 2025 年可達近 7 億美元（約合人民幣 48 億元），年複合增長率為 8.7%[3]。

青蒿素的臨床價值並不只局限於治療瘧疾。屠教授團隊目前已開展了雙氫青蒿素片劑用於治療系統性及盤狀系統性紅斑狼瘡的臨床試

2　世衛組織是聯合國系統內衛生問題的指導和協調機構。它負責擬定全球衛生研究議程、制定規範和標準、向各國提供技術支援，以及監測和評估衛生趨勢。

3　根據 Grand View Research。

驗。紅斑狼瘡（Lupus erythematosus）是一種慢性免疫疾病，可在身體各處組織引發炎症，嚴重甚至導致死亡，目前臨床尚無根治的方法。

▦ 汪大衛（David T. Wong）— 百憂解®（Prozac®）

來自香港的汪大衛博士，是被《財富》雜誌（Fortune）[4] 稱為「世紀之藥」百憂解®（Prozac®）的發明人之一。他與另外兩位同在美國禮來（Eli Lilly）工作的科學家共同發明了這款全球暢銷的抗憂鬱藥，並榮獲美國藥物製造商協會（Pharmaceutical Manufacturers Association）的「年度最佳發明獎」以及「馬希敦王子獎」[5]（Prince Mahidol Award），兩者皆為世界藥學界崇高的榮譽。

憂鬱症為一種常見精神疾病，全球約有 3.5 億名患者。長期的中度或重度抑鬱症為患者日常生活帶來極大影響，嚴重甚至可引致自殺，每年自殺死亡人數估計高達 100 萬人[6]。

百憂解® 被發明前，傳統的抗憂鬱用藥主要為三環類抗郁劑（tricyclic and tetra/heterocyclic antidepressants，TCAs）及單胺氧化酶抑制劑（monoamine oxidase inhibitors，MAOIs），但副作用及注意事項較多，例如：不適用於患有一些心血管疾病的患者、MAOI 需避免與一些食物同服等。[7]

4　是一本美國商業雜誌，由亨利·路思義創辦於 1930 年，擁有專業財經分析和報導，以經典的案例分析見長，是世界上最有影響力的商業雜誌之一。

5　Prince Mahidol Award 基金會每年都會表彰在醫學和全球公共衛生領域取得傑出成就的科學與健康領域領導人物。歷屆獲獎者包括 Anthony Fauci 博士（美國）、Barry J. Marshall 教授（澳大利亞）、Harald zur Hausen 教授（德國）、Satoshi Omura 博士（日本）和屠呦呦教授（中國）。

6　根據世界衛生組織（WHO）。

7　如酒精、巧克力。

汪博士發現血清素（Serotonin，5-HT）在人體中樞神經系統中調節情緒的作用，隨後投身於雷·富勒[8]（Ray Fuller）和布萊恩·莫洛伊[9]（Bryan Molloy）團隊，研發出新一代抗憂鬱藥—選擇性血清回收抑制劑（selective serotonin reuptake inhibitors，SSRI），商品名為百憂解®。相較 TCAs 及 MAOIs，這類藥物安全性更高、半衰期更長、藥效更為穩定，還可用於治療強迫症和神經性貪食症等其他適應症。上市後，很快便成為歐美臨床最常用的抗憂鬱藥。

在 1987 年問世以來，百憂解® 已在超過 100 個國家上市，服用過的人數超過 4,000 萬，成為全球最暢銷的抗憂鬱藥物。在 2001 年專利到期前，年峰值銷售額達到 23 億美元，佔禮來總銷售額的 1/3。美國《聖荷西信使報》[10]（San Jose Mercury News）票選百憂解為 20 世紀最偉大的科技創新之一，《時代週刊》（Time）[11] 更是以「一張可以印鈔票的執照」形容其巨大的市場潛力。

三 林福坤（Fu-Kuen Lin）— Epogen®

紅細胞生成素（Erythropoietin，EPO）是一種由人體腎臟自然分泌的荷爾蒙，用於刺激紅血球的再生，幫助人體的器官組織正常運轉，但慢性腎衰竭患者、接受化療的患者會因 EPO 減少導致嚴重貧血。

---

8 富勒於 1961 年獲得普渡大學的生化學博士學位，進入禮來後，就開始測試一些潛在的抗抑鬱藥。他發現將氯苯丙胺注射到試驗老鼠體內時，就能抑制血清素產生，從而衡量各種化學物如何對老鼠的血清素水平產生影響。

9 莫洛伊是來自蘇格蘭的有機化學家，他對神經遞質乙醯膽鹼及其對心臟的影響很感興趣。

10 由《聖約瑟信使報》和《聖約瑟新聞》在 1983 年合併而成，是世界上第一家提供網上電子報服務的報紙。

11 是美國三大時事性週刊之一，內容廣泛，對國際問題發表主張和對國際重大事件進行跟蹤報導。

Epogen® 問世前，對於治療腎性貧血並無有效治療方法，患者需每 2-3 週定期接受輸血或男性荷爾蒙治療[12]，但並非理想的療法，比如輸血會增加感染風險、男性荷爾蒙療法會導致肝功能受損等。

在生物基因工程技術（Genetic engineering）剛剛興起的 1980 年代，林福坤博士加入了美國安進（Amgen），雖面對人力不足、資金短缺等種種壓力，但終研發出了歷史上最成功的基因工程藥物之一 Epogen®（依普定®）。這是全球第一代紅血球生成激素刺激劑（Erythropoiesis-stimulating agent，ESA），也是安進的第一款生物基因工程藥物：利用了 DNA 重組技術複製大量紅細胞生成素，進而注入體內，可減少腎病患者輸血次數及併發症。優異的臨床療效令這款藥物僅花費三年半的時間便獲批上市，2006 年銷售額達到峰值 126 億美元，造福了無數的貧血患者。安進也因此從瀕臨破產的初創公司，一躍成為美國生物科技的巨頭，並獲得美國國家技術勳章（National Medal of Technology）[13]。在全球 ESA 市場中，安進公司處於絕對領先地位。

四 黃馨祥（Patrick Soon-Shiong）— Abraxane®

紫杉醇（Paclitaxel）是一種從紅豆杉中提取的天然產物，50 多年來一直被廣泛應用於治療多種實體腫瘤。20 世紀 90 年代，當時的第一代紫杉醇 Taxol® 有一個非常明顯的缺陷：由於製劑中含有一種賦形劑[14]（Excipient）—聚氧乙基代蓖麻油（Polyoxyl 35 castor oil），會有

---

12 睪固酮可促進紅血球生成素的生成並增加骨髓造血的機能。
13 這是美國政府表彰傑出技術發明和市場應用成就的最高榮譽。
14 為藥物製劑中除有效成分以外的附加物，可為天然或合成物質，主要提升藥物中有效成分的作用，或在藥物最終劑型中促進溶解、吸收以增強有效成分的發揮。

2-4% 的機率造成嚴重過敏反應，因此患者需在化療前注射皮質類固醇或抗組織胺等抗過敏藥物。

　　黃馨祥博士是一位出生於南非、後移民於美國的華裔醫生，他渴望在紫杉醇的劑型上尋找突破，因而創辦了阿博瑞斯生物科技公司（Abraxis Bioscience），採用蛋白納米顆粒轉運技術（Nanoparticle albumin-bound，nab），即是將紫杉醇和人血白蛋白經高壓震動技術製成納米顆粒。這種劑型除了不會造成嚴重過敏反應外，還能促進藥物進入腫瘤細胞內，增加療效。歷經近 10 年，黃博士及團隊終於開發出了白蛋白紫杉醇（Abraxane®），並在 2005 年被美國 FDA 批准用於乳腺癌治療；2012 年被批准用於不能進行化療或治癒性治療的轉移性非小細胞肺癌的一線治療；2013 年被批准聯合吉西他濱用於轉移性胰腺癌的一線治療。由於安全性及療效比 Taxol® 更佳，Abraxane® 在上市後大受市場青睞，截至 2015 年已在全球 40 多個國家獲准臨床應用。2017 年 Abraxane® 的全球銷售額達 9.9 億美元，並在隨後幾年維持在每年 10 億美元左右。

　　2010 年，Abraxis 以 29 億美元的價格被新基公司（Celgene）收購，黃博士也在該年以 55 億美元身家在《福布斯》全美富豪榜上名列第 60 名，成為美國華商首富。

　　在獲得巨大成就和財富同時，他還致力參與多項慈善活動。夫妻二人創立了 Chan Soon-Shiong Family Foundation 基金，斥資 1.35 億美元重開了馬丁路德金醫院，為低入息家庭提供醫療服務。同時，創辦了全國醫療整合聯盟，促進落實醫療電子病歷的公用。黃教授還是首批回應比爾·蓋茨（Bill Gates）和華倫·巴菲特（Warren Buffet）「慈善捐贈誓言」（Giving Pledge）[15] 號召的億萬富豪之一。

15　2010 年，由股神華倫·巴菲特和微軟創始人比爾·蓋茨發起的「捐贈誓言」活動，旨在
　　號召億萬富翁生前或去世後至少用自己一半的財富來做慈善。

何大一（David Ho）— 雞尾酒療法

愛滋病（AIDS）是一種由人類免疫缺陷病毒（HIV）引起的重大傳染病，由於病毒可以攻擊人體免疫系統，患者往往會感染各種疾病或罹患腫瘤，死亡率極高。自 1981 年出現首個病例以來，AIDS 已奪取超過 3,000 萬人的性命。

在愛滋病被發現之初，醫學界對其了解甚少，也缺乏有效的醫治對策，單藥或二聯抗病毒療法雖可延長患者存留期，但藥效有限、毒副作用嚴重，因此當時 AIDS 幾乎被視為絕症。直至 1995 年終首現曙光，隨着蛋白酶抑制劑（Protease inhibitors）的問世，何大一教授發現了「雞尾酒療法」（Highly active antiretroviral therapy，HAART），也為目前公認最佳的愛滋病治療方法。

HAART 為採用三種或三種以上的抗病毒藥物聯用[16]，每一種藥物具有不同的作用機理或針對 HIV 病毒複製週期中的不同環節，從而可最大限度抑制病毒的複製，以及避免單一用藥產生的抗藥性。HAART的廣泛應用使死亡率快速從 100% 大幅降低到 20%，延長了患者感染後的存活時間。

1996 年，何教授被美國《時代週刊》評選為年度風雲人物，是自 1960 年以來首位當選的科學家。同年，美國《科學》雜誌將雞尾酒療法評為最有影響的十大科研突破之首。

2002 年，何教授以每年 1 美元的象徵性價格，將他領銜的艾倫・戴蒙德愛滋病研究中心（Aaron Diamond AIDS Research Center）疫苗製造專利技術轉移給中國，希望能為中國的愛滋病防治工作獻力。

---

16 臨床常用的抗病毒藥物包括：蛋白酶抑制劑、核苷類逆轉錄酶抑制劑（Nucleoside Reverse Transcriptase Inhibitors，NRTIs）、非核苷類逆轉錄酶抑制劑藥物（Non-nucleoside Reverse Transcriptase Inhibitors，NNRTIs）等。

2018 年全球抗 HIV 病毒藥物市場規模高達 340 億美元，預計到 2023 年將進一步增長至 468 億美元，年均複合增長率為 6.0%。[17]

六 盧煜明（Dennis Lo）— 無創 DNA 產前檢測

盧煜明教授現任香港中文大學醫學院副院長、港科院院士。他所開創的「無創性產前診斷技術」(Non-invasive Prenatal Testing，NIPT)，被《麻省理工科技評論》(MIT Technology Review)[18] 評為 2013 年十大突破科技之一。2016 年，他因 NIPT 的研究榮獲首屆「未來科學大獎」(Future Science Prize)[19] 的生命科學獎，並連續三年 (2016—2018 年) 獲《自然生物科技》(Nature Biotechnology)[20] 選為「全球 20 位頂尖轉化研究科學家」。2021 年，英國皇家學會公佈盧教授為年度生物學科「皇家獎章」[21] 得主，是該獎項成立近 200 年以來首位華人得獎者。

1997 年，盧教授發現孕婦外周血中存在遊離胎兒 DNA，為 NIPT 技術的重要理論基礎。NIPT 的原理為通過採集孕婦血液，結合二代測序技術，判斷血液中胎兒染色體序列是否正常，用於唐氏綜合症[22] 等基因疾病的篩查。傳統產前診斷主要以血清學篩查為主，若檢測出高危，

17　根據西南證券的抗 HIV 病毒藥物專題報告。
18　於 1899 年在美國麻省理工學院創刊，是世界上歷史最悠久，也是影響力最大的技術商業類雜誌，側重報導新興科技和創新商業，專注於科技的商業化和資本化。
19　是由香港未來科學大獎基金會有限公司發起，北京懷柔未來論壇科技發展中心協辦舉行的評獎活動，旨在獎勵在大中華地區（包含中國內地、中國香港、中國澳門及中國台灣）取得傑出科技成果的科學家。
20　是《自然》雜誌的生物科技分冊，是生物科技方面的權威期刊。
21　「皇家獎章」是英國皇家學會最負盛名的獎項之一，創立於 1825 年。每年有兩枚獎章分別授予在物理和生物學科領域對「自然知識」的進步做出最重要貢獻的人。
22　是由染色體異常而導致的疾病。60% 患者在胎內早期即流產，存活者有明顯的智慧落後、特殊面容、生長發育障礙和多發畸形。

則需進一步通過羊水穿刺等侵入性方法確認。但這些方法存在較多瑕疵，如：血清學對於唐氏綜合症的檢出率僅 70%、羊水穿刺存在 0.3% 的流產風險。相比之下，NIPT 通過抽血採樣，檢出率高達 99% 以上，且更為安全有效，目前為全球產前診斷的首選方法，被 90 多個國家廣泛採用，每年有超過 700 萬名孕婦受惠。2020 年全球 NIPT 市場規模為 34.8 億美元，預計將於 2028 年達到 131.6 億美元，年複合增長率為 18%。[23]

除了唐氏綜合症，盧教授團隊還透過分析母體血漿中的微量 DNA，成功破解胎兒的全基因組圖譜，及早預測多種遺傳病。目前，團隊正致力將血漿 DNA 測序技術應用至癌症檢測，主要研究包括鼻咽癌早篩。

七　陳列平（Lieping Chen）── PD-1/PD-L1

陳列平教授是全球抗癌免疫療法的先驅。上世紀 90 年代，他在梅奧診所工作時，首次證明了 PD-L1 免疫球蛋白樣分子的過度表達可保護腫瘤細胞逃逸免疫反應。此後，他闡明了通過單抗可阻斷 PD-1/PD-L1 的結合，加強人體的抗癌能力。2006 年，他在約翰霍普金斯醫學院（Johns Hopkins School of Medicine）開發出 PD-L1 的生物標誌物，並開啟了 PD-1 抗體的首次臨床試驗。

陳教授的工作成果為癌症提供了革命性的治療途徑。PD-1/PD-L1 抗體療法在多種惡性實體瘤中均證實有效、總體安全性優於傳統細胞毒性藥物、具有廣泛的適應症潛力，具有很高的臨床及商業價值。截

　23　根據 Fortune Business Insights。

至 2020 年 9 月，全球已有 10 款靶向 PD-1/PD-L1 的單抗獲批上市，其中 6 款在美國獲批，可治療 17 種不同癌症類型，以及兩項不限癌種的適應症；另約有 4,400 個 PD-1/PD-L1 單抗項目處於臨床試驗階段。2017 年全球 PD-1/PD-L1 抑制劑市場規模已達到 101 億美元，成為歷史上最快上市及最暢銷的腫瘤藥物之一，預計 2022 年將進一步達到 364 億美元，年複合增長率為 29.3%。[24]

陳教授因在 PD-1/PD-L1 領域的發現享譽業界。2014 年，他獲得了國際免疫學威廉·科利獎[25]（William B. Coley Award）。2017 年，他獲得了華倫·阿爾珀特獎[26]（Warren Alpert Foundation Prize），也為繼簡悅威、屠呦呦後第三位獲得該獎的華人科學家。2018 年，他獲得了癌症關愛巨人獎[27]（Giants of Cancer Care）；雖於同年與諾貝爾生理學或醫學獎失之交臂，但他為世界抗癌作出的貢獻已遠遠超出了獎項的意義。

八 張鋒（Feng Zhang）— 基因修飾技術 CRISPR-Cas9

張鋒博士為目前麻省理工校史上最年輕的華人終身教授，他最著名的研究工作為 CRISPR-Cas 系統的發展和應用，為目前最熱門的新興基因編輯技術之一。他也因此被《自然》雜誌（Nature）評為 2013 年

---

24 根據弗若斯特沙利文報告。

25 設立於 1975 年，每年授獎一次，由美國紐約的癌症研究所（Cancer Research Institute）負責評審，授予在基礎免疫和腫瘤免疫學領域作出重大貢獻的傑出科學家。在獲得威廉·科利獎的科學家中，迄今已有多位獲得了諾貝爾獎。

26 由美國已故企業家、慈善家華倫·阿爾珀特在 1987 年創立。該獎與哈佛醫學院合作，每年表彰全球範圍內在生物醫學領域做出傑出貢獻的科學家。

27 從全球 800 多位獲提名的癌症專家中，經由超過 120 位國際知名的腫瘤專家、醫生及科研人員組成的評審委員選出。

年度十大科學人物之一，2016 年獲得了加拿大蓋爾德納獎（Canada Gairdner Awards）。[28]

CRISPR-Cas 是一種分佈於細菌和古細菌基因組中的免疫系統，可對抗病毒入侵，它的原理是利用插入到基因組中的病毒 DNA（CRISPR）作為引導序列，通過 CRISPR 相關酶（Cas）來切割入侵病毒的基因組物質。張博士於 2011 年開啟了對 CRISPR-Cas9 的研發，2013 年在《自然》雜誌（Science）上進行發表，證明了這項技術可應用於哺乳動物細胞基因的編輯，為後續推動 CRISPR/Cas 基因編輯技術發展鋪下了堅實基礎。

CRISPR-Cas 技術具有巨大的社會價值，在健康領域的應用已取得諸多突破，包括構建衰老模型、編輯愛滋病病毒、剪切乙型肝炎病毒等，可形成更有效的療法及藥物。相比於 ZFN 與 TALEN 等以往的基因編輯技術，CRISPR-Cas 技術的優勢為：簡單、精準、成本低廉、使用範圍廣等。全球 CRISPR 基因編輯市場 2018 年已達 5.5 億美元，預計到 2023 年將進一步增至 31 億美元，年複合增長率為 33%，為基因編輯技術市場中發展最快的技術。[29]

目前，張博士所創建的 Editas Medicine（EDIT.US）專注於利用 CRISPR/Cas 系統進行藥物開發，適應症涵蓋眼部疾病、杜氏肌肉營養不良症、神經系統疾病等多項基因疾病。此外，公司也與艾爾建（Allergan）合作開發了全球首個進入臨床試驗的 CRISPR 基因編輯療法，用於治療一種導致失明的罕見疾病—Leber 先天性黑蒙 10 型（LCA10）。[30]

---

28 1959 年由加拿大蓋爾德納基金會創設，主要獎勵在世界醫學領域有重大發現和貢獻的科學家。至今 313 名獲獎者中已經有 80 名後來獲得了諾貝爾生理學或醫學獎。

29 根據 Research and Markets。

30 是一種常染色體隱性遺傳病，由 CEP290 基因中的雙等位基因功能喪失突變引起。通常出現在嬰兒早期，患者表現出嚴重的視錐營養不良，而且視力低下，甚至完全喪失。

附錄二　推薦書單

1. AI Superpowers: China, Silicon Valley, And The New World Order——Kai-Fu Lee

2. Bad Blood: Secrets and Lies in a Silicon Valley Startup——John Carreyrou

3. The Great Influenza: The Story of the Deadliest Pandemic in History——John M. Barry

4. DNA: The Secret of Life——James D. Watson

5. The Selfish Gene——Richard Dawkins

6. The Breakthrough: immunotherapy and the race to cure cancer——Charles Graeber

7. 《蘇世民：我的經驗與教訓》——蘇世民（Stephen A. Schwarzman）

8. Fundamentals of EU Regulatory Affairs——Regulatory Affairs Professionals Society (RAPS)

9. 《基因泰克：生物技術王國的匠心傳奇》——薩莉・史密斯・休斯（Sally Smith Hughes）

10. FDA Regulatory Affairs——David Mantus, Douglas J. Pisano

11. Drugs: From Discovery to Approval——Rick Ng

12. Gene Cloning and DNA Analysis——T. A Brown

13. Poor Charlie's Almanack: The Wit and Wisdom of Charles T. Munger——Peter D. Kaufman

14. 《現代化鐵律與價值投資》——李彔

15. The Gene: An Intimate History——Siddhartha Mukherjee

16. Science Business: The Promise, the Reality, and the Future of Biotech——Gary P. Pisano

17. Blockbuster Drugs——Jie Jack Li

18. The Structure of Scientific Revolutions——Thomas S. Kuhn

19. The 100-Year Life — Living and Working in an Age of Longevity——Lynda Gratton, Andrew Scott

20. The Truth About the Drug Companies: How They Deceive Us and What to Do About It——Marcia Angell

21. Business Development for the Biotechnology and Pharmaceutical Industry——Martin Austin

22. Emperor of All Maladies: A Biography of Cancer——Siddhartha Mukherjee

23. Principles——Ray Dalio

24. Influenza: The Hundred Year Hunt to Cure the Deadliest Disease in History——Dr Jeremy Brown

附錄三　藥品及醫療器械目錄

序號	英文通用名	中文通用名	常見英文商品名	常見中文商品名
1	Aspirin	阿司匹林	Bayer® Aspirin®	阿斯匹靈®
2	Amoxicillin	阿莫西林	Amoxil®, Moxatag®	阿莫仙®、阿莫靈®
3	Warfarin	華法林	Coumadin®	可邁丁錠®
4	Cimetidine	西咪替丁	Tagamet®	泰胃美®
5	Atorvastatin	阿托伐他汀	Lipitor®	立普妥®
6	Ranitidine	雷尼替丁	Zantac®	善胃得®
7	Famotidine	法莫替丁	Pepcid®	法瑪鎮®
8	Nizatidine	尼扎替丁	Axid®	愛希®
9	Omeprazole	奧美拉唑	Losec®, Prilosec®	洛塞克®
10	Aspirin/Sodium bicarbonate/ Anhydrous citric acid	阿司匹林 / 碳酸氫鈉 / 無水檸檬酸	Alka Seltzer®	我可舒適®
11	Aluminium hydroxide/ Magnesium hydroxide	氫氧化鋁 / 氫氧化鎂	Maalox®	美樂事®
12	Aluminum Hydroxide/ Magnesium Hydroxide/ Simethicone	氫氧化鋁 / 氫氧化鎂 / 西甲矽油	Mylanta®	胃能達®
13	Bismuth subsalicylate	次水楊酸鉍	Pepto-Bismol®	-
14	Calcium carbonate	碳酸鈣	Tums®	坦適®
15	Sodium Alginate/ Sodium Hydrogen Carbonate/Calcium Carbonate	海藻酸鈉 / 碳酸氫鈉 / 碳酸鈣	Gaviscon®	嘉胃斯康®
16	Esomeprazole	埃索美拉唑	Nexium®	耐信®、安保樂®
17	Lansoprazole	蘭索拉唑	Prevacid®	普托平®
18	Pantoprazole	泮托拉唑	Protonix®, Pantoloc®	潘妥洛克®、保衛康®
19	Rabeprazole	雷貝拉唑	Pariet®, Aciphex®	百抑潰®、波利特®
20	Loratadine	氯雷他定	Claritin®	開瑞坦®
21	Phenbenzamine	芬苯扎胺	Antergan	-
22	Pyrilamine（Mepyramine）	吡拉明	Anthisan Cream®	安息生軟膏®
23	Diphenhydramine	苯海拉明	Benadryl®	苯那君®
24	Dimenhydrinate	達姆明錠	Dramamine®, Draminate®	吐安錠®
25	Chlorphenamine	氯苯那敏	Trimeton®, Piriton®	百利通®

序號	英文通用名	中文通用名	常見英文商品名	常見中文商品名
26	Terfenadine	特芬那定	Seldane®, Teldane®	敏廸®
27	Desloratadine	地氯雷他定	Clarinex®, Aerius®	停敏錠®
28	Clopidogrel	氯吡格雷	Plavix®	波立維®、保栓通®
29	Heparin	肝素	Hemochron®, Hep-Lock®	樂尚®、吉派林®
30	Apixaban	阿哌沙班	Eliquis®	艾必克凝®
31	Rivaroxaban	利伐沙班	Xarelto®	拜瑞妥®
32	Nivolumab	納武利尤單抗	Opdivo®	歐狄沃®、保疾伏®
33	Ticlopidine	噻氯匹定	Ticlid®	衛達®
34	Prasugrel	普拉格雷	Effient®, Efient®	抑凝安®
35	Ticagrelor	替格瑞洛	Brilinta®	倍林達®、百無凝®
36	Ibuprofen	布洛芬	Brufen®, Advil®, Nurofen®	芬必得®、普羅芬®
37	Naproxen	萘普生	Aleve®, Inza®, Soden®	"陽生" 安痛寧®
38	Indomethacin	吲哚美辛	Indocin®	消炎痛®
39	Diflunisal	二氟尼柳	Dolobid®	待福索®
40	Diclofenac	雙氯芬酸	Voltaren®, Cataflam®	扶他林®
41	Acetaminophen（Paracetamol）	乙醯氨基酚	Tylenol®, Panadol®	泰諾®、必理通®
42	Rofecoxib	羅非昔布	Vioxx®	萬絡®
43	Celecoxib	塞來昔布	Celebrex®	西樂葆®
44	Valdecoxib	伐地考昔	Bextra®	-
45	Fluoxetine	氟西汀	Prozac®	百優解®
46	Duloxetine	度洛西汀	Cymbalta®	欣百達®、千憂解®
47	Olanzapine	奧氮平	Zyprexa®	再普樂®
48	Atomoxetine	阿托莫西汀	Strattera®	擇思達®
49	Paroxetine	帕羅西汀	Paxil®, Seroxat®	克憂果®
50	Venlafaxine	文拉法辛	Effexor®, Efexor®XR	怡諾思®、速悅®
51	Sertraline	舍曲林	Zoloft®	復甦樂®
52	Phenobarbital	苯巴比妥	Luminal®, Solfoton®	苯巴比特魯®
53	Phenytoin	苯妥英	Dilantin®	大侖丁®、癲能停®
54	Gabapentin	加巴噴丁	Neurontin®	鎮頑癲®、迭力®
55	Lovastatin	洛伐他汀	Mevacor®, Altocor®	康脂錠®、俊寧®
56	Simvastatin	辛伐他汀	Zocor®	維妥力®、素果®
57	Pravastatin	普伐他汀	Pravachol®, Selektine®	美百樂鎮®、普拉固®
58	Fluvastatin	氟伐他汀	Lescol®	益脂可®

序號	英文通用名	中文通用名	常見英文商品名	常見中文商品名
59	Rosuvastatin	瑞舒伐他汀	Crestor®	可定®
60	Pitavastatin	匹伐他汀	Livalo®	力清之®
61	Evolocumab	依洛尤單抗	Repatha®	瑞百安®
62	Alirocumab	阿利珠單抗	Praluent®	保脂通®、柏力仁®
63	Fluticasone propionate/ Salmeterol	氟替卡松 / 沙美特羅	Advair®Diskus®, Seretide®	使肺泰®、舒悅泰®
64	Salbutamol（Albuterol）	沙丁胺醇	Ventolin®	喘樂寧®、施立穩®
65	Metaproterenol (Orciprenaline) Sulfate	硫酸羥喘（異丙喘寧）	Alupent®	喘樂克®
66	Ipratropium bromide	異丙托溴銨	Atrovent®	定喘樂®
67	Ipratropium bromide/Fenoterol hydrobromide	異丙托溴銨 / 非諾特羅	Berodual®	備喘全®
68	Budesonide	布地奈德	Pulmicort®	可滅喘®
69	Beclometasone dipropionate	倍氯米松	Beconase AQ®	倍康納®
70	Fluticasone propionate	氟替卡松	Flovent®, Flonase®	輔舒酮®
71	Fluticasone furoate/ Umeclidinium/ Vilanterol	糠酸氟替卡松 / 烏美溴銨 / 三苯乙酸維蘭特羅	Trelegy® Ellipta®	全再樂®
72	Tiotropium bromide	噻托溴銨	Spiriva®, Spiriva® Respimat®	思力華®
73	Budesonide/ Formoterol	布地奈德 / 富馬酸福莫特羅	Symbicort®, Symbicort® , Turbuhaler®	信必可®
74	Sildenafil	西地那非	Viagra®	萬艾可®、威而鋼®
75	Vardenafil	伐地那非	Levitra®, Staxyn®	艾力達®、立威大®
76	Tadalafil	他達拉非	Cialis®	希愛力®
77	Injectable human insulin	注射型人類胰島素	Humulin®, Lantus®	優泌林®、理糖適®
78	Muromonab-CD3	莫羅單抗 -CD3	Orthoclone OKT3®	-
79	Inhalable human insulin	吸入型人類胰島素	Exubera®, Afrezza®	-
80	Somatrem	甲硫氨醯生長激素	Protropin®	
81	Somatropin	增若托平注射劑	Humatrope®, Nutropin®	優猛茁®、諾德欣®
82	Epoetin alfa	阿法依泊汀	Epogen®, Procrit®	依普定®、宜保利血®

序號	英文通用名	中文通用名	常見英文商品名	常見中文商品名
83	Darbepoetin alfa	阿法達貝泊汀	Aranesp®, Nespo®	使血紅昇®
84	Rituximab	利妥昔單抗	Rituxan®	美羅華®
85	Trastuzumab	曲妥珠單抗	Herceptin®	赫賽汀®
86	Ocrelizumab	奧美珠單抗	Ocrevus®	-
87	Bevacizumab	貝伐珠單抗	Avastin®, Mvasi®	阿瓦斯汀®
88	Ranibizumab	雷珠單抗	Lucentis®	諾適得®
89	Aflibercept	阿柏西普	Eylea®	艾力雅®
90	Adalimumab	阿達木單抗	Humira®	修樂美®
91	Infliximab	英夫利昔單抗	Remicade®	類客®
92	Etanercept	依那西普	Enbrel®	恩博®
93	Ustekinumab	烏斯奴單抗	Stelara®	喜達諾®
94	Tofacitinib	託法替尼	Xeljanz®	捷抑炎®
95	Nivolumab	納武利尤單抗	Opdivo®	歐狄沃®
96	Pembrolizumab	帕博利珠單抗	Keytruda®	可瑞達®
97	Ipilimumab	易普利姆瑪	Yervoy®	益伏®
98	Atezolizumab	阿替利珠單抗	Tecentriq®	癌自禦®、泰聖奇®
99	Inclisiran	-	Leqvio®	-
100	Tisagenlecleucel	-	Kymriah®	-
101	Axicabtagene ciloleucel	-	Yescarta®	-
102	Brexucabtagene autoleucel	-	Tecartus®	-
103	Lisocabtagene maraleucel	-	Breyanzi®	-
104	Human Adenovirus Type 5 Injection	人5型腺病毒注射液	-	安柯瑞®
105	Talimogene laherparepvec (T-Vec)	-	Imlygic®	-
106	Gemtuzumab ozogamicin	吉妥珠單抗	Mylotarg®	奧吉妥單抗®
107	Sacituzumab govitecan	賽妥珠單抗	Trodelvy®	-
108	Trastuzumab emtansine	恩美曲妥珠單抗	Kadcyla®	賀癌寧®、赫賽萊®
109	Brentuximab vedotin	本妥昔單抗	Adcetris®	雅詩力®、安適利®
110	Alipogene tiparvovec	-	Glybera®	阿利潑金®
111	Voretigene neparvovec	-	Luxturna®	-
112	Camrelizumab	卡瑞利珠單抗	-	艾瑞卡®

序號	英文通用名	中文通用名	常見英文商品名	常見中文商品名
113	Tislelizumab	替雷利珠單抗	-	百澤安®
114	Sintilimab	信迪利單抗	-	達伯舒®
115	Toripalimab	特瑞普利單抗	-	拓益®
116	Niraparib	尼拉帕利	Zejulo®	則樂®
117	Pralsetinib	普雷西替尼	Gavreto®	普吉華®
118	Risdiplam	利司撲蘭	Evrysdi®	艾滿欣®
119	Satralizumab	沙妥珠單抗	Enspryng®	-
120	Lenalidomide	來那度胺	Revlimid®	瑞復美®
121	Tozinameran	輝瑞 / BioNTech 疫苗	Comirnaty®	復必泰®
122	Elasomeran	莫德納疫苗	Spikevax®	
123	Chloroquine	氯喹	Aralen®	雷索欣®
124	Nab-paclitaxel	白蛋白紫杉醇	Abraxane®	亞伯杉®
125	Paclitaxel	紫杉醇	Taxol®	泰素®、汰癌勝®
126	Gemcitabine	吉西他濱	Gemzar®	健擇®
127	Catumaxomab	卡妥索單抗	Removab®	-
128	Blinatumomab	博納吐單抗	Blincyto®	-
129	Emicizumab	艾美賽珠單抗	Hemlibra®	舒友樂立®
130	Fam-trastuzumab deruxtecan	-	Enhertu®	-
131	Enfortumab vedotin-ejfv	-	Padcev®	-
132	Disitamab vedotin	維迪西妥單抗	Aidixi®	愛地希®
133	Human papillomavirus vaccine type 16/18	人類乳突病毒第 16/18 型疫苗	Cervarix®	保蓓®
134	Human papillomavirus vaccine type 6/11/16/18	人類乳突病毒第 6/11/16/18 型疫苗	Gardasil®	加衛苗®、嘉喜®
135	-	西羅莫司洗脫冠狀動脈支架	Partner®	-
136	-	雷帕黴素藥物洗脫支架	Firebird®	-
137	Ivacaftor	依伐卡托	Kalydeco®	-
138	Lumacaftor/ivacaftor	魯馬卡托 / 依伐卡托	Orkambi®	-
139	Tezacaftor/ivacaftor and ivacaftor	-	Symdeko®	-

序號	英文通用名	中文通用名	常見英文商品名	常見中文商品名
140	Elexacaftor/ tezacaftor/ivacaftor and ivacaftor	-	Trikafta®	-
141	Alglucerase	伊米苷酶	Ceredase®	雪瑞®、思而讚®
142	Caplacizumab-yhdp	-	Cablivi®	
143	Methylphenidate	派醋甲酯	Ritalin®	利他林®
144	Amphetamine/ dextroamphetamine	安非他明/哌甲酯	Adderall®, Mydayis®	阿得拉®
145	Eculizumab	依庫珠單抗	Soliris®	舒立瑞®
146	Asfotase alfa	舒立瑞阿法酸酶	Strensiq®	-
147	Sebelipase alfa	-	Kanuma®	-
148	Patisiran	-	Onpattro®	-
149	Givosiran	-	Givlaari®	-
150	Lumasiran	-	Oxlumo®	-
151	Pneumococcal Conjugate Vaccine	多價肺炎球菌莢膜多糖結合疫苗	Prevenar®, Prevnar®	沛兒®
152	Shingles Vaccine	重組帶狀皰疹疫苗	Shingrix®	欣安立适®
153	Hepatitis B vaccine	重組 B 型肝炎疫苗	Heplisav-B®	-
154	Sipuleucel-T	-	Provenge®	普列威®
155	Varicella Virus Vaccine Live	水痘疫苗	Varivax®	伏痘敏®
156	Pneumococcal Vaccine Polyvalent	多價性肺炎鏈球菌疫苗	Pneumovax23®	紐蒙肺®
157	DTaP-IPV-Hib	五合一疫苗	Pentacel®	百日咳®
158	Inactivated quadrivalent influenza virus	季節性流感疫苗	Fluzone®, Flublok®	-
159	Atropine	阿托品	Isopto®, Myopine®	-
160	Cyclosporine	環孢霉素	Restasis®	麗眼達®
161	Latanoprost	拉坦前列素	Xalatan®	舒而坦®
162	Travoprost	曲伏前列素	Travatan	蘇為坦®、速為坦®
163	Bimatoprost	貝美前列素	Lumigan	盧美根®
164	Tafluprost	他氟前列素	Zioptan	泰普羅斯®
165	Conbercept	康柏西普	Lumitin®	朗沐®
166	Artificial endothelial implant	人工內皮植片	EndoArt®	-
167	Hyper Osmotic Contact Lens	超滲透性隱形眼鏡	Hyper CL®	-

序號	英文通用名	中文通用名	常見英文商品名	常見中文商品名
168	Cancer early screening/diagnostic tests	癌症早篩、診斷測試	CellSearch®, Cologuard®, Oncotype Dx®, Guardant360®, Onco PanScan®, HCCscreen®, GASTROClear®, ThyraMIR®, Sentinel®	安可待®、常衛清®
169	Teserpaturev	-	Delytact®	-
170	Ad5-EBOV	埃博拉病毒疫苗	-	-

附錄四　參考資料

1. 中金公司：《核酸藥物，時代已至》

2. 海通國際：《小核酸藥物：小分子和單抗後的第三浪，未來可期》

3. Setten, R.L., Rossi, J.J. & Han, Sp. The current state and future directions of RNAi-based therapeutics. Nat Rev Drug Discov 18, 421—446 (2019). https://doi.org/10.1038/s41573-019-0017-4

4. BCG Consulting Group: "Sirnaomics and market trends for RNAi therapy"

5. 國信證券：《CAR-T 開啟中國創新藥大幕》

6. Nelsen Biomedical: "CAR-T Deal Review"

7. China Renaissance: "T-Cell Therapy Industry Landscaping" -

8. 國海證券：《ADC 藥物商業化浪潮將至，重點關注平台價值、治療新突破及外包產業三大核心投資機會——醫藥生物創新藥專題深度報告（一）ADC》

9. 光大證券：《ADC 藥物風起雲湧，差異化競爭是關鍵——抗體藥物偶聯物（ADC）投資研究框架》

10. 興業證券：《基因治療行業深度研究報告（上）：我國基因治療行業方興未艾，多適應症治療顯示潛力》

11. Dagan N, Barda N, Kepten E, Miron O, Perchik S, Katz MA, Hernán MA, Lipsitch M, Reis B, Balicer RD. BNT162b2 mRNA Covid-19 Vaccine in a Nationwide Mass Vaccination Setting. N Engl J Med. 2021 Apr 15; 384(15):1412-1423. doi: 10.1056/NEJMoa2101765. Epub 2021 Feb 24. PMID: 33626250; PMCID: PMC7944975.

12. Kudrin A. Overview of cancer vaccines: considerations for development. Hum Vaccin Immunother. 2012; 8(9):1335-1353. doi:10.4161/hv.20518

13. Hu, Z., Ott, P. & Wu, C. Towards personalized, tumour-specific, therapeutic vaccines for cancer. Nat Rev Immunol 18, 168—182 (2018). https://doi.org/10.1038/nri.2017.131

14. 天風證券：《疫苗行業深度報告系列三：乘風破浪，技術升級大週期開啟；銳意進取，創新品種驅動成長可期》

15. https://www.fiercepharma.com/special-report/top-20-pharma-companies-by-2020-revenue

16. nmpa.gov.cn，國家藥品監督管理局，2018。國家藥品監督管理局關於發佈接受藥品境外臨床試驗數據的技術指導原則的通告（2018 年第 52 號）（https://www.nmpa.gov.cn/yaopin/ypggtg/ypqtgg/20180710151401465.html?type=pc&m=）

17. gkml.samr.gov.cn，國家市場監督管理總局，2019。中華人民共和國藥品管理法（http://gkml.samr.gov.cn/nsjg/fgs/201909/t20190917_306828.html）

18. bmfw.www.gov.cn，中華人民共和國中央人民政府，2021。國家醫保藥品目錄查詢（http://bmfw.www.gov.cn/ybypmlcx/index.html）

19. gov.cn，中華人民共和國中央人民政府，2019。醫保局關於印發《關於做好當前藥品價格管理工作的意見》的通知（http://www.gov.cn/fuwu/2019-12/10/content_5459926.htm）

20. gkml.samr.gov.cn，國家市場監督管理總局，2020。藥品註冊管理辦法。

21. fda.gov. FDA. 2018.FastTrack, Breakthrough Therapy, Accelerated Approval, Priority Review. (https://www.fda.gov/patients/learn-about-drug-and-device-approvals/fast-track-breakthrough-therapy-accelerated-approval-priority-review)

22. ema.europa.eu. European Medicines Agency 2021 Accelerated assessment (https://www.ema.europa.eu/en/human-regulatory/marketing-authorisation/accelerated-assessment)

23. ema.europa.eu. European Medicines Agency 2021 PRIME: priority medicines. (https://www.ema.europa.eu/en/human-regulatory/research-development/prime-priority-medicines)

24. ema.europa.eu. European Medicines Agency. 2021.Conditionalmarketingauthoristion(https://www.ema.europa.eu/en/human-regulatory/marketing-authorisation/conditional-marketing-authorisation)

25. ema.europa.eu. European Medicines Agency. 2021.Exceptionalcircumstances. (https://www.ema.europa.eu/en/glossary/exceptional-circumstances)

26. nmpa.gov.cn，國家藥品監督管理局，2020。2019 年度藥品審評報告（https://www.nmpa.gov.cn/yaopin/ypjgdt/20200731114330106.html）

27. cn-rules.hkex.com.hk，香港交易所，2021。上市規則與指引（https://cn-rules.hkex.com.hk/%E8%A6%8F%E5%89%87%E6%89%8B%E5%86%8A/%E4%B8%8A%E5%B8%82%E8%A6%8F%E5%89%87）

28. 國盛證券：《醫藥生物行業週報：中國創新藥是否到了國際化的拐點？ 》

29. Boston Consulting Group：中國醫藥創新：崛起之路》

30. 艾德證券期貨：《18A 生物醫藥行業股研究報告：創新醫藥初露鋒芒，18A 重塑創新藥投資邏輯》

31. 興業證券：《中國創新藥企及管線「國際化」箭在弦上，整裝待發》

32. McKinsey & Company：《麥肯錫醫藥年度報告：拓寬創新的橋樑》

33. 國盛證券：《眼科黃金賽道，未來 10 年看誰獨領風騷》

34. 中信證券：《液體活檢行業報告：千億級癌症檢測藍海》

35. 東吳證券：《腫瘤早篩行業深度報告：腫瘤早篩，撬動千億市場，掀起時代革命》

36. Rupaimoole R, Slack FJ. MicroRNA therapeutics: towards a new era for the management of cancer and other diseases. Nat Rev Drug Discov. 2017 Mar；16(3):203-222. doi: 10.1038/nrd.2016.246. Epub 2017 Feb 17. PMID: 28209991.

37. BIO (Biotechnology Innovation Organization), Informa, QLS(Quantitative Life Sciences)："Clinical Development Success Rates and Contributing Factors 2011-2020"

致 謝

這本書的完成，我要感謝的人有很多：

感謝華潤正大生命科學基金股東：中國華潤集團及董事長王祥明先生、泰國正大集團及董事長謝吉人先生。感謝您們的開明、遠見及信任。一切成績始於您們的首肯。

感謝基金董事長余忠良先生、董事楊小平先生、董事何平仙先生、董事秦峰先生、董事于常海先生，對於基金的大力支持。您們都是行業內的翹楚，在百忙之中擔任基金董事，為基金的運營及發展保駕護航。

感謝基金投資委員會成員：余忠良先生、李慶超先生、支喆先生、陳曉潔女士，對於投資項目的認真思考及真知灼見。

感謝基金歷任團隊成員周亦、王迎、李宇韜、彭嘉敏、談敏潔及張一、何苗，你們的專業及高效保證投資項目的及時完成。

特別感謝本書的撰寫團隊：高媛瑋、陳偉傑及呂欣怡。他們利用業餘時間，協助完成這本香港歷史上第一部關於生命科技投資的專著。他們的豐富行業經驗及專業知識使這本書得以按時完成。

在人生成長及職業發展中，我非常幸運在人生的關鍵節點認識一些長輩、領導、導師。沒有他們的指導、幫助，我無法完成今天的業績。我要特別感謝：

Leonard Drum 先生，他在我最初到美國的時候，幫助我了解美國。

Mads Lennox 先生，他幫助我了解生物製藥行業。

陳濟生女士，她幫助我在更高的職業平台上施展才華。

陳鷹先生，他幫助我進入全球生命科技投資領域。

最後我亦感謝我的父母，妻子和女兒們的無私支持。

特別鳴謝

在撰寫本書的過程中，筆者訪談了一些行業內的翹楚精英，他們的真知灼見極大豐富了本書內容：

薛永恒先生：中國香港特別行政區創新及科技局局長

林家禮博士：中國香港特別行政區數碼港主席

黃克強先生：中國香港科技園公司行政總裁

吳　淳博士：波士頓顧問公司（BCG）資深合夥人兼董事總經理、中國區執行合夥人

孟建革先生：金斯瑞生物科技（01548.HK）執行董事、集團董事會主席及提名委員會主席

黃　穎博士：傳奇生物（LEGN.US）首席執行官

李　寧博士：君實生物（01877.HK）首席執行官

王印祥博士：加科思（01167.HK）董事長兼首席執行官

陳一友博士：諾輝健康（06606.HK）董事會主席、執行董事、首席科學家

朱杰倫先生：天境生物（IMAB.US）首席財務官兼董事

何　穎先生：雲頂新耀（01952.HK）總裁兼首席財務官

毛　晨先生：維亞生物（01873.HK）董事長兼首席執行官

傅　欣先生：藥明巨諾（02126.HK）高級副總裁兼首席財務官

郭　峰博士：嘉和生物（06998.HK）首席執行官

廖邁菁博士：和鉑醫藥（02142.HK）首席商務官

錢雪明博士：創勝集團（06628.HK）創始人兼首席執行官

陸　陽博士：Sirnaomics 創始人、董事長兼總裁

周勵寒博士：MiRXES 共同創始人兼首席執行官

梁文青博士：長風藥業董事長兼首席執行官

張　丹博士：俄羅斯工程院外籍院士、方恩醫藥創始人、董事長兼 CEO、昆翎醫藥共同創始人